KB065469

보통 사람들을 위한
특별한 수학책

한권으로 읽는 숫자의 문화사

루돌프 타슈너 Rudolf Taschner 지음 | 박병화 옮김

DIE ZAHL, DIE AUS DER KÄLTE KAM

이랑 BOOKS

Die Zahl, die aus der Kälte kam
: Wenn Mathematik zum Abenteuer wird by Rudolf Taschner

©Carl Hanser Verlag München 2013
Korean Translation ©2016 by YIRANG BOOKS
All rights reserved.
The Korean language edition is published by arrangement with
Carl Hanser Verlag GmbH&Co. KG through MOMO Agency, Seoul.

이 책의 한국어판 저작권은 모모 에이전시를 통해 Carl Hanser Verlag GmbH&Co. KG와의
독점 계약으로 "도서출판 이랑"에 있습니다. 저작권법에 의해 한국 내에서 보호를 받는 저작물이므로
무단 전재와 무단 복제를 금합니다.

차례

스릴러보다 더 재미있는 '수' 이야기

수(數)보다 더 차가운 것은 없다고 사람들은 말한다. '차갑다'는 것은 수가 무감각하고 냉혹하며 비인칭적이라는 뜻이다. 논쟁이 달아오를 때, 누군가 "수치를 놓고 말하자"라고 하는 순간, 상대방은 할 말을 잃는 경우가 종종 있다. 수는 흔들림이 없는 궁극적인 가치를 대변하기 때문이다. 이처럼 수치로 마무리된 것은 쉽게 뒤집을 수 없는 최종적인 의미를 지닌다.

그리스 철학자 헤라클레이토스(Heraklit)가 "세계의 변화는 불과 뜨거운 불꽃 속에서 이루어진다"고 한 데 비해, 파르메니데스(Parmenides)는 냉정하고 투명한 논리를 전파했다. 그는 생성과 소멸은 있을 수 없다고 말했다. 어떻게 무(無)에서 무언가가 나올 수 있으며, 어떻게 존재하는 것이 갑자기 더 이상 존재하지 않을 수 있느냐고 그는 반문했다. 변화는 환상에 지나지 않는다고 파르메니데스는 생각했다. 그의 메시지는 존속과 안정에 대한 확신이다. 0은 영원히 0이고 하나는 영원히 하나이며 이 둘은 언제까지나 다른 상태를 유지한다는 것이 그의 주장이다. 엘레아학파(Eleatische Schule)의 영향을 받은 플라톤이 자신의 아카데미에 드나드는 모든 사람에게, 또 미래의 세계 지배자 및 철학의 리더가 될 것으로 기대하는 사람들에게 수학적 지식을 요구한 것도 이런 이유 때문이다.

결정적인 수를 알고 그 수를 다스릴 줄 아는 사람은 모든 것을 규정하는 최종적인 판단을 할 줄 안다. 그 판단에서 나오는 말 한 마디 한 마디는 다른 모든 사람의 눈에 '가치가 있는 것'으로 비친다. 그것은 권능을 지닌 자의 말인 동시에 냉정한 말이기도 하다.

하지만 이 책은 그런 생각이 틀렸다는 전제를 깔고 이야기를 시작할 것이다. 파르메니데스의 생각은 틀렸다. 수라는 것은 단순하게 나오는 것이 아니다. 수는 질서와 이해를 위해 발견된 것이다. 또한 인간을 지배하는 것이 아니라 인간에게 기여하기 위한 것이다. 수는 인간의 정신적 토대가 아니다. 인간은 그토록 '차갑지' 못하기 때문이다. 하지만 인간의 특징을 잘 이해하는 데 수만큼 강력한 것도 없다는 생각에는 변함이 없다.

10여 년 전부터 빈 미술관 구역(Museumsquartier)에 소재한 'Math.space'에서는 보통 사람들에게 수를 쉽게 알리고 수학을 실생활에 응용하며, 수학을 문화적으로 중요한 성과로 널리 소개하는 일을 하고 있다. 이 프로젝트는 오스트리아 교육과학기술부 및 재무부의 지원을 받고 있고 있으며 아내인 비앙카의 관리 하에 수백 가지 사업 분야에서 해마다 현실과 수학적인 수의 세계와 관련된 자료를 엄청나게 쏟아내고 있다. 이 책에 소개되는 이야기 중에 전부는 아니라고 해도 상당 부분은 'Math.space'를 통해 부분적으로나마 알려진 것이다. 나는 이 자리를 빌려 그 프로젝트 책임자인 아내에게 진심으로 고맙다는 인사를 전하고 싶다. 그리고 내 딸인 로라는 질문을 통해 깊은 깨달음을 얻을 때마다 불가피하면서도 분명한 설명을 하도록 나를 자극했고 아들 알렉산더는 원고를 꼼꼼히 읽어보면서 큰 실수를 지적하고 격려와 비판으로 큰 도움을 주었다.

한저(Hanser) 출판사에도 감사의 인사를 전한다. 특히 저자인 나에게 무한한 신뢰를 보내며 냉정한 수라는 주제에 대하여 선뜻 손을 내밀지 않을 독자들을 생각해 책을 예쁘게 장정하며 협조를 아끼지 않은 크리스티안 코트에게 진심으로 고맙다는 인사를 전하고 싶다. 사실 수를 둘러싼 이야기는 그 냉기를 잊을 만큼 재미있다.

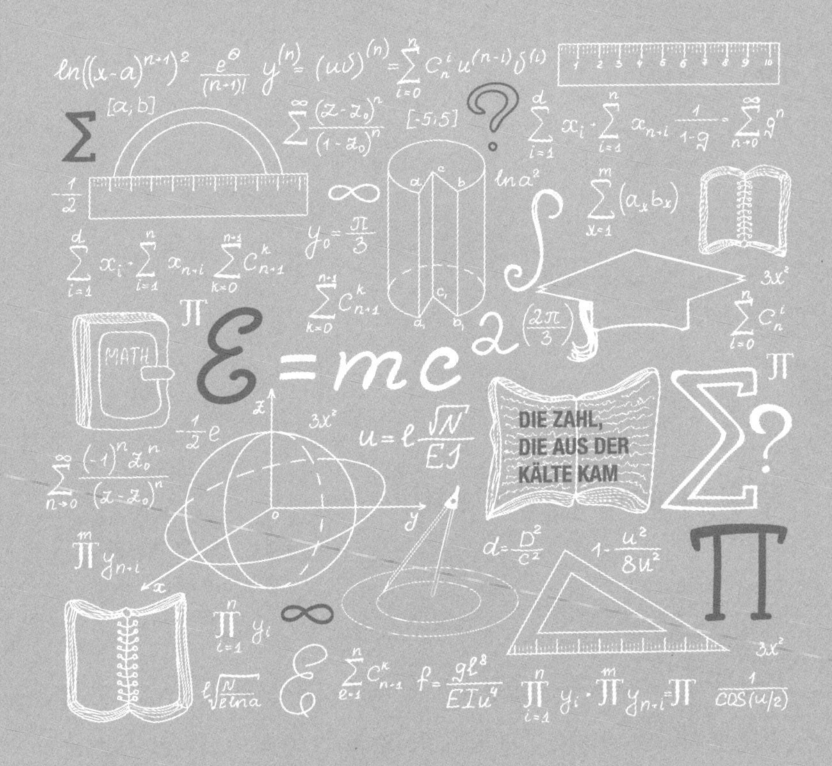

1 수를 알면 인간을 이해할 수 있다
: 모든 것의 시작은 0이다

마하라자는 현자에게 무슨 소원이든 들어주겠다고 말했다. “엄청나게 큰 소원도 들어주시겠습니까?” 현자가 물었다. 마하라자가 물론이라고 대답하자 현자는 쌀 한 톨을 집어서 체스 판의 첫 번째 칸에 올려놓았다. “이 쌀 한 톨에서 시작해 다음 칸으로 이동할 때마다 두 배로 올리는 식으로 체스 판 전체에 놓이게 될 쌀을 모두 주시면 좋겠습니다.”

“그렇게 욕심이 없다니.” 마하라자는 소원이 너무 작은 것을 보고 어이가 없었지만 일생동안 아무것도 소유하지 않고 산 현자에게는 한 대접의 쌀도 재산이 될 수 있다는 것을 알고는 납득했다. 그리고 시종을 불러 쌀 한 숟가락을 퍼오게 해서는 현자가 말한 방식대로 체스 판의 칸에 채우게 했다. 왼쪽부터 오른쪽으로 쌀 한 톨로 시작해서 다음 칸으로 넘어갈 때마다 앞 칸의 두 배를 놓는 식이었다.

투탕카멘과 '4년'의 비밀

나일 강 범람의
수수께끼

투탕카멘(Tutanchamun)의 목숨을 앗아간 것은 모기의 침이었다. 이집트 통치자인 파라오에게 말라리아를 옮긴 것은 모기였다. 말라리아는 고열을 수반하는 병으로, 몸이 약한 사람은 죽음에 이르기도 한다. 투탕카멘은 몸이 매우 허약했다. 날 때부터 이미 골격에 이상이 있었고 척추는 기형이었으며 지팡이가 있어야만 걸을 수 있었다. 아홉 살에 파라오가 되어 10년간 나라를 통치한 이 허약한 청년은 말라리아 병원균에게는 너무나 쉬운 상대였다.

1922년 영국의 고고학자 하워드 카터(Howard Carter) 일행은 이 가엾은 왕의 무덤을 발견하고 감격했다. 이전에 발견된 파라오의 무덤들과 달리 모든 것이 고스란히 보존되어 있었기 때문이다. 다른 파라오의 무덤은 이미 수천 년 전에 도굴꾼들이 파헤쳐 보물을 강탈해간 뒤였다. 도굴꾼들은 당연히 투탕카멘의 무덤에서도 많은 금과

값비싼 장신구를 빼내려 했다. 하지만 도굴을 저지하는 사태가 일어나는 바람에 보물을 두고 달아날 수밖에 없었다. 그 덕분에 카터는 무덤의 부장품을 거의 온전한 상태로 발굴할 수 있었다. 횃불과 램프를 비추자 3244년 동안 -파라오의 죽음 이후 그렇게 오랜 세월이 흘렀다- 어둠에 묻혀 있던 엄청난 금이 컴컴한 무덤에서 반짝이고 있었다.

사실상 허약한 아이에 지나지 않는 이 통치자를 이집트인들이 그토록 숭배한 동기는 무엇이었을까? 너무도 일찍 세상을 떠난 왕을 위해 온갖 귀한 보물과 부장품, 화려한 장식품으로 묘를 치장할 만큼 그를 숭배한 이유는 무엇이었을까? 대다수 이집트인은 파라오의 얼굴을 볼 수조차 없었다. 그들은 나일 강변에서 뼈 빠지게 일하는

이집트 나일 강 계곡과 삼각주 지방은 세계에서 가장 비옥한 토양 중 하나이다 〈출처:(CC)Nile delta at wikipedia.org〉

농부와 수공업자들이었다. 나일 강은 이집트의 사막을 가로질러 지중해까지 이어지면서 한낱 불모지였던 땅을 인간의 삶이 가능한 대지로 탈바꿈해준 거대한 강이었다. 나일 강은 그들에게 꼭 필요한 물을 공급해주었지만, 끝없이 범람하기도 했다. 이 범람은 상류의 기름진 토사를 먼 남부로 옮겨주었다. 나일 강의 수위가 정상을 회복하면, 기름진 흙은 경작지에 남아 풍성한 곡식 수확을 위한 퇴비가 되었다. 파라오는 농부와 수공업자가 가까이할 수 없는 강력한 존재였다. 그들은 비밀에 휩싸인 왕에 관하여 신비로운 이야기를 들었는데 왕은 신의 아들이며 이집트인을 다스리고자 하늘에서 내려왔다는 것이었다. 순진한 백성은 왕을 세계의 지배자로 믿었고, 왕이 나일 강의 홍수를 부르기도 하고 멈추게도 한다고 믿었다.

파라오의 얼굴을 보는 극소수 사람들도 특별히 신성한 날에만 왕을 볼 수 있었다. 고통에 시달리는 몸에 금으로 치장한 옷을 걸치고 값비싼 장신구로 가린 왕이 생명의 상징인 앙크(Henkelkreuz, 윗부분이 고리 모양으로 된 십자가-옮긴이)를 마치 왕홀(Szepter, 왕을 상징하는 지휘봉-옮긴이)처럼 손에 쥐고 옥좌에 앉아 엄숙하게 선언하면, 나일 강이 둑 위로 넘쳐흘러 메마른 땅을 기름지게 하고 양식과 생명을 선물하는 날이 온다고 믿었다. 파라오가 실제로는 병들고 허약한 인간이라는 사실을 아는 사람은 극소수에 불과했다. 하지만 이 사실은 절대 외부로 발설해서는 안 되었다. 최측근에서 왕을 보좌하는 고문관 외에는 그 누구도 파라오가 강하지 못하며 신의 혈통 또한 아니라는 사실을 알아서는 안 되었다. 만에 하나 이런 사실이 알려지게 되면 파라오의 통치권에 대한 이집트인의 믿음이 무너져 내려 거대한 제국이 붕괴될 지도 모르기 때문이었다. 파라오의 고문관들은, 적어도 누군가 한 사람은 백성의 노동을 통제하면서 언제 씨를 뿌리고 또 언제 수확해야 하는지 명령해야 한다고 믿었다. 이 일은 파라오에게 맡겨졌는데, 파라오는 조상 대대로 승계되었으며, 신체적으로 허약한 것은 전혀 문제 되지 않았다.

나일 강이 언제 범람해서 비옥한 충적토를 만들어줄지는 투탕카멘 자신도 몰랐다. 그에게 이런 지식을 알려준 사람은 파라오에게 조언을 해주는 고문관들이었다. 본래 땅의 지배자들이라 할 수 있는 이 고문관들은 파라오의 얼굴 뒤에 숨어 있었다. 고문관들의 이 같은 행위는 수천 년 동안 내려온 전통에 따른 것이었다. 이들은 단순히 왕조에 대한 충성심에서뿐만 아니라 스스로를 위해 그렇게 행동했다. 그렇게 함으로써 이들은 힘든 의무에서 벗어났고 대신 파라오가 그들의 일을 떠맡았다. 외국 왕과 사신을 영접하는 일, 필요하면 군대의 선두에서 원정군을 지휘하거나 전쟁을 벌이는 일, 국가적인 대축제에서 무거운 옷을 입고서 여러 시간씩 신을 찬양하는 의식을 치르며 근엄한 표정으로 위엄을 보이는 일 등은 모두 파라오의 몫이었다. 고문관들은 파라오의 영광스러운 그늘 밑에서 즐겁고 평안하며 힘들지 않게 생활할 수 있었다.

이들이 이처럼 느긋하게 삶을 즐길 수 있었던 까닭은 나일 강이 범람하는 시점을 정확히 계산할 줄 알았기 때문이다. 고문관들은 밤마다 이집트 사막을 환하게 비추는 별들을 관찰했다. 그 많은 별 중에서 유난히 밝은 별 하나가 해뜨기 직전에 나타난 뒤에는 어김없이 나일 강이 범람한다는 사실을 확인했다. 이 별은 큰개자리에 있는 시리우스(Sirius)였다. 1년 중 이 특정한 시기를 '개의 날(Hundstage, 7월 24일에서 8월 23일까지 한여름을 가리키는 명칭-옮긴이)'이라고 불렀는데, 이 명칭은 오늘날까지 그대로 쓰인다. 이집트에서 파라오의 고문관들은 자신들 외에는 아무도 알 수 없는 그 무언가를 이해하고 있었다.

이들은 수를 셀 수 있었다. 단순히 8이나 12까지는 농부도 셀 줄 알았다. 그러나 고문관들은 100이나 200, 300이 넘는 수까지 셀 수 있었다. 당시에 이 정도까지 수를 이해하는 사람은 극소수에 지나지 않았다. 글씨를 쓸 수 있는 사람이 거의 없는데다 365나 1460처럼 큰 숫자는 적는 법을 알아야만 다룰 수 있었기 때문이다. 무엇보다 두 숫자는 파라오의 고문관들이 권력을 얻는 데 큰 도움이 되었다.

365라는 수의 의미는 분명하다. 이집트의 고문관들은 시리우스가 한번 뜬 다음 다시 뜰 때까지 정확하게 365일이 걸린다는 사실을 알았다. 따라서 이집트력의 1년에는 이만큼의 날짜가 들어가게 되었다. 이들은 여기서 그치지 않고 수십 년 동안 아주 꼼꼼하게 천체를 관측하면서 한층 더 깊은 비밀을 알아냈다. 즉, 시리우스가 마치 늑장을 부리듯 4년마다 하루씩 늦게 뜬다는 사실이었다. 새로운 추가 지식을 확보한 고문관들은 이집트력의 1년이 어느 정도 기간인지 모든 백성에게 널리 알렸다. 수를 잘 이해하지 못하는 많은 사람에게 이 지식을 전하기 위해서 1년을 열두 달로 나누고, 매달은 3순(旬)으로, 1순(Dekade)은 10일로 구분했다. 이렇게 해서 모든 달은 30일로 이루어지게 되었다. 열두 달을 다 합치면 360일이 된다. 그리고 열두 달이 다 지난 연말에 이집트인들은 5일의 축제일을 두었

다. 결국 이집트의 1년은 365일이 되었다.[1)]

고문관들은 시리우스가 언제 뜨는지에 관한 지식을 차곡차곡 쌓아갔다. 그래서 4년째가 되면 그로부터 하루가 더 지난 후에야 시리우스가 나일 강의 범람을 예고한다는 것을 알게 되었다. 고문관들은 이런 이치를 알고 있었지만 농부들에게는 수수께끼처럼 복잡한 것이었다. 또 고문관들은 365년이 네 번 지나면, 즉 1460년이 지나면, 대주기가 끝난다는 것도 알았다. 고문관들은 이 대주기를 여신 소티스(Sothis)의 이름을 따서 불렀으며, 대주기가 끝나면 연속해서 4년 동안 시리우스가 뜨는 날에 축제를 벌였다. 하지만 학식이 아주 높은 고문관과 제관을 제외하면 1460처럼 큰 숫자를 처리할 사람은 아무도 없었다.

이집트의 고문관들은 시리우스 별자리의 움직임을 보고 나일 강의 범람을 예고했다〈출처:(CC)Sirius at wikipedia.org〉

고문관들은 이런 현상이 영원히 이어진다는 것에 주목했다. 그래서 숫자에 정통한 이들은 파라오가 매번 신들로부터 나일 강이 범람하는 정확한 시점을 그때마다 새롭게 전달받는 것처럼 백성에게 믿게 했다. 기원전 237년만 해도 -알렉산드로스(Alexander) 대왕이 그리스 군대를 이끌고 이집트를 정복한 뒤 그의 이름을 딴 도시 알렉산드리아(Alexandria)에 세계적으로 유명한 도서관을 세워 과거 어느 때보다 많은 사람이 읽고 쓰고 계산하게 된 지 어느덧 3세대가 지난 시점에도- 그 자신이 수준 높은 교양을 갖춘 지식인이었던 파라오 프톨레마이오스 3세(Ptolemäus III)가 4년마다 윤일을 끼워 넣으려고 했을 때, 이집트의 고문관들은 결사적으로 반대하고 나섰다. 그러고는 프톨레마이오스 3세가 사망한 뒤에 그의 훈령을 무효로 했다. 나일 강이 해마다 똑같은 날에 범람한다면 백성에게는 파라오의 예언이 필요 없게 되고 고문관들은 영향력을 상실할 것이기 때문이었다. 큰 숫자는 큰 권력을 의미했다.

티아마트 용의 강력한 수

해와 달의 움직임으로
일식과 월식을 계산하다

이집트에서 수의 전문가들이 시리우스를 관찰했다면, 사막을 가로지르는 생명의 젖줄인 유프라테스 강과 티그리스 강 사이 지역에서는 천문학자들이 하늘에서 가장 눈에 띄는 두 개의 별, 즉 해와 달의 궤도를 추적했다. 해와 달은 동쪽에서 떠서 남쪽으로 이동해 지평선 위에서 최고점에 이른 뒤 서쪽으로 사라진다. 오늘날 사람들은 이런 표면적인 천체의 운동이 자체의 축을 중심으로 서쪽에서 동쪽으로 이동하는 지구의 자전으로 생긴다는 것을 안다. 또 천구 천체도 겉으로 보기에는 24시간의 범위 안에서 동쪽에서 서쪽으로 움직이는 회전운동을 수행한다.

하지만 해와 달은 하늘의 고정된 위치에 자리 잡은 것이 아니라 천구를 따라 난 궤도를 돈다. 해와 달은 이 궤도를 따라 돌면서 열두 개의 별자리, 즉 양자리, 황소자리, 쌍둥이자리, 게자리, 사자자리, 처녀자리, 천칭자리, 전갈자리, 사수자리, 염소자리, 물병자리, 물고기자리를 지난다. 태양이 도는 천구의 궤도를 황도(黃道, Ekliptik, 1년 동안 별자리 사이를 움직이는 태양의 겉보기 경로-옮긴이)라고 부르는데, 이 말은 '사라진다'는 뜻의 그리스어 'Ekleípein'에서 왔다. 왜 이렇게 특이한 이름을 붙였는지는 곧 알게 될 것이다. 태양이 황도를 한 바퀴 도는 데 걸리는 시간은 정확하게 365와 4분의 1일이다. 고대 바빌로니아의 한 천문학자가 태양의 위치를 조준하고 정확히 열두 시간 뒤에 이 조준선을 따라 밤하늘을 쳐다보았을 때, 그는 12궁 가운데서 어느 별자리가 태양과 마주치는지 알게 되었다. 현대의 태양 중심 세계관은 태양이 황도를 따라 도는 게 아니라 지구가 1년을 주기로 태양 주위를 공전한다고 가르친다. 지구가 궤도를 돌다 보면 다양한 위치가 생겨나므로 황도에 따라서는 태양이 흡사 특별한 별자리 앞에 있는 것처럼 보이는 것이다.

이와 달리 달은 실제로 지구 주위를 돈다. 밤하늘을 지나는 달의 궤도는 닫힌 원의 구조이다. 달은 매우 빠르게, 이른바 항성월(Siderischer Monat, 항성을 기준으로 하여 달이 지구를 한 바퀴 도는 데 걸리는 시간. 약 27.3일-옮긴이)을 주기로 이 궤도를 돈다. 하지만 태양 역시 황도를 따라 겉보기 운동을 계속하므로, 항성월을 따르는 달은 같은 각도에서 태양의 빛을 받지 못한다. 태양 앞에서 다시 같은 위치에 들어오려면 달은 이보다 좀 더 긴, 이른바 삭망월(Synodischer Monat, 달의 모양을 기준으로 본 달의 공전 주기. 약 29.5일-옮긴이)이 필요하다. 삭망월은 정확하게 29일 12시간이 걸린다. 삭망월을 따를 때, 우리는 다시 같은 위상에 있는 달을 보게 된다. 유프라테스와 티그리스 강 사이 지역에서 천문학자들이 시간을 구분하기 위해 달을 규정할 때는 이 월령(달의 위상을 1일 단위로 표시한 것-옮긴이)에 따랐다. 따라서 한 달은 번갈아 29일과 30일이 되었다. 두 강 사이에 사는 사람들은 보름달이 뜰 때면 언제나 신들을 찬양하는 축제를 열었고, 신전이 있는 곳으로 순례를 떠났다. 길을 떠날 때는 해가 뜨겁게 내리쬐는 낮을 피해 쾌적하고 서늘한 밤을 이용했다. 게다가 길을 잃지 않으려면 달빛이 필요하기도 했다. 유대교의 축제 주기 또한 보름달에 맞춰져 있다. 이집트의 속박에서 해방된 것을 기념하는 유월절은 첫 번째 봄 달인 니산(Nissan) 달 보름에 열린다. 유대교의 유월절에 맞춘 부활절은 그 이후 일요일로 정해져 있다.

달의 공전 궤도 역시 12궁이라는 열두 개의 별자리 사이를 지나간다. 하지만 이 궤도는 황도와 정확하게 일치하는 건 아니다. 만일 달의 궤도가 황도와 정확하게 일치한다면, 우리는 초승달이 뜰 때마다 일식을 보게 될 것이다. 초승달이 뜰 때 지구를 등진 상태로 태양

빛을 받는 달이 태양을 직접 가리게 되기 때문이다. 또 보름달이 뜰 때마다 월식을 보게 될 것이다. 바로 이 시점에 지구는 정확하게 달을 비추는 햇빛을 가리고 달에 그늘을 던지기 때문이다. 하지만 달의 궤도는 황도에 대해 약 5도 정도 기울어져 있으므로 초승달이 뜰 때 일식이 일어나는 일은 아주 드물고, 보름달이 뜰 때 월식이 일어나는 일 역시 아주 드물다.

이 모든 현상을 바빌로니아의 학자들은 알고 있었지만, 백성들은 전혀 몰랐다.

천문학자들은 지구라트(Zikkurat)에서 달의 이동 경로를 정확하게 측정했다. 지구라트는 도시를 뒤덮은 안개 위로 우뚝 솟아날 만큼 높아서 온 백성이 우러러보는 계단식 신전탑이었다. 달의 궤도는 절반은 황도에 걸쳐 있고 나머지 절반은 황도 아래에 있다. 서로 마주보는 천구상의 두 위치에서 달의 궤도는 황도를 가른다. 천구상의 이 두 지점을 달의 교점이라고 부른다. 바빌로니아의 학자들은 이것의 이름을 각각 '용의 머리(승교점, Drachenkopf)'와 '용의 꼬리(강교점, Drachenschwanz)'라고 붙였다.

그렇게 부르게 된 까닭은 놀라서 눈이 휘둥그레진 청중을 향해 하늘에는 신비로운 용 티아마트(Tiamat)가 산다고 학자들이 말했기 때문이다. 티아마트의 머리가 숨어서 기다리는 곳에서 달의 궤도는 황도 위로 올라가기 시작한다. 그리고 꼬리가 있는 맞은편 하늘에서 달의 궤도는 다시 황도와 부딪치면서 밑으로 내려간다. 그리고 신들만이 아는 시간이 되면, 용의 머리는 자주 해를 집어삼킨다. 아니면 자기 꼬리로 해의 목을 조른다. 학자들은 백성에게 이런 식으로 설명했던 것이다.

그러면 두려움에 떨던 청중이 학식이 깊은 고문관에게 물었다.

"용이 입으로 해를 집어삼키거나 꼬리로 해의 목을 조르면 어떻게 됩니까?"

"그럼 해가 사라지고 천지가 캄캄해지는 거지" 하고 고문관은 대답했다.

"언제 이런 일이 생기는데요?"

"신들에게 물어봐야지. 아마 대답해줄 거야. 그대들이 정성껏 제물을 바치면 신들이 용을 다그칠 테고 그러면 용은 햇빛이 비치도록 다시 해를 풀어줄 걸세."

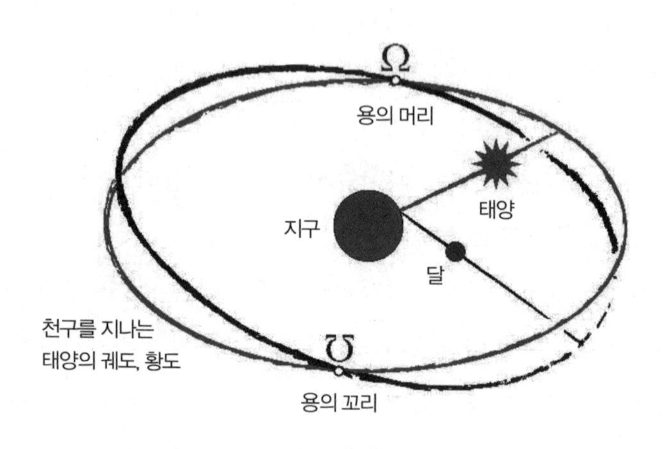

지구에서 볼 때, 태양은 1년 동안 천구를 따라 12궁을 지나는 궤도를 도는 것으로 보인다. 이 궤도를 황도라고 한다. 천구를 지나는 달의 겉보기 경로는 황도에 대해 약 5도 기울어져 있고, 달은 항성월 기간에 이 궤도를 따라 이동한다. 달의 겉보기 경로가 황도와 만나는 교

기원전 587년 7월 4일 보름달이 떴을 때, 그리스 철학자인 밀레투스의 탈레스(Thales of Miletus)는 그날 밤 많은 사람과 더불어 월식을 목격했다. 탈레스가 어떤 방법을 썼는지는 알 수 없어도 그는 바빌로니아 학자들에게 티아마트 용을 둘러싼 수의 비밀을 털어놓게 했다. 이들은 탈레스에게 23.5개월 뒤 초승달이 용의 머리와 용의 꼬리를 25회씩 지나면, 달의 교점에서 태양과 마주 보게 되는데, 바

점을 용의 머리(승교점), 용의 꼬리(강교점)라고 부른다. 해와 달이 용의 꼬리부터 용의 머리까지 일직선을 이룰 때 식(蝕)이 발생한다. 해와 달이 지구를 중심으로 마주 보는 위치에 있을 때는 월식이 일어난다. 반대로 관측자의 눈으로 볼 때, 해와 달이 지구 앞에서 달의 교점에 있을 때면 관측자는 일식을 경험한다.

하지만 학자들은 신들에게 물어보는 대신, 조준 기구로 정확하게 달을 관찰했다. 달이 천체 궤도를 따라 용의 머리에서 용의 꼬리까지, 또다시 용의 꼬리에서 용의 머리까지 가는 데 필요한 시간을 정확하게 측정한 것이다. 완전히 한 바퀴를 도는 데 걸리는 시간은 항성월보다 조금 짧다. 학자들은 이 시간을 긴 목록으로 작성했을 것이다. 신들의 메시지인 것처럼 꾸며서 백성들에게 알리는 데 필요한 자료였기 때문이다. 즉, 달이 두 교점에 있을 때 식(蝕)이 발생할 수 있다는 것이다. 하지만 동시에 보름달이나 초승달이 있어야 한다. 이를 위해서는 보름달이 뜬 다음 다시 보름달이 뜰 때까지 걸리는 시간, 즉 바빌로니아 천문학자들에게 잘 알려진 삭망월이 결정적인 역할을 한다. 이런 지식으로 바빌로니아 학자들은 일식을 미리 계산할 수 있었다. 일식은 초승달이 용의 머리에 있거나 아니면 용의 꼬리에 있을 때만 일어나는 것이다. 일식은 때로 아주 오랫동안 기다려야만 할 때도 있다. 지구의 특정 지점에서 개기일식 또는 금환일식이 일어난 뒤 같은 현상이 다시 일어날 때까지는 평균 140년을 기다려야 한다. 이런 일은 매우 드문 탓에 그만큼 매혹적이며 그 이치를 모르는 사람들은 놀라서 겁을 내기 마련이다.

로 이 지점에서 일식이 일어난다고 알려주었다. 이제 탈레스는 계산만 하면 되었다. $23\frac{1}{2}$ 삭망월이면 2년에서 37일 모자라는 693일이었다. 이에 따라 일식은 기원전 585년 7월 4일에서 37일 전, 즉 기원전 585년 6월 30일에서 33일 전인 기원전 585년 5월 28일에 일어나게 되어 있었다.

추측하건대 바빌로니아의 고문관은 백성에게 다음과 같이 말했을 것이다.

"내일 티아마트 용이 밝게 빛나는 해를 집어삼킬 것이다. 어둠이 해를 둘러싸면 하늘은 캄캄해지면서 암흑천지가 될 것이다. 하지만 우리가 기도했기 때문에 신들은 용에게 다시 해를 토해내라고 명령할 것이다. 그러니 신들을 찬양하고 신전에 그대들의 제물을 갖다 바치라!"

이튿날 아침, 바빌로니아의 시민 가운데 태연히 일하러 가는 사람은 아마 한 사람도 없었을 것이다. 모두 넋을 잃은 채 그저 하늘만 올려다보았을 것이다. 고문관이 말한 대로 정말 어둠이 해를 가려 사방이 칠흑같이 어두워졌지만 몇 분이 지나자 해를 가리던 무시무시한 어둠의 그늘은 곧 사라졌다. 고문관은 이 예언만 실행하면 자신이 먹고사는 것은 물론, 자식과 손자들의 생존까지 걱정할 일이 없었다. 바빌로니아 시민 중에 감히 고문관의 권위를 의심할 사람은 아무도 없었다.

사실 그의 예언 능력은 큰 숫자에 대한 계산 능력에서 나온 것일 뿐이었다.

전설에 따르면 실제로 탈레스는 기원전 585년 5월 28일에 있었던 일식을 예언했다고 한다. 하지만 바빌로니아의 학자들처럼 미신을 조장하는 대신, 자신의 지식이 큰 숫자를 계산하는 능력에서 비롯되었음을 사실대로 밝혔다. 마법의 용 티아마트 이야기 뒤에 숨어 있던 것은 냉정한 수였다. 그러나 읽을 줄 모르고 쓸 줄 모르는 백성들에게 이런 큰 숫자는 아무리 말해줘도 이해할 수 없는 것이었다.

수와 글자

고대인들의
숫자 표기

고대에 숫자를 다룰 수 있다는 것은 부유하고 걱정 없는 삶을 보장받는 지름길이었다. 이집트의 측량관(Vermessungsbeamte)들은 이미 12(한 다스)를 넘어 수백에 이르는 수를 처리할 수 있을 만큼 이런 목표를 향해 중요한 진전을 이루었다. 농부들이 넓이와 폭을 재는 발(Klafter, 옛날 길이의 단위로 두 팔을 활짝 뻗은 길이, 약 183센티미터-옮긴이)의 수로 밭을 할당하려면 이 정도는 계산할 수 있어야 했다. 또 농부들이 가져오는 곡식의 자루를 세거나 곡식을 창고로 실어 나르는 수레의 수를 세는 데도 필요했다. 하지만 수백을 넘어 수천이 넘는 수를 계산하고 이해한 고대 이집트의 관리와 서기는 실제로 큰 인생의 목표가 있었다. 이런 능력이 있다면 파라오의 궁전으로 들어가 폐하를 알현할 수 있었기 때문이다.

이집트뿐만 아니라 바빌로니아나 마야, 중국 등 고대 고급문화에서 수는 보통 수천 단위를 넘지 않았다. 관리와 상인들은 오늘날과는 전혀 다르게 당시 일상 업무에서는 백만 단위를 생각할 필요가 없었다. 그리고 실제로 거액을 다루어야 할 때는, 계산 전문가가 일정한 양을 새로운 단위로 묶었다. 오늘날 우리가 다스로 표현하고 먼 거리는 미터가 아니라 킬로미터로, 거대한 양은 그램이 아니라 톤으로 재는 것과 마찬가지이다.

또 고대문화에서 사용하는 숫자도 몇 천을 넘지 않았다. 어쩌다 훨씬 큰 수를 상징하는 것을 발견할 때도 너무 크다고 생각하기는 했지만 단순히 놀라기만 할 뿐, 그것을 냉정하게 계산할 수는 없었다. 아마 인간의 상상력을 넘어서는 숫자는 단순하게 신의 영역으로 치부했을 것이다. 오늘날 이 같은 고대의 숫자를 아는 사람은 초기 역사시대나 오리엔트 고급문화의 전문가들밖에 없다.

또 고대 그리스인들이 자신들의 문자를 숫자로 사용한 것을 아는 사람도 소수에 지나지 않는다. 첫 글자인 알파(A)는 동시에 1을 의미했고 두 번째 글자인 베타(B)는 2를, 세 번째 감마(Γ)는 3을, 이런 식으로 나가다가 요타(I)는 10을 의미했다. 그 다음 10단위의 숫자도 그리스인들은 문자로 세었다. 요타 다음 카파(K), 람다(Λ), 뮤(M)는 각각 20과 30, 40을 의미했다. ΛB라고 쓴 것은 32를 의미했고 KΓ는 23을 의미했다. 그리고 10단위 다음의 100단위는 맨 끝의 부호들로 불렀다. 로(P)는 100을, 시그마(Σ)는 200을, 타우(T)는 300을 상징했다. 그리스 알파벳 24자와 더불어 특수기호로 그리스 자체의 초기 역사에서 사용하던 고대 문자 3개만 더하면 그리스인들이 일상 업무에 필요한 숫자를 쓰는 데는 충분했다.

로마인들이 숫자를 표기한 방식은 널리 알려져 있다. 오늘날에도 우리는 가령 시내 산책을 하다가 비문(碑文)이 새겨진 고대 기념비를 지나갈 때는 아이들에게 로마 숫자를 가르쳐준다. 로마 숫자도 문자로 이루어져 있다. 하지만 아주 이해하기 쉬운 부호와 뒤섞어서 쓴다. 1을 뜻하는 I는 단순한 문자일 뿐 아니라 선을 그은 것이기도 하다. 로마인들이 2와 3을 II, III으로, 4를 IIII로 표기한 것은 이런 선의 상징에서 직접 유래한 것이다. 그리고 V도 단순한 문자가 아니라 -덧붙이자면 고대 로마에서 U에 해당하는- 동시에 손을 상징하는 것으로 네 손가락과 엄지를 뻗친 모양으로 5를 나타낸 것이다. 그리고 밑에 하나를 더 붙여 '손' 두 개를 X로 표기해서 10이라는 숫자를 나타냈다.

중세까지만 해도 유럽에서는 모든 수를 로마 숫자로만 표기했다. 한 시민이 다른 사람에게 일정한 액수의 돈을 빌리면, 빌린 돈의 숫자를 조그만 막대기에 금을 그어 표시하고 이 막대기를 나누어 가졌는데 이것을 '셈 나무(Kerbholz)'라고 불렀다. '수(Zahl)'라는 말 자체는 고고(古高) 독일어(Althochdeutsch)에서 '셈하다(Dal)'는 뜻이었고 '이야기하다'라는 의미만이 아니라 그 전에는 '수를 세다'라는 의미도 있었던 영어의 Tell과 같은 어원이다. 고고 독일어 Dal은 언어적으로 움푹 파인 곳을 뜻하는 Delle와 어원이 같다. 당시 사람들은 수의 개념을 나무에 금을 새겨 액수를 상징하는 형상과 결합시켰기 때문이다. 그리고 채무자는 간혹 셈 나무에 10이 새겨져 있는데도 채권자에게 빚이 5굴덴이라고 주장할 때가 있었다. 채권자가 V를 밑에 거꾸로 하나 더 그어 X로 만들었다며 '말도 안 되는 거짓말로' 속인 것이다. 이런 논란은 오늘날에도 볼 수 있다.

I	1	XXI	21	XLI	41	LXI	61	LXXXI	81
II	2	XXII	22	XLII	42	LXII	62	LXXXII	82
III	3	XXIII	23	XLIII	43	LXIII	63	LXXXIII	83
IV	4	XXIV	24	XLIV	44	LXIV	64	LXXXIV	84
V	5	XXV	25	XLV	45	LXV	65	LXXXV	85
VI	6	XXVI	26	XLVI	46	LXVI	66	LXXXVI	86
VII	7	XXVII	27	XLVII	47	LXVII	67	LXXXVII	87
VIII	8	XXVIII	28	XLVIII	48	LXVIII	68	LXXXVIII	88
IX	9	XXIX	29	XLIX	49	LXIX	69	LXXXIX	89
X	10	XXX	30	L	50	LXX	70	XC	90
XI	11	XXXI	31	LI	51	LXXI	71	XCI	91
XII	12	XXXII	32	LII	52	LXXII	72	XCII	92
XIII	13	XXXIII	33	LIII	53	LXXIII	73	XCIII	93
XIV	14	XXXIV	34	LIV	54	LXXIV	74	XCIV	94
XV	15	XXXV	35	LV	55	LXXV	75	XCV	95
XVI	16	XXXVI	36	LVI	56	LXXVI	76	XCVI	96
XVII	17	XXXVII	37	LVII	57	LXXVII	77	XCVII	97
XVIII	18	XXXVIII	38	LVIII	58	LXXVIII	78	XCVIII	98
XIX	19	XXXIX	39	LIX	59	LXXIX	79	XCIX	99
XX	20	XL	40	LX	60	LXXX	80	C	100
								D	500
								M	1000

로마 숫자 표기법

C는 로마 숫자로 100을 뜻한다. '100'을 나타내는 라틴어가 켄툼(Centum)이기 때문이다. 그리고 이 글자의 아래쪽 반을 따로 떼어내면 L과 비슷한 부호가 되기 때문에 L은 로마 숫자에서 100의 절반에 해당하는 50을 뜻한다. 로마 숫자로 1000은 M으로 표시한다. '1000'에 해당하는 라틴어가 밀레(Mille)이기 때문이다. 하지만 로마 초기에 로마인들은 M 대신 그리스 문자인 피(Φ)를 썼다. 로마인들은 이 글자를 C에 I를 붙이고 여기에 다시 반대 방향의 C를 붙인 CIↃ 형태로 사용했다. 그리고 이것을 하나의 부호로 결합해 양식화한 M으로서 CD로 표기했다. 여기서 오른쪽 절반을 떼어내면 알파벳 D와 비슷한 IↃ가 된다. 이런 이유로 D는 500의 약자가 되었다.

이 정도의 로마 숫자는 누구나 알고 있는 것이다. 하지만 MMMMDCCCCLXXXXVIIII같이 힘들게 적어야 하는 4999를 넘을 때는 어떻게 썼을까?(IIII보다 간단한 IV를 쓰고, VIIII를 간단하게 IX로, XXXX를 간단하게 XL로, LXXXX를 간단하게 XC로, CCCC를 간단하게 CD로, 또 DCCCC 대신 CM으로 쓴 것은, 즉 4999를 MMMMCMXCIX로 쓰는 표기는-물론 이정도만 해도 여전히 번거롭지만-상대적으로 후대에 들어 정착된 축약형이다). 그렇다면 로마의 재무담당 관리는 수만이나 수십만 세스테르티우스(Sestertius, 고대 로마의 은화-옮긴이)를 장부에 어떻게 기재했을까?

이것은 500이나 1000을 표기할 때 이용하는 C를 단순하게 반복해서 쓰는 방법으로 해결했다. IↃ로 500을 표기했다면 IↃↃ와 IↃↃↃ라는 부호는 각각 5000과 5만을 뜻했다. 그리고 CIↃ로 1000을 표기했다면 CCIↃↃ와 CCCIↃↃↃ는 각각 1만과 10만을 뜻했다.

이 모든 요령에도 불구하고 로마자로 수를 표기하는 것은 언제나 힘들었다. 더 곤란한 것은 이렇게 표기된 숫자로 계산을 할 때였다. 로마 숫자로 덧셈 뺄셈을 하는 것은 그래도 견딜 만했다. 로마인들이 계산기로 사용한 주판은 숫자 표기 방식에 맞았기 때문이다. 하지만 로마 숫자로 곱셈을 하는 것은 간단한 일이 아니었다. 가령 57을 뜻하는 LVII과 75를 뜻하는 LXXV를 곱하기할 때 어떻게 결과를 계산할 수 있겠는가?[2)] 더구나 로마 숫자로 나눗셈을 하는 것은 엄청 힘든 일이었다. 이런 일은 중세시대에 최고 수준의 대학에서나 가르치는 분야였다.

중세에 읽고 쓸 줄 알며 로마 숫자를 잘 아는 소수의 상류층 사람들조차 덧셈과 뺄셈을 하는 것이 고작이었다. 곱셈과 나눗셈은 이들에게 확실히 도달 불가능한 영역이었다. 하지만 이른바 코시스텐(Cossisten, 15~16세기에 독일어권에서 계산을 체계화하고 단순화한 수학자 집단-옮긴이)이라고 하는 독특한 엘리트 학자의 길드가 있었다. 이들이 각 도시의 계산 전문가로 임명되어 도시행정이나 영업활동, 상인들에게 필요한 계산을 담당했다. 종종 곱셈과 나눗셈을 할 필요가 있었기 때문이다. 예컨대 당시 여성으로서 대부호였던 필리피네 벨저(Philippine Welser) 같은 사람이 계산 전문가에게 "결과가 어떻게 되지?(Che Cosa?)"라고 묻는 일이 흔했다. 벨저는 전문가를 '코시스텐'이라고 부르며 후한 보수를 지급했다. '답(Cosa)'이 얼마인지 전문가가 계산해주었기 때문이다.

누구나 숫자를 쓰고 셈하게 되다

아라비아의
10진법의 전파

1550년 이후, 밤베르크의 슈타펠슈타인(Staffelstein bei Bamberg) 출신으로 알프스 이북에서 가장 똑똑한 계산 전문가 중 한 사람인 아담 리스(Adam Ries)는 당시 성업 중이던 동업조합의 동료들을 망하게 만들었다. 그가 남녀를 막론하고 모든 시민이 읽을 수 있도록곱셈과 나눗셈을 포함한 셈법을 가르치는 책을 독일어로 펴냈기 때문이다.

'셈하기(Numerirn)'라는 제목이 붙은 이 책 제1장에서 아담 리스는 복잡한 로마 숫자 대신 훨씬 간단하고 편리하게 숫자를 쓰는 방법을 설명하고 있다. 그가 아주 꼼꼼하게 설명한 아라비아 숫자는 1, 2, 3, 4, 5, 6, 7, 8, 9로 처음 아홉 개의 숫자를 표기하는 방식이었다. 그는 또 더 큰 숫자를 표시하기 위해 필요한 열 번째 숫자로서 0을 알아듣기 쉽게 설명하면서 독자들에게 10진법의 비밀을 소개했다. 어떤 수에 들어간 모든 숫자에는 자릿값이 있다는 것이었다. 가령 4205라는 수에서 5는 1단위를, 0은 10단위, 2는 100단위, 4는 1000단위의 자릿값을 갖는다는 말이었다. 그러면서 아담 리스는 0이라는 숫자가 얼마나 중요한지 보여준다. 4205는 425와는 전혀 다르며 4250이나 42050과도 전혀 다른 숫자이기 때문이다.

다음 장은 '더하기' 즉 덧셈과 '빼기' 즉 뺄셈, 그리고 곱셈인 '곱하기'와 나눗셈인 '나누기'의 제목으로 이어지면서 이 아라비아 숫자

아라비아의 10진법을 유럽에 알린 아담 리스
〈출처:(CC)Adam Ries at wikipedia.org〉

로 쓰인 수를 가지고 기본연산을 하는 방법을 설명하고 있다. 아담 리스의 방법은 오늘날 아이들이 초등학교에서 배우는 것과 똑같다. 무엇보다 중요한 것은 이 방법이 대강 어렴풋이 이해하는 것이 아니라 수많은 수의 예를 통해 아주 명확하게 셈을 할 수 있게 만든다는 것이다.

마지막 장에는 '레굴라 데트리(Regula Detri)'라는 제목이 붙어 있다. 즉 리스는 여기서 모든 경제활동의 중요한 핵심이라고 할 이른바 '3의 법칙(Dreisatz)' 또는 오스트리아와 남부독일에서 흔히 '비례계산(Schlussrechnung)'으로 부르는 이치를 설명한다.

이 계산법의 형태는 언제나 2개의 진술과 하나의 질문 등 세 문장으로 구성된다. 가령 "5명의 벽돌공이 5일 동안 5미터 길이의 벽을 쌓았다. 이제 10명이 10일 동안 벽을 쌓는다. 그러면 이들이 쌓은 벽은 길이가 얼마나 되겠는가?" 또는 "6엘레(Elle, 옛날 독일의 치수를 재는 단위, 약 66센티미터-옮긴이)의 옷감 값은 42크로이처(Kreuzer, 13~19세기에 독일, 오스트리아, 헝가리에서 사용한 동전-옮긴이)이다. 그런데 91크로이처를 지불했다. 옷감을 몇 엘레를 산 것인가?" 같은 질문을 여러 개 제시한 다음 아담 리스는 이 문제를 어떻게 푸는지, 끈기 있게 또 자세하게 보여준다.

아담 리스의 책은 엄청나게 팔려 나갔다. 그의 생전에만 100판 이상 발행되었다. 아담 리스의 저서가 발간된 뒤, 코시스텐은 완전히 쓸모없게 되고 말았다. 거의 대부분 직접 계산을 할 수 있었기 때문에 코시스텐을 필요로 하는 사람은 아무도 없었다.

아담 리스의 정신사적 업적은 아무리 강조해도 지나치지 않을 것이다. 사람들은 처음으로 탐욕스런 학자들에게 의존하지 않고 중요하면서도 일반 대중들에게는 베일에 가려져 있던 신비에 찬 계산을 직접 하는 경험을 했다. 더 이상 비밀은 없었다. 아무도 계산 전문가에게 돈을 줄 필요가 없었다. 누구나 쓰기와 읽기처럼 계산을 손쉽게 할 수 있었다. 아담 리스는 모든 남녀 시민을 미성숙 상태에서 해방시켰고 이들은 중세 이후 처음으로 계몽주의를 경험한 것이다.

학교에서 왜 수학을 가르치는지, 때로 도발적인 질문이 나올 때면, 이런 역사의 관점에서 대답할 수 있을 것이다. "수학이 계몽주의 최초의 가장 성공적인 프로젝트니까."

하지만 아담 리스가 유럽에 아라비아 숫자를 도입한 최초의 인물은 아니었다. 그보다 훨씬 앞선 13세기에 이탈리아의 수학자인 피보나치(Fibonacci)가 『계산판의 서(書, Liber Abaci)』라는 책을 발간했는데, 아랍 외의 지역에서는 처음으로 숫자와 자릿값 체계에 대해 다루었다. 하지만 피보나치의 책은 형편없는 판매실적을 기록했다. 읽어본 사람이 거의 없었다. 인쇄술이 발명되기 이전이라 전파되는데 큰 한계가 있었고 다른 한편으로는 민중의 언어가 아닌 라틴어로 쓰였기 때문이다.

또 피보나치의 책이 나오기 수십 년 전에 프랑스의 사제인 제르베르 도리악(Gerbert d'Aurillac)은 코르도바와 세비야 대학에서 연구하던 중에 아라비아 숫자를 접한 적이 있었다. 제르베르는 999년에 교황에 선출되었고 실베스테르 2세(Sylvester II)라는 교황명을 얻었다. 하지만 교황은 당시 숫자에 대한 자신의 연구에서 본질적인 것, 즉 독특한 숫자인 0이 어떤 의미를 내포하고 있는지 파악하지 못했다.

사실 0은 신비로 가득 찬 수이다. 0은 수를 표기하는 데 자체로 중요한 의미가 있고 0만 있으면 얼마든지 엄청난 수를 만들어낼 수 있다. 1 000 000은 100만이 되고 1 000 000 000은 10억이 되며, 1 000 000 000 000은 1조가 되는 식으로 끝없이 올라갈 수 있다. 더 큰 수를 표기하기 위해 계속 0을 쓰는 것이 번거롭기 때문에 제곱수로 표시해서 0을 줄일 수도 있다. 가령 100만 대신 10^6, 10억 대신 10^9으로 표기하는 식이다.

하지만 영어권에서 부르는 대단위 수의 명칭은 전혀 다르다는 것을 조심해야 한다. 100만은 영어나 독일어나 똑같이 10^6로 쓸 수 있지만, 10^9는 영어로 'Billion(10억)', 10^{12}는 'Trillion(1조)'으로 부른다. 'Billion'을 'Milliarde'로 'Trillion'을 'Billion'으로 번역하다 보면 많이 배운 사람도 때로는 터무니없는 실수를 저지를 수 있기 때문이다(10억 이상의 수는 영어와 독일어가 다르기 때문에 혼동하기 쉽다. 가령 10억은 'Billion'[영], 'Milliarde'[독]로 각기 다르며 'Trillion'은 영어에서 1조를 뜻하지만 독일어에서는 100경[10^{18}]에 해당한다. 또 독일어로 'Billion'은 1조를 의미한다-옮긴이). 하지만 일상적으로 천문학적인 숫자를 다루는 전문가의 경우, 독일어로 Million이든, Milliarde나 Billion, Billiarde, Trillion이든, 아니면 영어로 Million이나 Billion, Trillion, Quadrillion, Quintillion이든, 실제로는 명칭에 구애받지 않는다. 가령 10^{11}을 부를 때, 1에 11개의 0이 붙은 1000억이라고 하는 대신 '10의 11제곱'으로 부르기 때문이다. 따라서 번역에 착오가 생길 일은 없다.

그렇다고 해도 예를 들어 1000억 유로를 10유로나 100유로처럼 간단하게 생각하는 것은 불가능한 일이다. 수백만 유로를 가진 사람을 부유하다고 말하는 것은 당연하다. 더구나 10억 유로를 가졌다면 엄청나게 부유하지만 이런 사람에게 돈은 100만 유로를 가진 사람과는 의미가 전혀 다를 것이다. 돈은 많을수록 더 추상적이다. 10억 유로를 가졌다고 해서 스크루지 맥덕(Scrooge McDuck, 1947년에 처음 만들어진 디즈니 만화 캐릭터로 설정상 도널드 덕의 삼촌이자, 디즈니 만화 세계에서 가장 부자인 인물-옮긴이)처럼 돈 탑을 세우고 돈을 쌓아놓는 사람은 아무도 없다. 엄청나게 많은 돈은 분명히 그 가치를 한눈에 파악할 수 없다. 그렇게 많은 돈을 가진 사람은 500년 전에도 있었다. 당시 푸거 일가(Fugger, 중세의 거상 푸거의 가문-옮긴이)는 사업을 위해 황제에게 거대한 자본의 처분을 맡기고 전국적인 은행가로서의 책임을 인식했다. 당시에도 사치스럽게 살거나 도박을 일삼으면서 인색하게 굴고 점점 재산을 까먹는 사람들은 있었지만 이들과는 전혀 다른 삶이었다.

마하라자와 어마어마한 수

현자와의
체스 시합

어마어마한 수를 주제로 한 유명한 이야기가 0과 10진법 체계를 발명한 나라 인도에서 나왔다는 것은 중요한 의미가 있다. 이것은 쌀알과 체스 판에 관한 이야기인데 줄거리는 다양하다. 이 이야기를 동화 형식으로 종합해보면 대강 다음과 같다.

오랜 옛날 젊은 마하라자(Maharadscha, 일반적으로 왕raja 위에 위치하는 힌두 제왕을 말하며, 역사적으로는 특히 인도의 중요한 토후국 통치자를 지칭함-옮긴이)가 거대하고 풍요로운 나라를 다스리고 있었다. 마하라자는 매우 아름다운 공주와 사랑에 빠졌고 두 사람은 결혼했다. 행복한 두 사람 앞에는 아름다운 미래가 펼쳐져 있었다. 마하라자는 지혜롭게 나라를 다스렸고 농부들은 풍족하게 쌀을 수확했으며 마하라자의 모든 신하들도 부유하고 만족스러운 생활을 했다. 그러다가 비극적인 운명이 찾아와 왕비가 어떤 의사도 고칠 수 없는 병에 걸리고 얼마 지나지 않아 왕비는 죽었다. 온 나라에는 슬픔이 가득했으며 홀몸이 된 마하라자의 슬픔은 이루 말할 수 없이 컸다. 그를 위로해줄 수 있는 것은 아무것도 없었다. 눈물로 지새는 마하라자는 모든 것을 잊었다. 나라도 잊고 백성의 행복을 위해 힘써야 할 자신의 책임도 잊었다. 이러는 사이에 곡식 수확은 갈수록 줄어들었고 백성은 점점 가난해졌다. 백성은 그 어느 때보다 살기가 고달파졌다. 마하라자의 신하들은 아무런 방도를 찾지 못했고 어떻게 하면 나라가 기울어가는 것을 막을 수 있을지 몰랐다. 그러다가 신하 한 명이 현명한 노인이 산다는 소문을 들은 것을 기억했다. 멀리 떨어진 깊은 산속에 암자를 짓고 사는 이 노인은 가장 지혜로운 현자로서 좋은 방도가 있을 것이라고 생각한 것이다. 시간이 없었기 때문에 신하들은 즉시 이 현자를 마하라자의 궁전으로 불러서 왕비를 잃은 슬픔과 고통에서 왕을 벗어나게 하는 임무를 맡기기로 결정했다.

마하라자의 궁전으로 들어올 때, 현자는 네모난 나무판을 들고 왔는데 가로 세로 8칸씩, 흑백이 번갈아 교차되는 64개 격자무늬로 된 체스 판이었다. 눈물에 젖은 마하라자의 앞에 앉은 현자는 이 나무 판을 탁자 위에 놀려놓고 독특하게 생긴 나무 말을 두 줄로 나란히 올려놓았다. 앞줄에는 이른바 폰이 8개, 뒷줄에는 바깥쪽부터 두 개씩의 룩과 나이트, 비숍이 놓였다. 그리고 뒷줄의 안쪽에는 마하라자의 모습을 한 킹과 왕비의 모습을 한 퀸이 놓였다. 현자는 자신의 앞에는 검은색 말을 놓았고 마하라자 쪽에는 똑같은 형태의 흰색 말을 놓았다. 그리고 혼잣말을 하듯이 -마하라자는 무관심한 것 같았지만 현자는 상대가 자신의 말에 귀를 기울이고 있다는 것을 잘 알았다- 각 말들이 어떻게 움직이는지 설명했다. 예를 들어 룩은 상하좌우로만 움직이며 비숍은 대각선으로 움직이고 킹은 한 칸씩 이동하며 퀸은 -이 말에 마하라자는 귀를 쫑긋했다- 가장 강력한 말로서 상하좌우, 대각선 등 원하는 방향으로 원하는 만큼 움직일 수 있다고 말했다. 또 현자는 폰과 나이트가 이동하는 법이나 상대의 말을 잡는 법, '체크(Schach)'와 '체크메이트(Schachmatt)'가 무슨 뜻인지도 설명했다.

이어 현자는 "한 판 두시겠습니까?"라고 공손하게 물었다. 현자의 간곡한 설득에 마하라자는 더 이상 거절할 수 없었다. 그는 이윽고 승낙을 하고 첫 번째 판이 시작되었다. 현자가 친절하게 가르쳐주는 바람에 마하라자는 이 판을 이기게 되었다. 체크메이트를 당한 현자는 "제가 졌습니다. 한 판 더 두시지요"라고 말했다. 두 번째 판에는 마하라자가 졌다. 이번에는 마하라자가 "한 판 더 두자"고 말했지만 현자는 이튿날 아침에 두자고 했다. 국사를 처리해야 할 테니 오늘은 이것으로 충분하다는 말이었다.

이런 방법으로 현자는 실제로 마하라자를 슬픔에서 벗어나게 할 수 있었다. 나라는 다시 예전처럼 지혜롭고 올바르게 통치되었고 백성은 행복을 되찾았으며 수확이 풍족해 창고마다 쌀이 가득 찼다. 아침마다 마하라자와 현자는 체스를 두 판씩 두었는데 마하라자는 타고난 재주가 있었는지 점점 실력이 늘었다. 이후 마하라자는 국사에 전념하게 되었고 현자는 평소처럼 명상 생활을 했다.

이렇게 여러 달이 지난 어느 날 현자는 자신이 이 나라에서 할 일을 마쳤으니 다시 깊은 산으로 돌아가고 싶다는 생각을 전했다. 그러자 마하라자는 "그대에게 큰 상을 내리고 싶으니 원하는 소원을 말해보시오. 뭐든 다 들어주겠소. 이렇게 짐을 슬픔에서 구해주었으니 어떤 것을 주어도 아깝지 않소"라고 말했다.

"엄청나게 큰 소원도 들어주시겠습니까?" 현자가 물었다. 마하라자가 물론이라고 대답하자 현자는 쌀 한 톨을 집어서 체스 판의 첫 번째 칸에 올려놓았다. "이 쌀 한 톨에서 시작해 다음 칸으로 이동할 때마다 두 배로 올리는 식으로 체스 판 전체에 놓이게 될 쌀을 모두 주시면 좋겠습니다."

"그렇게 욕심이 없다니." 마하라자는 소원이 너무 작은 것을 보고 어이가 없었지만 일생동안 아무것도 소유하지 않고 산 현자에게는 한 대접의 쌀도 재산이 될 수 있다는 것을 알고는 납득했다. 그리고 시종을 불러 쌀 한 숟가락을 퍼오게 해서는 현자가 말한 방식대로 체스 판의 칸에 채우게 했다. 왼쪽부터 오른쪽으로 쌀 한 톨로 시작해서 다음 칸으로 넘어갈 때마다 앞 칸의 두 배를 놓는 식이었다. 따라서 시종은 첫 번째 줄의 여덟 칸에

1, 2, 4, 8, 16, 32, 64, 128

개의 쌀알을 배치하는 식으로 시작했다. 시종이 128개의 쌀알을 배치하자 -이때까지 총 255개의 쌀알이 놓였다- 숟가락이 비었다. 따라서 둘째 줄의 첫 번째 칸에는 한 숟가락의 쌀이 놓이게 되었다. 그리고 계속 옆 칸으로 넘어갈 때마다 두 배씩 늘어났다. 그러므로 시종은 두 번째 줄의 여덟 칸에

1, 2, 4, 8, 16, 32, 64, 128

숟가락의 쌀을 배치해야 했다. 128 숟가락이면 단지로 반을 채우는 쌀이었다. 이미 시종 전부가 불려와 해당하는 쌀을 방에 따로 배치해야 했다. 세 번째 줄의 여덟 칸에 들어가야 할 쌀을 채우기 위해서는

1, 2, 4, 8, 16, 32, 64, 128

단지의 쌀을 들고 와야 했다. 이쯤 되자 마하라자는 현자에게 엄청나게 많은 쌀을 주어야 한다는 사실을 어렴풋이 깨달았다. 128단지의 쌀만 해도 이미 50킬로그램의 쌀가마에 해당하는 양이었기 때문이다. 이후로는 내어주어야 할 쌀을 적는 데 그쳤다. 네 번째 줄에 들어가야 할 쌀은 100킬로그램짜리로

$$1, 2, 4, 8, 16, 32, 64, 128$$

가마에 해당하는 어마어마한 양이었다. 맨 마지막 칸에 들어갈 양을 계산해보면 쌀을 가득 실은 마차 12대분에 해당하는 것이었다.

이 해에 마하라자가 다스리는 나라 전체의 쌀 수확은 대풍년이었기 때문에 감당할 수 있을 것으로 생각했을 것이다. 하지만 다섯 번째 줄에 들어갈 양을 따져보던 마하라자는 그만 계산을 포기할 수밖에 없었다. 너무나도 엄청났기 때문이다.

현자는 대강이나마 그 양을 짐작했다. 0이라는 숫자의 도움으로 체스 판에 들어갈 쌀의 양을 계산할 수 있었던 것이다. 첫 번째 칸에는 한 톨에 불과했지만 칸이 거듭될수록 두 배씩 늘어나는 방식이었다. 그 다음 열 칸에 들어갈 쌀알의 수는

$$2, 4, 8, 16, 32, 64, 128, 256, 512, 1024$$

가 된다. 그러므로 11번째 칸에는 1024톨의 쌀이 들어간다. 11번째 칸에 들어갈 1024를 간단하게 1000으로 줄여보자. 그러면 그 다음 열 칸에 들어갈 쌀알의 수는 각각

$$2, 4, 8, 16, 32, 64, 128, 256, 512, 1024$$

곱하기 1000이 된다. 앞에서처럼 마지막 1024를 다시 1000으로 줄이면 21번째 칸에는 $1000 \times 1000 = 1\,000\,000 = 10^6$개의 쌀알이 들

어간다. 이런 식으로 10칸 더 가서 31번째 칸에 이르면 $1000 \times 10^6 = 10^9$개가 되고 41번째 칸에서는 $1000 \times 10^9 = 10^{12}$개가, 51번째 칸에서는 $1000 \times 10^{12} = 10^{15}$개가, 61번째 칸에서는 $1000 \times 10^{15} = 10^{18}$개, 즉 무려 100경 톨의 쌀이 된다. 이어 62번째와 63번째, 64번째 칸에서는 각각 200경, 400경, 800경 톨의 쌀이 놓이게 된다. 결국 체스판 전체에 놓아야 할 양은 총 1600경이 넘는다. 그 정확한 수가 무려 18 446 744 073 709 551 615나 된다는 것을 누가 알겠는가![3)]

마하라자와 현자에 얽힌 이야기는 어떻게 끝나는지 우리는 알지 못한다. 아마 그렇게 엄청난 양의 쌀을 조달할 수 없다는 것이 몹시 부끄러워진 마하라자는 다음과 같이 대답했을는지도 모른다.

"그렇게 많은 쌀을 어떻게 싣고 갈 수 있겠는가. 짐의 시종을 전부 불러 모아도 나를 수 없을 걸세."

"폐하의 말씀이 옳습니다. 불가능하지요."라고 현자는 대답했을 것이다. "그만한 양의 쌀을 쌓아놓는다면 먼 이집트의 기자 피라미드와 비슷한 피라미드가 생길 겁니다. 그것도 이 피라미드가 훨씬 크겠죠. 쿠푸왕의 피라미드는 높이가 140미터지만 이것은 거의 5킬로미터는 될 것이기 때문에 쿠푸왕의 피라미드 4만 개가 들어갈 크기지요."

그리고 한참 뜸을 들인 후에 현자는 분명한 목소리로 말했을 것이다.

"폐하께서 체스만 두는 것이 아니라 엄청난 수에 담긴 교훈만 깨우치신다면 그걸로 상은 충분합니다." 이 말을 남긴 현자는 하직인사를 하고 마하라자의 궁을 떠났을 것이다.

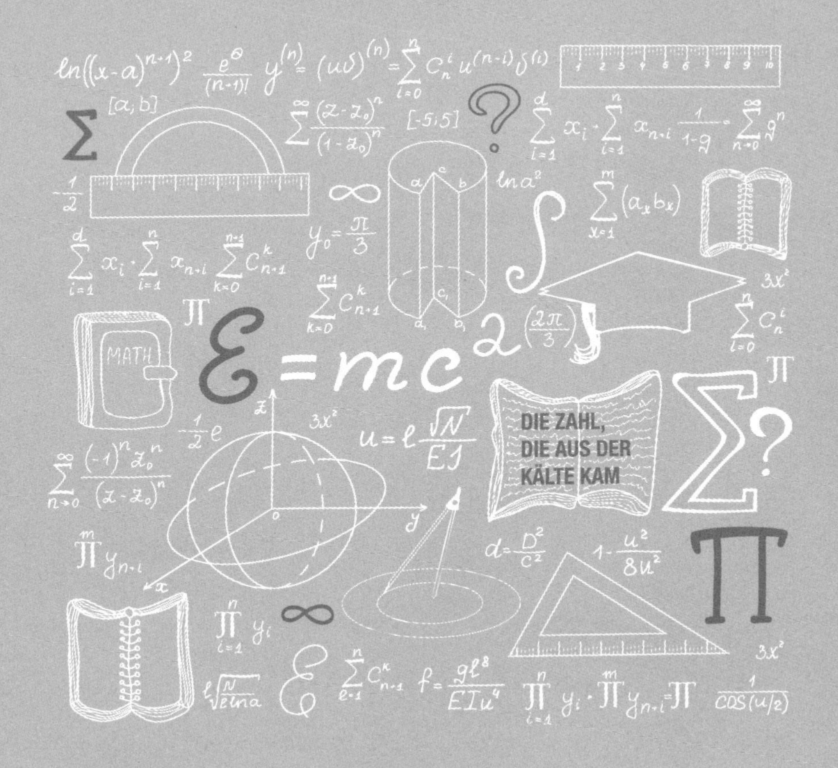

2 옛날 사람들은 어떻게 숫자를 셌을까
: 자연 속에서 가장 큰 수들

농부의 밭이랑이 직사각형으로 폭이 한 발에 길이가 일곱 발이라면 그는 폭과 길이가 각 네 발인 정사각형의 밭이랑을 가진 이웃과 똑같은 수확을 할 수 있다고 생각할 것이다. 두 사람의 밭이랑은 모두 둘레가 16발이기 때문이다. 이웃이 자신보다 두 배 이상을 수확하는 것을 그 농부는 처음에는 이해하지 못할 것이다. 그러다가 수확은 둘레가 아니라 면적에 달려 있다는 것을 알게 되고 수확에 얽힌 수수께끼를 풀게 된다. 즉 자신의 좁은 직사각형의 밭이랑에는 각 변의 길이가 한 발인 정사각형이 7개밖에 못 들어가지만 이웃의 정사각형 밭이랑에는 4개씩 4줄, 즉 16개의 정사각형이 들어가는 것을 알게 되는 것이다.

작은 수에서 큰 수까지

부유한 사람일수록
큰 숫자를 세다

선사시대에 어떻게 수를 세기 시작했는지 아는 사람은 아무도 없다. 하나나 둘이 석기시대의 인간이 최초로 발견한 수가 아니었다는 것은 분명하다. 하나나 둘은 셀 필요가 없었기 때문이다. 똑같은 종류가 두 개 있을 때는 쌍이나 짝으로 불렀을 것이다. 말하자면 그것을 손가락으로 가리키며 '하나', '둘' 이라는 말로 셀 필요가 없었다는 말이다. 아마 '셋(3)'이 가장 먼저 등장한 수인 동시에 유일한 수였을 것이다. 원시인이 짝을 이루는 물건을 보다가 하나가 더 생긴다면 이때 '2+1'의 의미로 '3'이 필요하기 때문이다. 인간이 생각하는 생활을 하던 인류의 초기 단계에서는 이런 이치를 깨닫는 데 무척 힘들었을 것이 분명하다.

3이란 수는 너무 많았다. 프랑스어로 '매우'라는 뜻을 가진 트레(Très)와 '3'이라는 뜻을 가진 트루아(Trois)가 어원이 같은 데는 다

이유가 있다. 이런 상태에서 네 번째 물건이 나타나면 석기시대 인간의 상상력은 감당을 못했을 것이다. 이때는 그저 '많은 것'으로 보였을 것이다. 이런 의미에서 3이란 수는 최초의 수였을 뿐 아니라 동시에 가장 큰 수이기도 했다. 4라는 수는 아직 존재하지 않았다. 원시인은 '짝 +하나 = 셋'이라는 형태로 수를 세기 시작한다. 그러다가 시간이 지나면서 노래를 하듯이 '하나, 둘, 셋' 하고 센다. 마치 달리기 경주를 할 때, '준비, 차렷, 땅' 하는 말과 같은 리듬이다. 하나와 둘이라는 말은 더 오래된 셋 외에 '하나, 둘, 셋'이라는 말과 동시에 태어난 것이다.

하지만 신석기시대의 인간은 적어도 가축을 기르면서부터 3 이상의 수를 셀 수밖에 없는 환경에 놓이게 된다. 수를 세지 못하는 인간은, 주변 숲에서 출몰하는 도둑떼가 세 마리만 남을 때까지 마음 놓고 양을 도둑질해도 양떼가 늘었는지, 줄었는지 알지 못하기 때문이다. 수를 세지 못하는 것은 경제적인 손실을 의미했다. 그러므로 이 당시에는 "살아남으려면 수를 셀 줄 알아야 한다"라는 구호가 통했다.

적어도 목동은 손가락 마디 사이에 있는 홈과 가축의 수를 비교할 줄 알아야 했다. 가축이 8마리라면 그런 능력이 있는 목동에게 가축을 맡겼을 것이다. 그러다가 새로운 발견을 해서 8 이상의 수를 셀 수 있게 되었다. 8 다음의 새로운 수를 9라고 부르게 되었는데 '9(Neun)'와 '새로운(Neu)'이라는 말의 어원이 같은 것은 바로 그런 이유이다. 라틴어에서도 '9(Novem)'와 '새로운 것(Novum)'의 어원은 같다. 또 프랑스어의 '뇌프(Neuf)'라는 말은 '9'와 '새로운'이라는 뜻이 있다. 이후로 원시인은 손가락 사이의 홈 대신 손가락 끝으로 수를 세기 시작한다. 그래서 10이 가장 큰 수가 된다.

하지만 여기서 멈추지 않았다. 손가락 외에 발가락까지 사용했기 때문이다. 많은 부족이 손가락과 발가락으로 수를 셌기 때문에 20이라는 수에 이르게 되었다는 것은 충분히 가능성이 있는 추론이다. 프랑스어에서는 이런 필요성의 흔적이 발견된다. 80을 뜻하는 'Quatre-vingt'를 직역하면 '4-20'의 형태가 되는데 20개의 손가락 발가락이 네 다발이라는 의미라고 할 수 있다. 또 99는 프랑스어로 'Quatre-vingt-dix-neuf'라고 하는데 '4-20-10-9'의 의미이다.

부유한 사람은 심지어 100 이상의 수를 세기도 했다.

너희 중에 어느 사람이
양 일백 마리가 있는데 그중에 하나를 잃으면
아흔아홉 마리를 들에 두고
그 잃은 것을 찾도록 찾아다니지 아니하느냐?
또 찾은즉
즐거워 어깨에 메고
집에 와서 그 벗과 이웃을 불러 모으고 말하되
나와 함께 즐기자 나의 잃은 양을 찾았노라 하리라
(누가복음 15:4~6-옮긴이)

예수는 이 비유를 말하면서 계산 능력이 출중한 목동을 염두에 두었을 것이 분명하다. 가축을 돌보면서 100마리가 아니라 99마리밖에 안 된다는 것을 파악한다는 것은 쉽지 않은 일이기 때문이다. 물론 이 비유에서 예수가 양의 정확한 숫자를 중시한 것은 아니다. 다만 42마리를 가지고 있다가 갑자기 한 마리를 잃었다고 하면 이 이야기는 매력이 없을 것이다. 그러면 청중은 42마리라는 말을 듣고 -왜 하필 42마리야?- 타고난 비유의 대가가 전하려는 메시지의 핵심에서 벗어날 것이다. 100은 "아주 많다"는 뜻일 뿐이다.

100번 이상 이웃을 용서하라는 말도 마찬가지이다.

그때에 베드로가 나아와 가로되
주여 형제가 내게 죄를 범하면 몇 번이나 용서하여 주리이까?
일곱 번까지 하오리이까?
예수께서 가라사대
네게 이르노니 일곱 번뿐 아니라
일흔 번씩 일곱 번이라도 할지니라
(마태복음 18: 21~22-옮긴이)

예수는 70×7의 계산이 베드로에게 너무 어렵다는 것을 알았을 것이다. 설사 베드로가 이 계산을 할 수 있다고 해도 일곱 번 용서를 하는 데만도 따로따로 기록해가면서 하나하나 실천을 해야 용서는 이루어지는 것이다. 하물며 일흔 번씩 일곱 번을 용서하려면 정신병자처럼 긴 목록을 들고 용서를 한 번 할 때마다 하나씩 지워나가는 행동을 490번을 해야 용서는 완성된다.

그것을 쓰던 당시로 볼 때, 성서에는 인간의 상상력을 벗어나는 큰 수가 난무한다.

야렛은 162세에 에녹을 낳았고
에녹을 낳은 후 800년을 지내며
자녀들을 낳았으며
그는 962세를 살고 죽었더라.
에녹은 65세에 므두셀라를 낳았고
므두셀라를 낳은 후 300년을 하느님과 동행하며
자녀들을 낳았으며
그는 365세를 살았더라
에녹이 하느님과 동행하더니
하느님이 그를 데려가시므로 세상에 있지 아니하였더라
므두셀라는 187세에 라멕을 낳았고
라멕을 낳은 후 782년을 지내며 자녀를 낳았으며
그는 969세를 살고 죽었더라
(창세기 5: 18~27-옮긴이)

에녹은 365년을 살았다. 365라는 수는 분명히 이집트력의 1년과 관계가 있다. 이 부분의 성서 저자는 에녹이 '모든 계절의 남자로서' 인생의 봄에 해당하는 청춘 시절부터 겨울에 해당하는 노년에 이르기까지 평생 신의 뜻에 맞는 삶을 살았다는 것을 표현하려고 한 것이다. 게다가 에녹은 아담에서 노아에 이르는 조상들 사이에서 죽었다는 표현 대신 "하느님이 그를 데려가시므로 세상에 있지 아니하

였더라"라고 묘사된 유일한 인물이다. 마틴 부버(Martin Buber)와 프란츠 로젠츠바이크(Franz Rosenzweig)가 '비유적인 성서적 나이(Das biblische Alter)'라고 말한 므두셀라(Metuschalach) 혹은 메투잘렘(Methusalem)이라 불리는 성서 속 인물의 나이 969세와 이보다 7년 짧은 야렛의 나이는 모든 상상력을 초월하는 것이다.

지구의 크기를 측정하라

땅의 크기를 알려면
기하학이 필요하다

인간은 정착 생활을 하자마자 아주 빠르게 기하학의 기본개념을 익혔다. 우선 자신이 경작하는 땅의 크기를 알고 싶어 했다. 가령 한 농부가 자신의 땅을 바라본다고 치자. 그 길이를 재려면 그는 길이 측정 단위, 예컨대 양팔을 쭉 뻗은 길이인 발과 비교할 수 있다. 그 농부의 밭이랑이 직사각형으로 폭이 한 발에 길이가 일곱 발이라면 그는 폭과 길이가 각 네 발인 정사각형의 밭이랑을 가진 이웃과 똑같은 수확을 할 수 있다고 생각할 것이다. 두 사람의 밭이랑은 모두 둘레가 16발이기 때문이다. 이웃이 자신보다 두 배 이상을 수확하는 것을 그 농부는 처음에는 이해하지 못할 것이다. 그러다가 수확은 둘레가 아니라 면적에 달려 있다는 것을 알게 되고 수확에 얽힌 수수께끼를 풀게 된다. 즉 자신의 좁은 직사각형의 밭이랑에는 각 변의 길이가 한 발인 정사각형이 7개밖에 못 들어가지만 이웃의 정사각형 밭이랑에는 4개씩 4줄, 즉 16개의 정사각형이 들어가는 것을 알게 되는 것이다.

밭을 경작하는 농부에게 적용되는 이치는 자신이 다스리는 땅이 얼마나 되는지 알고 싶어 하는 통치자나 왕에게는 매우 절실한 문제가 된다. 이들이 원정 나갈 때는 기하학자가 수행했고 전투에 승리하면 재빨리 정복한 땅의 크기를 측정했다.

알렉산드로스 대왕이 불과 수년 만에 정복한 세계 제국은 620만 제곱킬로미터에 이를 만큼 넓이가 어마어마했다. 제국은 마케도니아에서 인도까지, 카스피 해에서 나일 상류까지 뻗어 있었다. 트라야누스 황제 치하의 로마제국이 최대로 확장되었을 때의 면적이 830만 제곱킬로미터에 이르렀는데 이는 고대라는 것을 감안해도 엄청난 크기였다. 이에 비하면 지금의 유럽연합은, 비록 남북으로는 스칸디나비아에서 지중해까지, 동서로는 대서양에서 흑해까지 뻗어 있다고 해도, 500만 제곱킬로미터도 되지 않는다. 거대한 제국이든 아니든, 옛날의 통치자들은 자신이 전 세계에서 얼마나 되는 땅을 지배하고 있는지 알고 싶어 했다.

알렉산드로스 대왕 이후 한 세대가 지나서 알렉산드리아 도서관의 수석 사서인 에라토스테네스(Eratosthenes)는 지구의 크기를 측정하는 데 성공했다. 해마다 6월 21일 정오에 해가 천정(天頂)에 위치할 때면, 알렉산드리아에 세워진 오벨리스크는 그림자가 가장 짧았다. 에라토스테네스는 이 길이를 정확하게 측정한 다음 이 산출자료를 근거로 태양광선이 오벨리스크에 수직으로 내리쬘 때, 각도가 7도 12분, 현대적인 표현으로 7.2도가 생기는 것을 확인했다. 에라토스테네스는 계속해서 태양이 알렉산드리아에서 남쪽으로 800킬로미터 떨어진 나일 상류의 시에네(Syene)에서 이 날 정확하게 천정에 위치할 때, 태양광선이 지구와 수직을 이루어서 당시 시에네에 있는 깊은 우물의 수면까지 비추는 것을 주목했다. 오벨리스크의 그림자는 지구의 굴곡 때문에 생기는 것이라고 에라토스테네스는 결론 내렸다. 지구가 구형이라는 것은 아리스토텔레스 이후로는 학식을 갖춘 모든 그리스인이 알고 있었기 때문이다. 지구 대권(大圈, 대원)의 호, 즉 7.2도의 각도를 만드는 시에네와 알렉산드리아의 거리는 800킬로미터이다. 7.2도에 50을 곱하면 지구 대권 전체의 각도인 360도가 된다. 에라토스테네스는 이런 식으로 대권의 길이를 800킬로미터 × 50 = 40000킬로미터로 산출했다.

계산은 이렇게 간단해 보이지만 거기에는 측량이 불가능한 여러 가지 요인이 숨어 있다.

우선 첫 번째 문제는, 에라토스테네스는 태양광선이 시에네와 알렉산드리아에 서로 평행하게 비추는지 어떻게 알았는가 하는 점이다. 태양은 지구에서 끝없이 멀리 떨어진 것이 아니므로 광선이 정확하게 평행을 이룰 수는 없다. 하지만 이미 에라토스테네스의 시대에도 학자들은 태양과 지구의 거리가 너무도 멀기 때문에 태양광선이 평행을 이룬다는 것을 확신했다.

그리고 시에네는 실제로 알렉산드리아에서 정확하게 남쪽에 있는가? 이것이 두 번째 문제이다. 대답은 그렇지 않다는 것이다. 시에네는 알렉산드리아에서 동쪽으로 몇 도 치우쳐 있다.

이 때문에 에라토스테네스는 사실 4만 킬로미터보다 조금 더 큰 값을 얻었지만 그 오차 백분율은 한 자리 수밖에 되지 않는다.

세 번째 문제, 에라토스테네스는 지구 대권의 길이를 어떻게 킬로미터로 표시할 수 있었는가? 당연히 이렇게 한 것은 아니다. 그는 킬로미터라는 단위를 몰랐기 때문이다. 그가 사용한 단위는 스타디온(Stadion)이다. 진실을 말하자면 에라토스테네스가 길이 단위로 사용한 스타디온을 현대의 킬로미터로 아주 정확하게 환산할 수는 없다. 하지만 우리는 에라토스테네스가 알렉산드리아에서 시에네까지의 거리에 50을 곱했다는 것은 알고 있다. 이것이 그의 계산방식의 핵심이다.

현대의 지도를 보면 오늘날의 아스완(Assuan) 지역에 해당하는 고대 도시 시에네는 정확하게 북회귀선에 위치하고 있지 않다는 것을 확인할 수 있다. 태양광선은 6월 21일 정오에 아주 정확하게 수직으로 비추는 것이 아니다. 하지만 여기서도 오차는 아주 미미하기 때문에 에라토스테네스가 산출한 결과를 심각하게 손상하는 것은 아니다.

적도 둘레의 길이가 얼마인지 안다면 아르키메데스(Archimedes)가 발견한 공식으로 지구 표면적을 산출할 수 있다. 이 공식은 당시에도 알려져 있었다. 아르키메데스는 에라토스테네스와 동시대의 인물이었을 뿐 아니라 아는 사이기도 했다. 지구 표면적은 대략 5억 1000만 제곱킬로미터이다. 오늘날 유럽연합이 차지하고 있는 면적은 이것의 1퍼센트에도 미치지 못한다. 또 알렉산드로스 대왕과 로마제국의 영토도 각각 전체 지구 표면적의 2퍼센트가 되지 못했다.

이러니 통치자와 왕들이 깜짝 놀란 것이나 에라토스테네스 이후의 기하학자들이 지구 크기를 다시 측정하려고 한 것은 이상한 일이 아니다. 오늘날 우리가 익히 알고 있는 특수효과가 당시에도 있었다. 전문가들 중에서 정치적인 기회를 엿보며 시류에 영합하는 자나 아부하는 자들은 지배자의 비위를 맞추기 마련이다. 이런 배경에서 지구는 마치 보이지 않는 손이 작용한 듯이 갑자기 작아진 것이다. 결국 트라야누스 황제 시대에는 적도의 둘레가 2만 7000킬로미터 조금 넘을 정도로 지구가 줄어들었다. 어쨌든 당시 권위 있는 기하학자들은 그렇게 주장했다. 이에 따라 지구 표면적도 눈에 띄게 줄

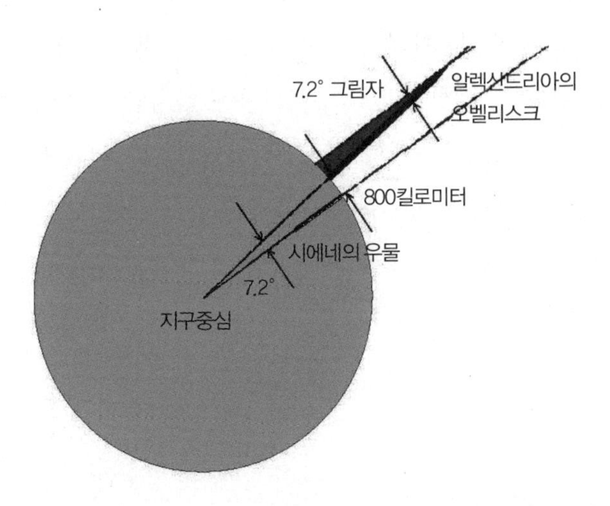

해마다 6월 21일 정오가 되면 시에네의 우물에 태양광선이 비춘다. 이 광선이 지구 내부까지 뻗친다고 가정하면 결국 지구 중심점까지 이른다. 이와 평행하는 태양광선은 북쪽 알렉산드리아에서는 수직으로 비추지 않는다. 그러므로 수직의 오벨리스크에는 7.2도의 그림자가 생긴다. 이 7.2도는 시에네와 알렉산드리아 사이의 호인 800킬로미터에서 생기는 값이다. 이것은 정확하게 지구 둘레의 50분의 1이다.

어들어 에라토스테네스가 측정한 5억 1000만 제곱킬로미터의 절반도 되지 않는 2억 3000만 제곱킬로미터가 되었다. 이래서 세계제국은 다시 그 이름에 걸맞은 위상을 되찾게 되었다.

크리스토퍼 콜럼버스(Christopher Kolumbus)도 지구의 적도 둘레가 2만 7000킬로미터라는 전제 아래 대항해에 나섰다. 그리하여 유럽과 아시아 대륙은 북반구의 많은 부분을 차지하게 되었다. 13세기 말에 베네치아의 마르코 폴로가 보고한 바에 따르면 리스본에서 중국의 천주(泉州)까지 거리가 1만 1000킬로미터가 넘기 때문이다. 이런 가정 하에 콜럼버스는 대서양을 지나 서쪽항로를 이용해 중국이나 인도에 이르려는 과감한 시도를 할 수 있었다. 포르투갈 왕실의 고문관들은 이 사업에 투자하지 말라고 권유했다. 이들은 옛날 에라토스테네스의 계산을 믿었기 때문이다. 하지만 콜럼버스는 끈질긴 협상 끝에 스페인 왕실의 후원을 받아냈고 1492년 8월 3일, 출항할 수 있었다. 콜럼버스는 죽는 날까지 그가 1492년 10월 12일에 상륙한 땅이 '인도차이나'라고 확신했다. 잘못된 측정이 신대륙의 발견을 가능하게 해준 것이다.

천문학적인 수

지구와
달의 거리

둘레 4만 킬로미터의 원도 상상하기 힘든 마당에[4] 지구에서 눈을 돌려 우주의 차원으로 시야를 넓힌다면 인간의 상상력은 완전히 마비될 것이다. 에라토스테네스 이후 얼마 지나지 않아 천문학자인 히파르코스(Hipparchos)는 지구와 달의 거리를 측정했다. 매우 엉성하기는 하지만 이 거리는 다음과 같은 방법으로 측정할 수 있다. 월식이 일어날 때, 지구의 그림자는 보름달의 원판을 뒤덮는다. 이때 지구 그림자의 둘레는 늘 원형을 유지한다. 덧붙이자면 이것은 아리스토텔레스에게는 지구가 구형일 수밖에 없다는 근거이기도 했다. 구형의 물체만이 어느 위치에서든 원처럼 둥근 그림자를 드리우기 때문이다. 월식이 일어날 때, 1유로짜리 동전을 팔 길이만큼 눈에서 약 75센티미터 간격을 두고 달 방향으로 대고 보면 동전의 원형은 정확하게 지구의 그림자 테두리와 일치한다. 동전의 둘레는 약 75밀리미터이고 눈과의 거리는 둘레의 10배에 해당하기 때문에 여기서 달은 지구로부터 지구 둘레의 10배만큼 떨어져 있다는 결론을 내릴 수 있다. 이 결과 달과 지구의 거리는 40만 킬로미터라는 계산이 나온다. 지금까지 정확하게 측정한 거리 38만 4000킬로미터에 비하면 오차는 크지 않다. 히파르코스 자신은 이보다 훨씬 독창적인 방법[5]을 고안해서 지구와 달의 거리를 측정했는데 그 오차는 불과 몇 퍼센트 안 될 정도로 정확한 것이었다.

지구와 달의 거리를 안다면 -적어도 에라토스테네스 이전의 인물인 천문학자 아리스타르코스(Aristarchos)는 그렇게 믿었다- 지구와 태양의 거리도 측정할 수 있다. 가령 낮에 정확하게 반원 형태를 띤 반달이 뜨면 태양을 바라보는 시선과 달을 보는 시선 사이의 각도를 측정하기만 하면 된다는 것이 아리스타르코스의 생각이었다.

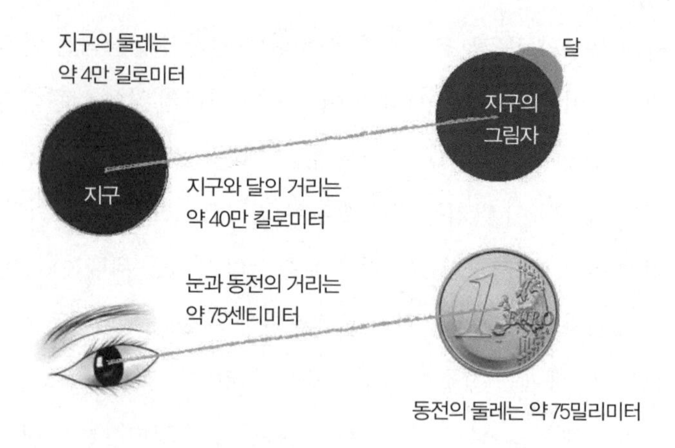

월식 때 보름달을 뒤덮는 지구의 그림자는 눈에서 75센티미터 떼어 놓고 보는 1유로짜리 동전 크기와 같다. 여기서 지구와 달의 대략적인 거리를 계산할 수 있다.

반달일 경우, 달을 향한 시선과 달을 비추는 태양광선 사이에 형성되는 각도는 정확하게 직각을 이루기 때문이다. 지구와 달, 태양 사이에 형성되는 삼각형의 각을 안다면 이 삼각형이 어떤 형태인지 알 수 있다. 그리고 추가로 삼각형의 한 변의 길이를 알면 -이 경우에는 지구와 달의 거리- 나머지 두 변의 길이도 알 수 있다.

아리스타르코스의 방식은 이론적으로는 완벽한 것이다. 다만 현실적으로는 적용할 수 없는 한계가 있다. 태양을 바라보는 시선과 달을 바라보는 시선 사이의 각도는 거의 직각이나 다름없기 때문이다. 아리스타르코스가 볼 때, 이 각도는 직각과 거의 차이가 나지 않았다. 말하자면 반달을 비추는 태양광선과 태양을 바라보는 시선은 거의 평행을 이루는 것이다. 즉 지구로부터 태양의 거리는 지구와

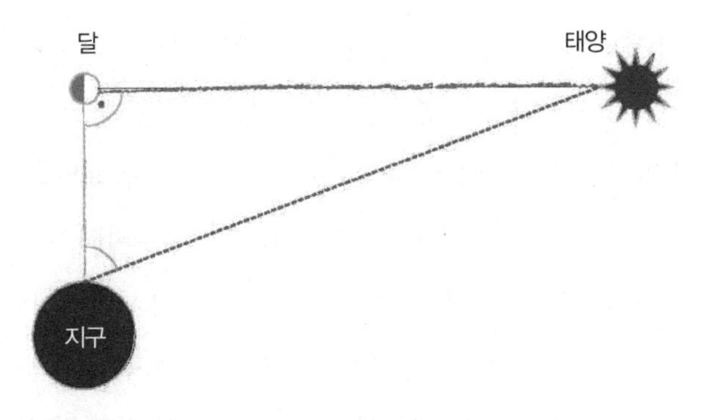

아리스타르코스가 지구와 태양의 거리를 측정한 원리는 다음과 같다: 정확하게 반원 형태의 반달이 뜨면 지구에서 달을 바라보는 시선과 달을 비추는 태양광선은 직각을 이룬다. 지구에서 달을 보는 시선과 지구에서 태양을 보는 시선 사이에서 형성되는 각도를 측정하면 여기서 직각삼각형의 형태가 만들어진다는 것을 알 수 있다. 그러면 지구로부터 태양의 거리는 지구로부터 달의 거리에 비해 얼마나 먼지 추정할 수 있다. 하지만 측정하려는 각도가 너무도 직각에 가까워서 아리스타르코스는 믿을 수 있는 결과를 산출하지 못했다.

달의 거리에 비해 아리스타르코스가 생각한 19배보다 말할 수 없을 만큼 훨씬 더 멀리 떨어진 것이다. 이런 계산은 엄청난 착오였다. 실제로 태양이 지구로부터 떨어진 거리는 달에 비해 약 400배나 되기 때문이다.

이 거리는 약 1억 5000만 킬로미터에 이른다. 1억 5000만 킬로미터라고 간단히 말하지만 이런 거리는 인간의 상상을 초월하는 것이다. 지구를 3750바퀴 도는 거리라고 생각하면 상상이 될까? 아니면 1초에 30만 킬로미터를 가는 빛이 태양에서 지구에 오는 데 8분이나 걸린다는 것을 생각하면 상상이 될까? 아무튼 이 모든 것은 인간의 상상력을 벗어난다.

지구에서 태양까지의 거리는 천문학적인 거리로 볼 때는 시작에 불과하다. 지구와 가까운 별들만 해도 태양과의 거리보다 25만 배나 멀리 떨어져 있기 때문이다. 약 40조 킬로미터에 해당하는 거리이다. 빛이 1년 동안 가는 거리는 9조 5000만 킬로미터로서, '광년'이란 그럴듯한 말로 줄여서 표현하기는 하지만 이것도 상상할 수 없기는 마찬가지이다. 거리를 광년으로 줄여서 부를 수밖에 없는 이유가 있다. 우리의 태양계를 포함하여 1000억 개의 별로 이루어진 성운인 은하수는 직경이 10만 광년이 넘기 때문이다. 비슷한 크기로 은하수와 가까이 있는 성운은 안드로메다이다. 이 성운은 지구에서 200만 광년 떨어져 있기는 하지만 맑은 날 밤이면 그 산란광선의 점들을 육안으로도 볼 수 있다. 200만 광년을 킬로미터로 환산하면 무려 1800경 킬로미터가 넘는다. 현자가 마하라자에게 요구한 쌀알을 생각나게 하는 수이다.

하지만 이것도 우주학자들이 말하는 우주의 규모로서는 시작에 지나지 않는다. 은하수나 안드로메다 같은 성운은 1000억 개가 넘을 만큼 무수하게 많기 때문이다. 지상의 초대형 망원경이나 인공위성에 설치한 대형 망원경으로 보면 이런 성운은 심우주(深宇宙, Deep space) 곳곳에 산재해 있다. 이론적으로는 이런 기구로 500억 광년 가까이 접근할 수 있다. 그 다음에는 우주의 '사건지평선(Event Horizon/Ereignishorizont, 일반상대성이론에 나오는 용어로 내부에서 일어난 사건이 그 외부에 영향을 줄 수 없는 경계면을 말한다. 가장 흔한 예는 블랙홀 주위의 사건지평선이다. 외부에서는 물질이나 빛이 자유롭게 안쪽으로 들어갈 수 있지만, 내부에서는 블랙홀의 중력에 대한 탈출속도가 빛의 속도보다 커지므로 원래 있던 곳으로 다시 되돌아갈 수 없게 된다-옮긴이)'이 시작된다. 아인슈타인의 일반상대성이론에 따르면 그 배후는 육안이나 어떤 측정기구로도 볼 수 없다. 500억 광년을 킬로미터로 환산하면 무려 4억 5000경 킬로미터에 이른다. 말하기는 쉽다. 상상이 안 될 뿐이다.

우주의 최대수

우주를 모래알로
채울 때

우주의 거대한 차원은 아르키메데스의 표현대로 그를 지상에 존재하는 최대의 수를 계산하도록 유혹한다. 아르키메데스는 세계에서 가장 미세한 것들로 우주 전체를 채울 때, 그 수가 얼마나 될지 궁금해 했다. 그것보다 더 큰 수에 대해서 말하는 것은 무의미하지는 않지만 헛된 짓이라고 생각했기 때문이다.

세계에서 가장 미세한 것은 모래알이라고 아르키메데스는 기록한다. 그가 말하는 모래알은 차라리 먼지 입자라고 해야 옳을 것이다. 아르키메데스는 다음과 같은 생각에서 출발했다. 양귀비 씨앗에는 모래알 1만 개 이상을 담을 수 없다. 그리고 양귀비 씨앗 25개를 늘어놓으면 손가락 하나의 폭이 된다. 하지만 확실히 하기 위해서 아르키메데스는 양귀비 씨앗 40개를 늘어놓을 때, 1센티미터의 길이가 되도록 작은 것으로 제한한다. 작은 양귀비 씨앗을 모서리 길이가 4분의 1밀리미터인 정육면체로 가정한다면 이 정육면체의 부피는 약 0.016세제곱밀리미터가 된다. 아르키메데스는 이것을 다시 줄여 0.01세제곱밀리미터로 제한했다. 이 알갱이에 1만 개의 모래알이 들어간다고 본다. 그러면 아르키메데스가 세계에서 가장 작은 크기라고 본 모래알은 말할 수 없이 미세한 0.000001세제곱밀리미터의 부피가 된다. 바꿔 말하면 1세제곱밀리미터에는 100만 개의 모래알이 들어간다는 말이다.

이렇게 해서 우주의 최대 수는 모래알에서 나온다. 즉 우주를 채우는 모래알의 수를 말한다.

아르키메데스는 아리스타르코스가 산출한 지구에서 태양까지의 거리를 근거로 -앞에서 왜곡된 측정의 예를 보았듯이- 우주의 직경을 엄청나게 낮게 평가했다. 그의 주장에 따르면 태양은 지구로부터 달까지 거리의 19배만큼 떨어져 있다. 아리스타르코스가 추산한 태양까지의 거리를 반올림하면 달까지의 거리인 40만 킬로미터 곱하기 20이 된다. 그러면 800만 킬로미터이다. 우주는 분명히 모서리 길이가 지구에서 태양까지의 거리의 100만 배가 넘는 정육면체와 같을 것이라고 그는 추정했다. 그렇다면 모서리 길이는 8조 킬로미터가 될 것이다. 이보다 더 큰 모서리 길이 10조 킬로미터인 정육면체라는 생각에서 아르키메데스는 출발했다. 그러면 그 부피는 100만의 6.5제곱(Sextilliarde), 즉 10^{39}세제곱킬로미터가 된다. 1 다음에 0을 39개나 붙이는 숫자이다.

1세제곱밀리미터에는 100만 개, 즉 10^6개의 모래알이 들어간다. 10억 세제곱밀리미터, 즉 10^9 세제곱밀리미터는 1세제곱미터가 되고 10억, 즉 10^9세제곱미터는 1세제곱킬로미터가 된다고 할 때, 아르키메데스의 모래알 수는 $10^6 \times 10^9 \times 10^9 \times 10^{39}$개, 즉 10^{63} (Dezilliarde)개가 된다.

하지만 아르키메데스는 모래알의 정확한 수에 대해서는 실제로 전혀 관심이 없었다. 그가 이 계산으로 알리고 싶었던 것은 두 가지이다.

첫째, 고대 그리스인이 숫자를 쓰는 방식으로는 -이들은 문자를 동시에 숫자로 썼다- 그렇게 엄청난 수를 표기할 수 없다는 것이다. 아르키메데스의 목표는 10^{63}을 고유한 수의 체계로 표시하는 것이었다. 그리스어로 무수하다는 의미의 Mýrios에서 나온 미리아드(Myriade)는 아르키메데스의 수의 체계에서 1만을 뜻한다. 아르키메데스는 미리아드를 제곱했고 이것으로 0을 -이상하게도 이 개념은 그에게 없었다- 사용하지 않고도 거대한 수를, 적어도 말로 파악하게 된 것이다.

두 번째, 10^{63}이 우주에서 가장 큰 수라고 아르키메데스는 주장했다. 세상 어디에서도 이보다 더 큰 수를 생각할 수는 없었다. 다만 수학에서는 훨씬 더 큰 수가 존재한다고 아르키메데스는 확신했다. 그 자신은 모래알의 수에 대한 논문에서 $10^{80\,000\,000\,000\,000\,000}$ 이란 상상할 수 없는 수를 언급한다. 오늘날의 표기 방식으로는 1 다음에 8경개의 0이 붙는 수이다. 하지만 이것도 수학의 관점에서 볼 때는 작은 수이다. 1부터 이 수에 이르기까지 센다고 할 때, 아무리 오래 걸려도 그것은 결국 유한한 수이며 무한한 수는 끝없이, 부를 수도 없고 언제까지나 세어지지 않은 채로 있다고 볼 수 있기 때문이다.

여기서 아르키메데스처럼 여러 가지 계산을 해보는 것도 재미있을 것이다. 모래알이나 이보다 수가 훨씬 적은 아리스타르코스의 태양계가 아니라 현대물리학에서 말하는 가능한 최소의 길이와 최대의 길이를 생각해보는 것이다. 뉴턴과 아인슈타인 이래로 중력의 관련 단위가 된 중력상수(Gravitationskonstante)와 맥스웰과 아인슈타인 이래 모든 전기역학 과정의 관련 단위가 된 광속도, 플랑크와 보어 이래로 양자론의 관련 단위가 된 작용양자(Wirkungsquantum)를 적절히 조합하면 이른바 플랑크 길이(Plancksche Länge)를 구할 수 있는데, 그 크기는 0,000 000 000 000 000 000 000 000 000 000 000 016 162미터가 된다. 간단하게 쓰면 1.6162×10^{-35}미터이다. 소수점 다음에 0이 계속 이어지다가 35번째 자리에서 1로 시작되는 수가 나온다. 그러면 모서리 길이가 10^{-35}미터인 '정육면체'가 500억 광년의 사건지평선을 가지고 있는 우주에, 다시 말해 모서리 길이가 1000억 광년인 '정육면체'에 몇 개나 들어갈지 계산해보자. 1000억 광년은 1000억 곱하기 10조 킬로미터, 즉 $10^{11} \times 10^{13} \times 10^{3}$미터, 다시 말해 $10^{11+13+3} = 10^{27}$미터보다 훨씬 짧기 때문에 우리가 인식하는 우주는 $10^{27\times3}$, 즉 10^{81} 세제곱미터에 들어간다. 모서리 길이가 10^{-35}인 '플랑크 정육면체'는 부피가 $10^{-35\times3}$, 즉 10^{-105} 세제곱미터가 된다. 이에 따라 우주에 들어가는 '플랑크 정육면체'는 10^{81+105}개가 넘지 않는다. 이는 10^{186}으로 믿어지지 않겠지만 1 다음에 0이 186개나 붙는 수(Untrigintillion)다. 이것이 현대적으로 표현한 모래알의 수이다.

이왕 시작한 김에 이와 비슷하게 -물론 현실에서는 존재하지 않지만- 재미 난 상상을 해보자. 플랑크 길이뿐만 아니라 플랑크 시간이란 것도 있는데, 물리학에서 의미가 있는 최소한의 시간단위로서 대략 5×10^{-44}초에 해당한다. 우리가 아는 바로 우주는 138억 년 전에 생성되었다. 이것을 초 단위로 환산하면 5×10^{17}초보다 조금 짧다. 이런 전제에서 지금까지 우주의 역사는 플랑크의 '순간'으로 환산하면 최대 10^{17+44}, 즉 10^{61}으로 10데실리온(Dezillion, 10^{60})에 해당한다. 이것은 놀랍게도 아르키메데스의 모래알 수의 100분의 1에 지나지 않는다.

어마어마한 수를 계산하기 시작하면 상상을 초월할 정도로 터무니없는 수가 나오기 마련이다.

계산이 아니라 어림평가를 하라

시카고에 피아노 조율사는
몇 명이나 될까

다시 인간적인 차원으로 돌아가 보자. 거대한 천문학적 수는 일상생활과 상관없지만 아르키메데스나 그와 비슷한 현대적인 후예들이 수를 어림하는 방법을 생각해보는 것은 10이나 10처럼 터무니없는 수와 상관없이 재미를 불러일으킬 것이다. 어마어마한 규모를 어림하는 방법으로 이름을 날리는 명석한 두뇌는 언제나 있기 마련이다. 로마 출신으로 1954년 사망할 때까지 시카고에서 이론물리학을 가르친 엔리코 페르미(Enrico Fermi)는 어림평가의 귀재였다. "수학은 계산상의 모든 실수에서 벗어나는 것이 아니라 능숙한 방법으로 불가피한 실수를 키우지 않을 때 예술이 된다"는 그의 말은 우리에게 아주 인상적인 가르침을 주었다.

"시카고에 피아노 조율사는 몇 명이나 될까?" 어느 날 페르미가 이렇게 묻자 학생들은 어리둥절해 했다. 물론 그 답은 페르미도 몰랐다. 하지만 그는 답을 구하는 과정을 알고 있었다. 시카고의 인구가 400만이고 평균 가구는 4인 가족이며 5가구마다 1가구씩 피아노가 있다고 할 때, 시 전체에는 20만 대의 피아노가 있다고 할 수 있다. 모든 피아노는 4년마다 조율해야 한다는 것을 생각하면, 해마다 5만대의 피아노를 조율해야 한다. 조율사 한 명이 하루에 4대의 피아노를 조율하면, 1년 근무일을 250일로 치고 1명당 해마다 1000대의 피아노를 조율하는 셈이 된다. 결국 시카고에는 50명의 피아노 조율사가 있다고 볼 수 있다.

세계적으로 이름난 빈(Wien)의 물리학자 발터 티링(Walter Thirring)도 이런 계산에 뛰어났다. 학생 시절 그는 대륙이 부빙(浮氷)처럼 지표면에서 떠다닐 수도 있다는 알프레드 베게너(Alfred Wegener)의 이론(대륙이동설)은 헛소리라는 말을 듣자 지진이 일어날 때 지구가 손바닥 너비만큼 벌어진다는 생각을 해보자고 응수했다. 지구 어딘가에서 해마다 그런 지진이 일어난다는 것을 감안하면 해마다 지각이 10센티미터씩 밀릴 것이고 1억 년이면 10억 센티미터, 즉 1만 킬로미터가 된다는 논리였다. 이 정도면 대륙이동으로 떨어진 유럽과 아메리카의 거리로는 충분하다는 말이었다. 당시 그의 교사는 어린 티링에게 쓸데없는 숫자놀음을 그만두라고 경고했지만 오늘날 대륙이동은 과학계에서 굳어진 정설로 통한다.

이런 계산의 매력은 비록 정확성과는 거리가 멀지만 찾는 답의 범위를 어림계산할 수 있다는 것이다. 또 대단한 정보가 필요한 것도 아니고 오로지 합리적인 추론만으로 답을 찾아낼 수 있다. 이런 계산은 기술적인 보조수단 없이도 간단하게 해결할 수 있다는 데 가장 큰 매력이 있다. 가령 욕조의 물은 무게가 얼마나 될 것인가? 한 가구에서 1년에 버리는 쓰레기의 양은 얼마나 될 것인가? 인간의 신체는 몇 개의 세포로 이루어졌는가? 어느 정도 의미가 있는 이런 질문은 페르미 식 계산법으로 답을 찾아낼 수 있다.

또 국가 연금수령자와 직업종사자의 비율 문제도 마찬가지이다. 정부 부처에 문의하지 않고도 연금수령자의 비율이 놀랄 정도로 높다는 것을 계산할 수 있다. 페르미 식 계산법이면 충분하다. 너무도 정확해 이 민감한 분야의 정치적 조치를 취하는 것이 겁날 정도다.

물리학도 출신인 독일 총리가 페르미 식 계산을 해보았는지, 그의 나라에 에너지 수요가 급증하는 상황에서 이산화탄소를 배출하지 않는(탄소중립) 에너지원이 핵에너지의 근절을 둔화시키는 것은 아닌지, 평소에는 모르는 것이 없는 독일 언론은 말이 없다.

실수에서 자유로운 계산은 수학과는 거의 무관하다. 실수 없는 계산은 컴퓨터도 할 수 있다. 수학적인 정확성이란 계산을 할 수 있고 거기서 파생되는 불가피한 실수를 안다는 것을 의미한다. "수 계산의 지나친 정확성을 따지는 것보다 수학적인 무지가 더 분명하게 드러나는 경우는 없다." 가우스(Gauss)가 한 말이다.

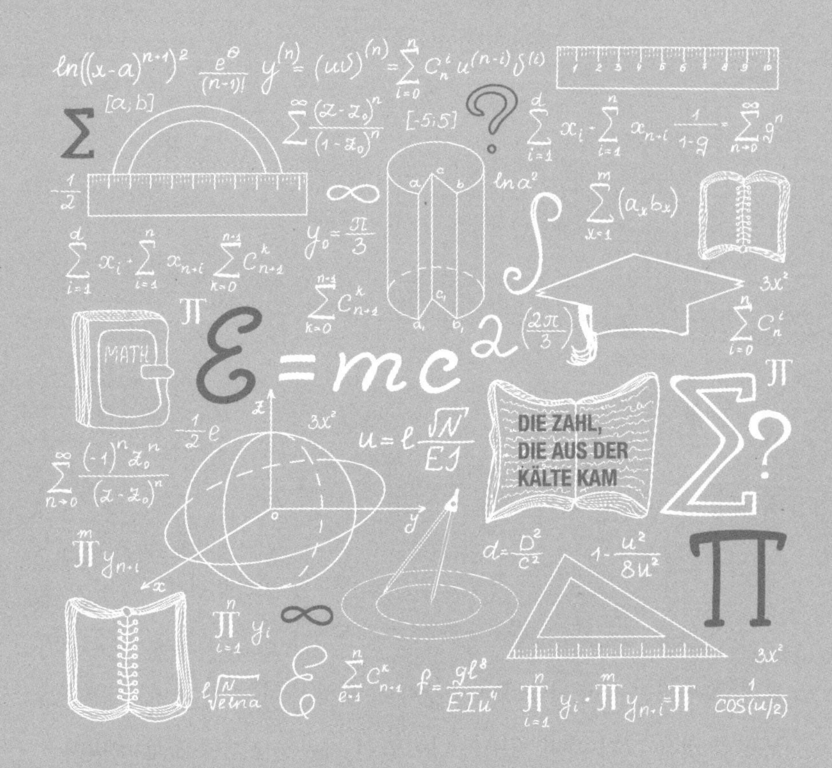

3 수학은 현실의 놀라운 발견이다
: 최고의 수학자

호루스의 눈은 해와 달이며 그 중 달은 '우자트(Udjat)의 눈'이라고 불린다. 신화에 따르면 오시리스의 동생인 세트는 오시리스의 왕좌를 둘러싼 싸움에서 호루스의 눈을 발기발기 찢어버렸다. 이때 지혜로운 달의 신이자 학술과 서예의 수호신인 토트는 수없이 많은 눈의 조각들이 크고 작은 형태로 흩어진 것을 보고 그것을 다시 모아 짜 맞추려고 했다.
가장 큰 조각은 정확하게 우자트의 눈의 절반에 해당했고 두 번째로 큰 조각은 우자트의 눈의 4분의 1에 해당했다. 토트가 이것을 짜 맞추었을 때, 눈의 4분의 3은 회복이 되었다.
여기서 알 수 있는 것은 이집트인들의 분수 개념이다.

수학의 순교자

아르키메데스의
기하학 원리

오늘날 우리는 아르키메데스의 생애에 대하여 아는 것이 별로 없다. 분명한 것은 그가 이미 노인의 나이였던 기원전 212년에 로마 병사에게 살해당했다는 것이다. 아르키메데스가 살면서 활동한 도시인 이탈리아 시칠리아의 섬 시라쿠사(Syrakus)는 제2차 포에니 전쟁의 와중에 로마군에 점령되었다.

아르키메데스가 75세에 사망했다는 말은 확실치 않고 후대에 그렇게 추정할 뿐이다. 마찬가지로 살해범이 안마당 모래판에서 계산을 하던 그를 죽였다는 것도 그럴듯한 전설에 지나지 않는다. 미련한 로마 병사가 기하도형이 그려진 모래를 밟았을 때, 아르키메데스가 "내 원에 들어오지 마!"라고 호통을 쳤고 이에 모욕을 당했다고 생각한 병사가 즉시 검으로 찔렀다는 것이다. 아르키메데스에 대한 전설 중 재미있는 것은 이것만이 아니다. 아르키메데스가 그 병사에게 살해당하기 전에 자신이 공식을 입증할 수 있도록 잠시만 기다려 달라고 부탁했다는 것이다. 그런데 그 잔인한 야만인이 주저 없이 그대로 찔렀다는 것이다.

사실 이 병사는 자신의 상관인 로마군 사령관 마르켈루스(Marcellus)의 명령을 분명히 위반했다. 마르켈루스 장군은 아르키메데스를 생포하라고 명령했기 때문이다. 자신의 고향 시라쿠사를 방어하기 위해 효과가 뛰어난 기계를 고안한 아르키메데스의 능력을 그는 높이 평가했다.

그 기계는 육지에서 로마군 함대가 상륙하는 것을 저지하기 위해 만든 것이다. 전하는 말에 따르면 아르키메데스가 고안한 거대한 크레인은 도르래를 이용해 멀리 바다에 있는 크나큰 물체를 들어 올릴

화가 페티(Fetti)가 그린 아르키메데스
〈출처:(CC)Archimedes at wikipedia.org〉

수 있었다. 로마군의 함대가 도시 쪽으로 접근하면, 이 크레인을 바다 쪽으로 돌리고 끝에 강력한 갈고리가 달린 밧줄을 내렸다. 갈고리가 전함의 선수를 움켜잡으면 아르키메데스의 명령에 따라 시라쿠사 병사들은 도르래를 감아올렸다. 이 때문에 로마군의 전함은 공중 높이 떴다가 중무장한 갑판의 로마 병사들과 더불어 선미부터 바다로 빠졌고 이 기계장치로 로마군은 참패를 당했다.

로마군이 다시 공세를 펼치자 아르키메데스는 시라쿠사 성벽 앞에 기계를 설치하고 커다란 바윗덩어리를 날려 보냈다. 자신이 발견한 지레의 법칙을 이용해 직접 거대한 투석기를 제조한 것이다. 엄청난 무게의 거대한 바윗덩어리가 성벽 위를 날아가 바다로 떨어지면 큰 물결이 일어난다. 바다에 대기 중인 적의 함대는 해난사고를 면할 수 없었다.

아르키메데스가 초점을 모은 거울을 이용해 로마 함대를 패주시켰다는 이야기는 역사적인 근거가 없는 전설이다. 하지만 그가 방어 전략을 위한 기하학적인 원리를 잘 알고 있었다는 점에서 전혀 허무맹랑한 이야기는 아니다. 즉 아르키메데스가 해안 곳곳에 거울을 설치하여 거기서 반사되는 빛이 이른바 포물선을 형성하도록 제안했다는 것인데 이는 과학적으로 가능하다. 이 기하학적인 곡선의 특성을 이용해 나란히 반사되는 빛을 모으고 이른바 한 군데로 초점을 집중하도록 할 수 있기 때문이다.

가능성이 있는 이 시나리오에서 아르키메데스는 거울에 덮개를 씌워놓고 로마군의 함대가 미리 계산한 바다의 지점으로 다가올 때까지 기다리게 했다. 그리고 함대가 이 지점에 들어설 때, 그는 거울의 덮개를 벗기고 거울에 반사되는 햇빛을 전함에 집중하도록 명령했다. 그러면 초점이 모아진 햇빛에 바짝 마른 돛부터 가열되면서 불타기 시작했다. 미신을 믿던 로마군은 납득할 수 없는 이 재난을 신들의 저주라고 생각하고 즉시 물러났다.

하지만 마르켈루스는 술책을 써서 육로를 이용해 시라쿠사를 점령하는 데 성공했다. 로마군을 물리치고 승리에 도취한 시라쿠사 사람들은 밤늦도록 잔치를 벌였다. 이때 로마군에게 뇌물을 받은 수비대가 그들을 성내로 들어오게 했다. 이 뒤로는 로마군에게 걸림돌이 될 것이 없었다. 시라쿠사 병사들은 대부분 술에 취해 잠에 곯아떨어졌기 때문이다.

이때 마르켈루스는 아르키메데스라는 기사를 생포해오도록 명령했다. 세계 강국으로 뻗어나가는 로마에는 뛰어난 전쟁기계를 제작할 수 있는 인물이 절실하게 필요했기 때문이다.

이런 시도가 성공하지 못했다는 이야기는 앞에서 이미 했다. 아르키메데스가 살해되지 않았다고 해도 애국심이 충만한 그는 로마 병사를 따라가는 것을 거부했을지도 모른다. 어쩌면 정말 수학 문제에 지나치게 몰두한 나머지 즉시 마르켈루스를 만나보라는 로마 병사의 요구를 귀찮게 여겼을 수도 있다. 이 말에 로마 병사는 격분하여 단칼에 그를 찔러 죽였을 것이다. 그는 노인이 자신의 말에는 아랑곳하지 않고 알 수 없는 이상한 모양을 모래에 그리는 것을 이해할 수 없었을 것이다.

천재의 아이디어

천재는 어떻게 인식에
도달하는가

두 번째 가정은 오늘날 우리가 생각하는 아르키메데스의 모습과 일치한다. 시라쿠사 사람들은 그를 '모래 계산자(Erzgrübler)'라고 불렀다. 그는 어떤 문제에 한번 빠지면 주위에서 뭐라고 해도 그의 귀에 들어오지 않은 듯 행동했다. 그는 그리스인이 즐기는 중요한 위생생활도 잊을 정도였다. 그리스 사람들은 공중목욕탕에 가서 몸을 노예에게 내맡긴 채, 몇 시간이고 정치나 업무에 대한 이야기 아니면 가벼운 화제로 시간을 보내는 데 익숙했다. 그러나 아르키메데스는 수학적인 수수께끼로 시달릴 때는 그렇게 하지 않았다. 친구들이 억지로 목욕탕으로 끌고 가도 그는 물을 덥히는 데 사용한 불에서 나온 재를 말없이 손가락으로 만지작거리기만 할 뿐이었다. 또 말없이 욕조에 누워 손가락으로 타일에 산술기호와 기하도형을 그렸으며, 다른 것에는 전혀 관심을 갖지 않았다.

이런 모습은 아르키메데스가 욕조에서 부력의 법칙을 발견하고는 벌거벗은 채 즉시 목욕탕에서 나와 "유레카(Heureka/Eureka, 아르키메데스에게서 유래하는 유명한 감탄사로 그리스어로 답을 찾아냈다는 뜻-옮긴이), 알아냈다!"라고 외치면서 집으로 달려갔다는 유명한 이야기를 연상시킨다. 아르키메데스가 그토록 기뻐한 까닭은 시라쿠사의 통치자이자 친척이기도 한 히에론 2세(Hieron II)가 내준 과제를 풀었기 때문이다. 수수께끼 같은 그 과제는 금세공사가 만들어온 금관이 순금인지 아니면 다른 값싼 물질을 섞은 위조품인지 알아내라는 것이었다. 아르키메데스는 여러 날 동안 이 문제로 고심을 했지만 구성 물질을 알아내기 위해 함부로 금관에 흠집을 내거나 녹이는 것은 허용되지 않았다. 금관이 말짱한 상태로 조사해서 순금으로 만들었는지, 값싼 물질을 섞었는지 알아내라는 명령이었다.

그런데 아르키메데스는 부력의 법칙을 발견해 이 과제의 답을 찾는 데 성공한 것이다. 그가 이 원리를 발견한 것은 어느 날 문득 따뜻한 물속에 들어가면 기분 좋게 몸이 가벼워지는 것을 알고 놀란 것이 계기가 되었다. 그 이유가 뭘까 의문을 품은 그는 곧 답을 알아냈다. 내 몸이 물속에 잠기면 수위가 높아진다. 바꿔 말해 어떤 물체가 물에 잠기면 그 부피만큼 물이 위로 올라가는 것이다. 내가 밀어낸 물의 무게는 정확하게 나를 가볍게 만든 바로 그 힘이다. 내가 물에 잠김으로써 이 물을 밀어 올렸기 때문이다. 다시 말해 물속에 들어가면 저울로 잰 몸무게보다 가벼워진다. 저울로 잰 몸무게에서 물에 잠긴 내 몸 때문에 위로 올라간 물의 부피의 무게만큼 빠진 것이다.

이런 생각이 머리를 스치고 지나갔을 때, 아르키메데스가 순간 너무도 놀라 물속에서 꼼짝 않고 누워 있는 모습이 상상이 된다. 직관적으로 이 부력의 법칙이 왕관의 수수께끼를 푸는 열쇠라는 것을 예감했기 때문이다. 그리고 그 직감은 갑자기 확신으로 변했다. 그래서 그는 욕조에서 뛰어나와 알몸인 것도 잊고 다급하게 집으로 달려갔던 것이다. 급히 집에 도착한 아르키메데스는 꼼꼼하게 실험을 해보았다. 천칭의 한쪽 저울대에 왕이 준 금관을 올려놓고 다른 쪽에 금관과 같은 무게의 순금을 올려놓아 저울이 균형을 이루도록 했다.

저울은 정확하게 좌우 수평을 유지했다. 이어 그는 저울에 매달린 왕관과 순금 옆에 커다란 물통을 준비해 놓았다. 그리고 조심스럽게 저울을 들고 손으로 높이 쳐들었다가 금관과 순금이 물속에 들어가도록 내린 다음 다시 저울을 고정시켰다. 한동안 저울대가 좌우로 흔들리더니 잠시 후, 한쪽으로 기울었다. 왕관이 놓인 저울대가 순금이 놓인 저울대보다 더 위로 올라간 것이다.

금관은 순금이 아니라 값이 싸고 더 가벼운 물질이 섞인 것이 분명하다고 아르키메데스는 확신했다. 밀도가 낮은 값싼 금속을 섞었기 때문에 금관은 순금보다 부피가 조금 더 크다는 것을 알 수 있었다. 그렇기 때문에 물속에 잠겼을 때 금관의 부력이 순금의 부력보다 더 컸던 것이다. 물에 잠긴 순금이 밀어올린 물의 부피가 왕관보다 더 작았기 때문이다.

목욕을 하다 부력의 법칙을 깨우친 아르키메데스를 그린
16세기 그림 〈출처:(CC)Archimedes at wikipedia.org〉

이 이야기에서 아르키메데스가 발견하고 즉시 적용한 물리적 법칙보다 더 인상적인 것은 여기서 천재가 어떻게 인식에 도달하는가에 대한 깨달음을 얻을 수 있다는 것이다. 외부적 상황은 분명하다. 히에론이 제시한 까다로운 수수께끼로 고민하던 아르키메데스는 물속에서 느긋하게 휴식을 취하면서 왕관에 얽힌 수수께끼는 잊어버리려고 했다. 그리고 여유롭게 욕조에 누워 있던 그에게 부력의 법칙으로 이어지는 아이디어가 떠오른다. 그리고 갑자기 여러 가지 사건이 잇따르는 것이다.

아르키메데스의 시대에 현대적인 뇌 생리학의 진단방식이 있었다면 그래서 그가 욕조에 누워 있는 동안 그의 머리에 측정 기구를 씌우고 그의 뇌에서 뉴런이 활동하는 모습을 기록한다면 어땠을까? 이 통찰의 순간은 아르키메데스의 뇌 속에서 실제로 뉴런번개(Neuronengewitter, 뇌의 신경세포 간에 전기화학적인 통신을 할 때 미세한 번개를 치듯 불꽃을 튀긴다는 뇌과학 용어-옮긴이)가 발생하는 가운데 기록되었을 것이다. 그리하여 뇌의 각 영역의 네트워킹 작용을 추적하는 신경 생리학자를 위한 유용한 보고서가 나왔을 것이다.

하지만 이런 연구가 아무리 가치가 크고 또 장차 뇌를 손상한 환자나 정신질환자의 치료를 위해 활용도가 높다고 해도, 기발한 착상 자체는 이런 방법을 활용하려는 사람에게는 영원히 보이지 않을 것이다. 이런 방법은 피아니스트가 베토벤 소나타를 연주할 때의 그랜드피아노를 연구하는 것에 비유할 수 있다. 피아노의 본체에 설치된 민감한 센서가 있다면 각 현(뮤직와이어)의 진폭을 추적하고 작은 망치의 타격을 측정하며 향주(핀판)의 여러 곳에서 나는 울림을 기록할 수는 있을 것이다. 그 측정 센서에 적절한 프로그램만 깔려 있다면 이 측정으로 각 음악 작품이 어느 시대에 나온 것인지도 알아낼 수 있을 것이다. 이런 기록만 있다면 각 악기의 품질을 분류하는 데도 큰 도움이 될 수 있을 것이다. 하지만 이런 방법은 우리 같은 청중의 감정이 고조된다든가 때로는 평범하다고 느낀다든가 하는 반응과는 아무런 관계가 없다. 음악 자체는 그것을 표현해 내는 악기의 몸통에 숨어 있는 것이 아니기 때문이다.

음악은 피아니스트의 뇌나 손에 들어 있는 것이 아니며 그것에 귀를 기울이는 사람의 귀나 뇌 속에 있는 것도 아니다. 또 울리는 악기로 홀을 채우는 공기의 파동에 들어 있는 것은 더욱 아니다. 이 모든 것은 음악을 표현하는 데 필수적인 것이지만 그 어디에도 -쉽게 연주할 수 있으면서도 매우 아름다운 곡을 예로 든다면- 요한 제바스티안 바흐(Johann Sebastian Bach)의 평균율 피아노곡 C장조는 들어 있지 않다. 마찬가지로 바흐가 이 악상을 족적처럼 종이에 옮겨놓은 악보에 들어 있는 것도 아니다. 이 평균율 피아노곡을 어떤 시간과 공간 속에 고정시키려고 하는 것은 우스꽝스러운 시도가 될 것이다. 바흐 자신은 자신의 곡을 추상적인 존재로 인식한 것이기 때문이다. 그는 더욱이 평균율 피아노곡을 통상적인 하프시코드나 쳄발로, 오르간으로 연주하는 것을 거부했다. 이 악기들을 모두 그 곡의 연주에 쓸모없는 것으로 본 바흐는 '나르기 힘든 지상의 찌꺼기'라는 말을 했다.

수학적인 착상도 이와 비슷하다. 물론 그것이 뇌 속의 일정한 뉴런 흐름의 분포와 연관된 것이기는 하지만 신체 상태가 그런 생각을 허용할 때만이 착상은 가능한 것이다. 그렇다고 해도 수학적 착상의 내용은 시공간적으로 고정시킬 수 있는 것도 아니고 그 착상을 떠올린 개개인과도 완전히 무관한 것이다.

그러므로 부력의 법칙을 히에론의 왕관에 얽힌 문제에 어떻게 적용할 것인지 갑자기 깨달았을 때, 아르키메데스가 단 한 순간도 망설이지 않은 것을 이해할 수 있다. 이 답을 찾아냈을 때, 그것은 너무도 명백해보여서 자신보다 먼저 그 생각을 한 사람이 아무도 없었다는 것에 놀란 것이다. 또 그 답은 눈앞에 입증 방법을 생생하게 떠올릴 만큼 곧 드러날 것으로 보였기 때문이다. 이 순간 공명심에 사로잡힌 아르키메데스는 누군가 다른 사람이 그 해결 방법을 가로챌지도 모른다는 두려움에 휩싸였다. 시라쿠사는 과학이나 수학에 관심이 없는 상인과 농부들만 사는 척박한 땅이지만 그래도 혹시 모르는 일이다. 그 이전이나 이후의 수학자들이 그랬듯이 그 역시 공명심이 있는 사람이었다. 그가 발견한 방법이 언제 어디서나 존재하는 법칙이라면 그것을 밝혀낸 사람의 명성은 오로지 세상에서 가장 먼저 이 방법의 존재를 주목하게 만들 때만이 생기는 것이다.

괴팅겐의 수학자 한스 그라우에르트(Hans Grauert)는 언젠가 자신이 종사하는 일에 대하여 "수학은 자연과학도 정신과학도 아니다. 수학자와 예술가는 똑같이 정신적인 것을 창조한다"라고 주장했다. 하지만 그라우에르트가 말하는 '정신적인 것'은 그것을 '창조하는' 개성과는 별개의 것이다. 엄밀히 말해 수학을 다루는 개인의 활동은, 미개척지를 연구하는 경우에도 창조적인 예술보다는 현실을 재현하는 것에 가깝다고 할 수 있다. 근대 최고의 수학자인 가우스조차 '위대한 정리(Theorema Egregium)', '우아한 정리(Theorema Elegantissimum)', '놀라운 정리(이차 상호법칙, Theorema Aureum)' 등 주목받는 법칙을 발표했지만 마음속 깊은 곳에서는 이것을 창조라기보다 발견으로 생각했다. 이미 존재하는 것을 가우스가 우리에게 보여준 것일 뿐이라고 말할 수 있다. 창조적인 예술가의 경우는 조금 다르다. 예술작품은 예술가의 개성과 불가분의 관계에 있다. 다른 형태가 아니라 평균율 피아노곡집 제1권의 화성(하모니)을 바로 그 모습으로 서로 조화를 갖추게 한 것은 요한 제바스티안 바흐의 자율적인 결정에서 나온 것이다. 이 곡이 발표된 뒤, 우리는 로잘린 투렉(Rosalyn Tureck)이나 프리드리히 굴다(Friedrich Gulda), 틸 펠르너(Till Fellner)의 음반을 통해 각기 해석된 곡을 듣는다. 예술적 개성이 새로운 것, 예기치 못한 것을 그 작품 속에서 발견하고 그것을 우리에게 전달하는 것이다. 수학을 예술로 말한다면, 이런 해석을 수학자의 활동과 비교할 수는 있을 것이다.

어쨌든 위대한 예술의 경우, '창조'와 '해석'의 경계는 뚜렷치 않다. 톨스토이가 자신의 소설 마지막 대목에서 안나 카레니나를 죽게 만들고 슬피 울었을 때는, 그 자신이 창조한 허구의 인물에 지나지 않는 여주인공의 죽음에 깊이 몰입된 것이라는 점을 생각해볼 수 있을 것이다. 모차르트는 작곡을 할 때, 자신의 최종적이고 유일한 생각을 작품에 반영했으며 악보는 그 생각을 '베끼는 것'에 지나지 않았다. 미켈란젤로는 인부들이 자신의 아틀리에로 가져온 대리석 덩어리를 보고 돌 속에서 숨어 있는 다비드 상을 포착해 냈다.

수학적인 인식에서는 이런 일이 분명하다. 개인이 어떤 대상을 가장 먼저 발견하면 그 개인에게 발견자의 명성이 주어지는 것이다. 연구자들은 이 명성을 얻기 위해 노력한다. 그때의 인식이 세상을 뒤흔들 만한 것이 아닌 경우에도 다를 것 없다. 나 자신은 학창시절에 이와 관련해 인상적인 경험을 한 적이 있다. 내가 어떤 생각을 정리해서 담당교수이자 유명한 오스트리아의 수학자인 에드문트 흘라브카(Edmund Hlawka)에게 보여주었을 때였다. 나는 설명을 하면서 교수의 연구실에 있는 칠판에 내 생각을 썼다. 새로운 것이기는 했지만 아주 놀랄 만한 것은 아니었다. 그럼에도 교수는 아주 흡족해했지만 내가 쓰기를 마치자 이내 전부 지우라고 지시하는 것이었다. 혹시 이때 누군가 방으로 들어와 내 아까운 생각을 훔쳐갈지도 모른다는 것이었다.

두 번째는 의미가 없다

뉴턴과 라이프니츠의
미적분 공방

수학계에서 발견의 우선권이 누구에게 돌아가야 하는지를 둘러싼 논쟁은, 고대에 '무한소 계산(Infinitesimalrechnung)'이라고 부른 미적분을 누가 발견했는지를 놓고 벌어졌을 때 무척 치열했다. 사실 이것은 엄청난 발견이었다. '미적분(Calculus/Kalkül)'은 운동의 속도와 불균등한 곡선까지도 계산하는 길을 열어놓았기 때문이다. 예컨대 행성계를 다루는 천문학이라든가 기계진동 또는 전기진동의 기술,

대기의 기류를 다루는 기상학, 증권거래를 다루는 경제학 등의 분야에서 이른바 역학 체계가 어떻게 전개되는지 등을 미적분을 통해 밝힐 수 있다. 곡선이 포함된 면적은 얼마나 되는지, 표면이 곡선을 이루는 물체의 부피는 얼마나 되는지에 대해서도 미적분이 답을 준다.

그렇다면 '미적분'은 누가 발견했을까?

18세기 영국에서는 이 물음에 대한 답이 분명했다. 영국의 위대한 인물, 아이작 뉴턴(Isaac Newton)이었다. 뉴턴은 가우스가 수학자에 관한 언급을 할 때면 '클라리시무스(Clarissimus, 아주 뛰어난, 세계적인 명성이 있는 인물이라는 의미의 라틴어-옮긴이)'라고 부른 유일한 인물이었다. 1666년, 영국에 페스트가 창궐하고 케임브리지 대학에 휴교령이 내렸을 때, 당시 23세의 뉴턴은 고향 울즈소프(Woolsthorpe)로

화가 고드프리 넬러(Godfrey Kneller)가 그린 아이작 뉴턴
〈출처:(CC)Isaac Newton at wikipedia.org〉

돌아갔다. 그리고 이 1년 동안 '미적분' 이론을 발전시켰다. 뉴턴을 찬양한 프랑스의 철학자 볼테르의 말에 따르면 뉴턴은 머리에 사과가 떨어졌을 때, 달을 쳐다보고 떨어지는 사과의 운동이나 달의 운동, 행성의 운동은 모두 단 하나의 수학적 법칙을 따르는 것이라고 확신했다고 한다. 이 운동은 '미적분'의 공식으로만 표현할 수 있는 방정식이다.

하지만 뉴턴은 이때 얻은 지식을 발표하기를 주저했다. 그는 케임브리지 동료들의 비판을 받게 될까 봐 몹시 두려워했다. 누구보다 자만심이 강한 로버트 훅(Robert Hooke)의 비판을 두려워했다. 발육부진자인 훅은 전부터 뉴턴을 시기했고, 마음속 깊이 뉴턴을 증오하는 사람이었다. 이런 이유로 뉴턴의 발견 기록은 수년간 책상서랍 속에 처박혀 있었다. 다만 친구들 앞에서만 애매하게 행성의 운동을 이해할 수학적 열쇠를 가지고 있다든가 자신의 적인 훅이 행성을 태양과 연결해주는 힘을 용수철의 복원력 같은 것으로 보는 가정은 완전히 잘못된 것이라는 말을 했을 뿐이다.

그를 흠모하던 천문학자이자 지리학자, 지도제작자인 에드먼드 핼리(Edmond Halley)가 수년간 재촉하고, 뉴턴의 방정식으로 지구에서 달까지의 거리를 새로 측정한 결과가 관측을 병행한 수학적 결과와 완전히 일치하고 나서야 비로소 인쇄된 저서 『자연철학의 수학적 원리(Philosophiæ Naturalis Principia Mathematica)』에서도 '미적분'은 뉴턴이 필요한 범위 안에서만 설명되었을 뿐이다.

뉴턴은 왜 '미적분'이 그렇게 잘 맞아떨어지는지에 대한 수학적인 최종 확신을 갖지 못했다. '미적분'은 속도나 면적, 부피의 계산을 위한 세련되고 멋진 방법이기는 했지만 '미적분'의 토대가 될 원리에 대해서는 연구가 이루어지지 않은 상태였다.

뉴턴은 대학의 동료들뿐 아니라 국제적인 연구단체, 나아가 향후의 자연과학에 관심을 쏟는 일반 독자들까지 자신의 저서 『자연철학의 수학적 원리』를 새 시대의 이정표로 인정해주는 것에 크게 만족했다. 그는 귀족 칭호를 받았고, 세계적으로 명망이 높은 왕립협회(Royal Society) 회장이 되었다. 그는 회장으로서 무엇보다 혐오하는 동료 훅의 초상화를 구할 수 있는 데까지 구해서 폐기처분했다. 언젠가 누가 뉴턴에게 어떻게 행성계의 수학적 원리나 전반적인 역학을 발견하게 되었는지 묻자, 그는 '거인들의 어깨를 딛고 섰기 때문에'라는 대답을 했다. 자신이 그렇게 멀리 내다볼 수 있었던 것은 선배들 덕분이라는 겸손한 말처럼 들린다. 하지만 사실 이 대답은 난쟁이처럼 작은 훅에 대한 공격으로 들린다.

훅에 대한 경멸을 넘어서는 뉴턴의 뿌리 깊은 증오는 당시 유럽 대륙 최고의 학자인 고트프리트 빌헬름 라이프니츠(Gottfried Wilhelm Leibniz)에게 향했다. 뉴턴은 라이프니츠를 직접 만나보지는 못했지만 젊은 시절에 편지를 주고받은 적은 있었다. 그렇다면 뉴턴은 왜 그를 그토록 증오했을까? 라이프니츠는 〈학술 논총(Acta Eruditorum)〉이라는 잡지에 '미적분'을 소개하는 몇몇 논문을 발표했는데, 뉴턴은 이 수학의 원리를 자신이 발견했다고 생각했기 때문이다. 앙심을 품은 뉴턴은 이 독일인이 혹시 자신이 보낸 편지에서 '미적분'의 원리를 읽어내고 본격적으로 훔쳤는지도 모른다고 추측했다. 뉴턴이 볼 때 가장 화가 나는 것은 〈학술 논총〉에 실린 논문이 뉴턴 자신의 『자연철학의 수학적 원리』보다 훨씬 먼저 나왔다는 점이었다. 대륙의 과학계에서 -물리학 분야에서 뉴턴의 업적을 깎아내릴 의도는 없었다- 라이프니츠는 '미적분'의 발견자로 통했다.

뉴턴의 지지자들은 기회 있을 때마다 뉴턴이 '미적분'이라는 분야를 가장 먼저 개척한 사람이라고 강조했지만, 이미 명예를 크게 손상당했다고 여긴 뉴턴에게는 위로가 되지 않았다. 그가 원하는 것은 '미적분'을 발견했다는 명성이 아이작 뉴턴에게만 해당되도록 영원한 기록으로 남기는 것이었다. 이런 명예에 두 번째라는 말을 듣는 것은 그로서는 생각할 수 없는 일이었다. 정작 두 번째인 라이프니츠는 천재적인 발견자가 아니라 교활한 표절자라고 생각했기 때문이다. 이런 배경에서 왕립협회는 뉴턴의 재촉으로 '미적분'의 원리를 최초로 발견한 인물이 누구인지 분명하게 조사하는 위원회를 설치했다. 그 배후에는 왕립협회장으로서 뉴턴이 위원들을 꼭두각시처럼 조종해 자신의 견해를 주입시키려는 술책이 숨어 있었다. 겉으로는 독립적이고 객관적인 기준에 따라 조사했다고 하지만 위원회의 최종보고서는 글자 하나하나마다 뉴턴의 입김이 들어가 있었다. 오스트리아 태생으로 세계적으로 유명한 미국 화학자인 칼 제라시(Carl Djerassi)는 제2의 직업으로서 작가활동을 할 때 쓴 희곡 『미적분(Calculus)』에서 뉴턴이 연출한 이런 3류 드라마를 인상 깊게 다루고 있다.

이로부터 300년이 지난 오늘날, 잘 알려진 뉴턴과 라이프니츠 사이의 서신 교류와 그 밖의 역사적 정황을 두루 확인한 결과로 볼 때, '미적분'의 발견은 두 과학자가 거의 동시에 이룩한 업적이며 두 사람 중 누구도 상대의 업적을 몰래 베낀 일이 없었다는 것이 분명해졌다. 이에 대하여 프랑스의 과학역사가들은 뉴턴과 라이프니츠보다 훨씬 앞서서 '미적분'의 기본원리를 직감적으로 알았던 법학자로서 수학에 남다른 취미가 있던 피에르 드 페르마(Pierre de Fermat)의 공적을 내세운다. 하지만 드 페르마는 자신이 아는 지식을 간혹 편지로만 언급하거나 개인적인 기록으로만 보관했기 때문에 당시에는 가까운 친구 몇몇에게만 알려졌을 뿐이다. 그 후 수십 년이 지나 스위스의 수학자 레온하르트 오일러(Leonhard Euler)는 수학계 전반에 페르마의 획기적인 발상을 알리게 되었다.

'미적분'은 17세기에 실제로 '등장할 기미'가 있었던 것으로 보인다. 또 일본의 수학자인 세키 타카카즈(關孝和)는 페르마나 뉴턴, 라이프니츠와는 전혀 상관없이 유럽에서 발견한 '미적분'과 아주 묘하게 일치하는 계산법을 개발하기도 했다.

하지만 '미적분'에서 중요한 부분은 사실상 기원전 3세기에 아르키메데스가 이미 알고 있었다. 게다가 그는 뉴턴이나 라이프니츠보다 미적분의 원리를 더 잘 이해하고 있었다. 어쩌면 아르키메데스가 멀리 떨어진 이집트의 알렉산드리아를 여행하다 알게 된 간단한 계산의 예를 통해 우리는 과제와 무관한 계산을 하는데도 저돌적으로 달려든 라이프니츠나 뉴턴의 무모한 방식과, 깊은 생각을 하며 사색적인 계산을 한 아르키메데스의 차이를 잘 알 수 있을 것이다.

이집트의 분수

호루스 신화를 통해 본
이집트의 수 개념

이집트는 메소포타미아와 마찬가지로 인류 최초의 고도문명을 탄생시킨 나라이다. 고대의 다른 많은 민족들처럼 이집트인들도 여러 신들이 인간과 세계의 운명을 결정한다고 믿었다. 신들의 세계는 어지러울 정도로 거대했다. 다양한 전통 중 하나를 기준으로 보면 태양의 남신 아툼(Atum), 대기의 남신 슈(Schu), 습기의 여신 테프누트(Tefnut), 대지의 남신 게브(Geb), 하늘의 여신 누트(Nut)가 있고, 이시스(Isis)와 오시리스(Osiris), 세트(Seth), 네프티스(Nephtys)는 아툼의 증손이다. 이시스와 오시리스의 아들 호루스(Horus)는 이집트인들이 가장 숭배하는 신이다. 파라오는 호루스의 화신으로 지상에 내려온 것으로 간주되었다. 호루스의 눈은 해와 달이며 달은 '우자트(Udjat)의 눈'이라고 불린다.

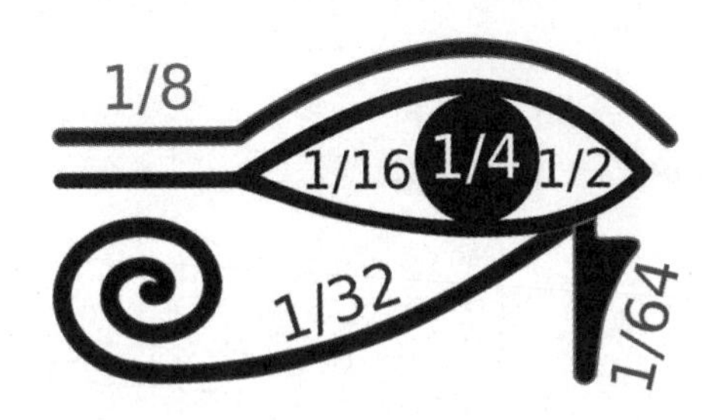

호루스의 왼쪽 눈(달)은 '우자트의 눈'이라 불린다.
〈출처:(CC)Eye of Horus at wikipedia.org〉

신화에 따르면 오시리스의 동생인 세트는 오시리스의 왕좌를 둘러싼 싸움에서 호루스의 눈을 발기발기 찢어버렸다. 이때 지혜로운 달의 신이자 학술과 서예의 수호신인 토트(Thot)는 수없이 많은 눈의 조각들이 크고 작은 형태로 흩어진 것을 보고 그것을 다시 모아 짜 맞추려고 했다.

가장 큰 조각은 정확하게 우자트의 눈의 절반에 해당했고 두 번째로 큰 조각은 우자트의 눈의 4분의 1에 해당했다. 토트가 이것을 짜 맞추었을 때, 눈의 4분의 3은 회복이 되었다. 그 다음으로 큰 조각은 정확하게 우자트의 눈의 8분의 1이었다. 토트가 이미 회복된 눈에 이 조각을 덧붙이자 눈은 8분의 7이 회복되었다. 그 다음으로 큰 조각은 정확하게 우자트의 눈의 16분의 1이었다. 토트가 이것을 이미 회복된 눈에 덧붙이자 눈의 16분의 15가 회복되었다. 그 다음으로 큰 조각은 정확하게 우자트의 눈의 32분의 1이었다. 토트가 이것을 이미 회복된 눈에 짜 맞추자 눈의 32분의 31이 회복되었다. 그 다음으로 큰 조각은 정확하게 우자트의 눈의 64분의 1에 해당했다. 토트가 이 부분을 짜 맞추자 눈의 64분의 63이 회복되었다. 이런 식으로 토트는 끈기 있게 세트가 찢어버린 호루스 눈의 64분의 1을 빼고 모두 짜 맞추었다.

이 특이한 이야기를 보면 이집트인들이

$$\frac{1}{2}, \frac{1}{4}, \frac{1}{8}, \frac{1}{16}, \frac{1}{32}, \frac{1}{64}$$

이라는 분수를 발견한 것을 알 수 있다. '분수(Bruchzahl)'라는 명칭은 매우 적절한 선택이라는 것이 드러난다. 호루스의 찢어진 눈을 연상시키기 때문이다.

우리는 아르키메데스가 호루스 신의 찢어진 눈에 대한 이야기를 들었는지 여부는 알 수 없으며 또 그가 실제로 이집트에 가봤는지에 대해서도 확실하게 알지 못한다. 하지만 만일 그가 이 특이한 이야기를 들었다면 즉시 다음과 같은 의문을 제기했을 것이다. "토트 신이 눈에서 가장 큰 6조각을 짜 맞추는 데서 그치지 않고 끝까지 눈을 치료하려고 했다면 어떻게 되었을까? 그 다음에 이어지는 눈 조각은 앞의 것의 절반에 해당한다. 눈은 무수하게 많은 조각으로 찢겨 나갔다. 토트는 눈을 완벽하게 회복시킬 수 있을까?"

절대 그럴 수 없다고 아르키메데스는 생각했을 것이다. 왜냐하면 토트가 아무리 끈질기게 조각을 덧붙인다고 해도 남은 조각이 끝없이 이어지기 때문이다. 하지만 아르키메데스는 동시에 토트가 끈질기게 이 작업을 할수록 그만큼 더 완벽한 성과에 다가간다는 것도 알았다. 토트가 고생 끝에 짜 맞추는 작업을 마쳤을 때 남는 것은 무엇일까? 마지막 64분의 1을 짜 맞춘다면 눈에서 아주 미세한 부분만이 남을 것이다. 눈의 빈 부분은 작업을 진행할 때마다 크기가 반으로 줄어든다. 토트가 눈의 처음 64조각을 짜 맞춘다고 가정할 때, 남는 눈의 빈틈은 정확하게 다음과 같다.

$$\frac{1}{18\,446\,744\,073\,709\,551\,616}$$

즉 눈 전체의 1800경분의 1보다 작을 것이다. 우리는 여기서 마하라자와 현자, 그리고 이동할 때마다 쌀알이 두 배로 늘어나는 체스 판의 이야기를 떠올릴 수 있다.

그러므로 우리는 아르키메데스가 다음과 같이 말할 것이라고 추정할 수 있다. 즉 토트가 끈질기게 호루스의 눈을 짜 맞추려고 할수록 그의 치료 성과는 진전될 것이다. 호루스가 극미한 '맹점'으로 느낄 빈틈의 아주 미세한 부분마저도 토트는 끝없이 조각을 짜 맞추려는 노력으로 축소할 수 있다.

아르키메데스의 경우와 마찬가지로 우리는 뉴턴이나 라이프니츠가 호루스 신의 찢어진 눈에 대한 이야기를 들어보았는지 여부는 모른다. 하지만 이 '미적분'의 발견자들은 아르키메데스의 대답과는 달리 토트가 눈을 완벽하게 복원할 수 있을지 묻는 질문에 서슴없이 그럴 수 있다고 대답했을 것이다.

이들은 토트가 -신들은 인간이 생각할 수 없는 것을 가능하게 한다는 점에서- 끝없이 이어지는 눈의 봉합 작업을 할 것이고 처음 6 조각뿐만 아니라 끝없이 이어지는 나머지 모든 조각도 짜 맞춘다고 상상할 수 있다고 믿기 때문이다. 그러면 눈은 완벽하게 한 치의 빈틈도 없이 치료될 것이라고 생각할 것이다. 이것을 공식으로 써보면

$$\frac{1}{2}+\frac{1}{4}+\frac{1}{8}\ldots=1$$

이라는 형태가 될 것이다. 이 공식에서 터무니없는 것은 마지막 플러스 부호 다음에 찍힌 세 개의 점 '…' 이다. 뉴턴과 라이프니츠의 주장에 따를 때, 이 점은 끝없이 이어지는 분수, 즉 앞의 것의 절반으

로 계속되는 무한수를 상징한다. 하지만 무한대로 이어지는 이 가수(加數)를 계산할 수 있는 사람은 아무도 없다. 이것은 머리로 생각해도 불가능하고 연필이나 종이, 주판으로도 할 수 없으며 최신 고성능 컴퓨터로도 불가능한 일이다.

물론 '미적분'의 발견자들도 이것을 알고 있었다. 다만 연약한 인간은 끝없이 이어지는 가수를 추가할 수 없지만 신은 -뉴턴이나 라이프니츠에게 신은 더 이상 이집트의 신들이 아니라 기독교의 신을 뜻한다- 인간과 달리 전지전능한 힘으로 끝없이 이어지는 가수를 덧붙이는 데 문제가 없다고 주장했다. 그리고 이들은 '미적분'을 아는 자신들이, 아인슈타인이 "신의 카드를 훔쳐보는 것을 허락받았다"라는 말을 자주 한 것처럼, 미적분을 다루면서 절대자의 비밀 한 조각을 빼낼 수 있었던 것을 은근히 자랑스럽게 생각했다.

'미적분'의 발견자들은 어떤 계산을 했을까? 끝없이 이어지는 가수는

$$\frac{1}{2}+\frac{1}{4}+\frac{1}{8}\cdots$$

이라는 공식으로 계산한다고 그들은 주장했다. 이 공식에서 무한대의 가수를 추가할 때, 맨 앞의 가수는 $1/2$이고 그 다음에는 앞의 것의 절반이 계속 이어진다. 여기서 처음의 $1/2$을 떼어버리면

$$\frac{1}{4}+\frac{1}{8}\cdots$$

이 남는다. 분명한 것은 정확하게 앞의 것의 절반에 해당하는 수가 이어진다는 것이다. 그리고 이 절반은 앞의 것보다 $1/2$이 작다. 따라서 앞의 수는 1이 되어야 한다. 1에서 $1/2$을 빼면 $1/2$이 남고 이것은 1의 절반에 해당하기 때문이다.

이 말을 처음 듣는 사람은 어리둥절할 것이다. 마치 사기도박꾼의 속임수처럼 들리기 때문이다. 하지만 천천히 여러 번 읽으면 생각이 꼬리를 물고 이어지면서 차츰 납득을 하고 이들의 설득력에 깊은 인상을 받을 것이다.

이런 주장에 별로 깊은 인상을 받지 못하는 사람이 있다면 그는 바로 아르키메데스였다. 그는 자신의 해석이 더 설득력이 있다고 확신했다. 우선, 우자트의 흩어진 눈 조각에서 끝없이 이어지는 모든 수의 합은 1보다 작다. 둘째, 토트가 자기만족으로 수없이 많은 눈 조각을 추가할 때, 1보다 작은 우자트의 눈 조각의 끝없는 가수는 무한대로 이어지는 앞의 수의 합을 능가한다. 따라서 우자트의 눈의 조각의 합은 정확하게 1이라는 수에 가까워진다. 이 이상은 말할 수 없다는 것이다.

아르키메데스의 의문이 옳다는 것은 다른 무한 가수를 보여주는 다음의 예에서 드러난다.

$$1 + 2 + 4 + 8 + 16 + \cdots$$

이 공식에 대한 '미적분'의 발견자들의 생각은 어땠을까? 이들은 이 끝없는 가수를 계산할 수 있다고 주장했다. 무한대의 가수를 추가할

때, 맨 처음의 1 다음에는 앞의 것보다 두 배가 큰 수가 계속 이어진다. 여기서 맨 앞의 1을 떼어내면

$$2 + 4 + 8 + 16 + 32 + \cdots$$

라는 공식이 남는다. 분명한 것은 앞의 수의 두 배에 해당하는 수가 나온다는 것이다. 그런데 앞의 수가 -1이라면 이 두 배는 앞의 수보다 1이 작아야 한다. -1에서 1을 빼면 -2가 되고 이것은 -1의 두 배에 해당하기 때문이다.

말 그대로 해석하면 위에서 나온 주장과 똑같다. 위에서 나온 사고과정을 납득한 사람은 여기서도 똑같이 납득해야 한다. 하지만 '미적분'의 발견자들이 내놓는 주장은 정말 역설적인 결과에 이르게 된다.

$$1 + 2 + 4 + 8 + 16 + \cdots = -1$$

이 공식을 누가 맞다고 생각하겠는가! 사실 '미적분'의 발견자들은 무한대의 가수를 계산할 수 있다고 주장할 때, 터무니없는 생각을 한 것이다.[6] 그들은 수학의 천재가 맞지만 수학의 신은 아니었다고 말할 수 있다.

태양신의 소

오디세우스 일행이 죽인
소는 몇 마리일까?

헤시오도스와 호메로스가 환상적인 서사시로 묘사한 인물들을 보면 그리스의 신에게 드리워진 운명이 얼마나 가혹한 것인지 상상이 된다. 그리스의 신들은 -플라톤 시대의 깨어 있는 그리스인들은 이런 사실을 물론 알고 있었다- 역겨운 존재의 화신이라고 할 수 있다. 여자만 보면 가리지 않고 욕심을 내는 신들의 우두머리 제우스(Zeus), 제우스를 질투하며 쫓아다니는 헤라(Hera), 바다의 거품에서 태어나 신이나 인간을 가리지 않고 추파를 던지는 아프로디테(Aphrodite), 제우스의 머리에서 생겨나 영원한 처녀로 상징되는 괴팍하고 변덕스러운 아테나(Athene), 지하세계를 다스리는 어둠의 존재 하데스(Hades)와 하데스의 어둠의 왕국에서 절망적으로 저주를 하며 사는 페르세포네(Persephone) 등 이 모든 신들과 다른 신들, 반신(Halbgötter)들은 과장된 환상의 산물에 지나지 않는다. 이런 이야기는 명백한 속임수일 뿐이다. 호메로스와 헤시오도스는 깨어 있는 그리스인이 볼 때는, 요즘 표현으로 멜로드라마 같은 이야기를 만들어냈다. 신들이 사는 올림포스 산에서 수없이 펼쳐지는 음모와 비극, 희극은 모든 멜로드라마가 그렇듯이 끝이 없다. 상상력이 넘치는 이 작가들이 하는 말에 따르면, 인간과 신의 유일한 차이는 한쪽은 죽고 다른 한쪽은 죽지 않는다는 것일 뿐이다.

그렇다고 해도 호메로스의 위대한 작품 『일리아스』와 『오디세이

아』는 교양이 있는 그리스인이라면 누구나 읽으면서 열광한 작품이다. 표면적인 사랑과 증오, 배신의 이야기 이면에는 아름다운 언어와 당시 유행하던 화려한 노래 형식, 또 작가의 풍부한 상상력 속에서 깊은 진실이 울려나오기 때문이다. 아르키메데스도 오디세이아를 잘 알고 있었으며 그를 매혹시킨 에피소드에서 자신이 찾던 예를 발견하고 수학의 수수께끼에 사용했다.

오디세우스(Odysseus)와 그의 일행이 무서운 괴물 스킬라(Skylla)와 카리브디스(Charybdis)에게서 빠져나왔을 때, 이들은 태양신 헬리오스(Helios)가 보호하는 트리나크리아(Trinakria)라는 섬으로 접근해 갔다. 훗날 아르키메데스의 고향이 되는 시칠리아였다. 오디세우스 자신은 그냥 지나치려고 했지만 낙원 같은 이 섬에서 며칠 쉬어가자고 일행은 그를 설득했다. 오디세우스는 시칠리아에서 풀을 뜯는 소를 건드리지 못하도록 일행에게 주의를 주었다. 그 소들은 헬리오스

존 윌리암 워터하우스가 그린 〈오디세우스와 사이렌(Odysseus and the Sirens)〉
〈출처:(CC) Sirens at wikipedia.org〉

신의 축복을 받은 신성한 동물이었기 때문이다. 하지만 가지고 온 식량이 바닥이 나고 바다마저 역풍이 불어 항해를 할 수 없게 되자 굶주린 오디세우스의 일행은 그의 경고를 무시하고 소 몇 마리를 도살했다. 결국 이들은 무사할 수가 없었다. 헬리오스는 신들의 우두머리인 제우스에게 이 뻔뻔한 행위를 응징해줄 것을 요구했다. 오디세우스와 그의 일행이 시칠리아에서 출항하자마자 폭풍우가 불어닥쳤다. 제우스는 배를 향해 번개를 내리쳤고 헬리오스의 소를 건드리지 않은, 돛대에 매달려 있던 오디세우스를 빼고는 모두가 바닷물에 빠져 죽었다.

아르키메데스는 이 대목을 읽고 당시 햇살을 잔뜩 머금은 시칠리아의 초원에서 풀을 뜯던 소가 몇 마리나 될지 학자 친구에게 문제를 냈다.

1773년, 볼펜뷔텔(Wolfenbüttel)에 있는 브라운슈바이크 대공 도서관의 사서 고트홀트 에프라임 레싱(Gotthold Ephraim Lessing)은 이 도서관의 사본을 정리하다 아르키메데스가 자신이 높이 평가하는 알렉산드리아의 동료 학자인 에라토스테네스에게 보낸 편지를 발견했다. 내용은 그가 꼼꼼하게 생각해낸 수학의 수수께끼였는데 한 줄씩 띄어 쓴 44행의 시로 표현된 것이었다. 이 시에서 아르키메데스는 "시칠리아의 해안에는 헬리오스의 소가 몇 마리나 있었는가"라는 문제를 냈다.

아르키메데스는 하얀 소, 검은 소, 누런 소, 얼룩소, 그리고 다시 암소와 황소로 나뉜 숫자 사이에 얽힌 엄청 복잡한 관계에 대한 정보를 주었다.[7] 문제는 두 가지였다. 첫 번째 문제는 두 번째에 비해 간단한 것이었다. 아르키메데스는 동료인 에라토스테네스가 이 첫 번째 문제를 풀 능력이 있다고 가정했을 수 있다. 첫 문제에서는 기본연산만 할 줄 알면 되었기 때문이다. 물론 복잡한 계산이었기 때문에 숙련된 솜씨가 필요했다. 에라토스테네스가 첫 번째 문제를 푼다면 그는 소의 수가 50 389 082의 배수에 해당한다는 것을 알았다고 볼 수 있다. 이 배수가 얼마나 되는지에 대해서는 첫 번째 문제에 열쇠가 있다. 고대 그리스인들이 수를 어려운 분야로 여기던 것을 감안할 때, 50 389 082처럼 큰 수를 다루는 것은 거의 해결이 불가능한 일이었다. 어쩌면 아르키메데스는 에라토스테네스가 첫 번째 문제를 끙끙거리며 풀어야 한다는 생각을 하고 속으로 기뻐했을지도 모른다.

두 번째 문제는 훨씬 더 복잡했다. 아르키메데스의 말을 제대로 옮긴다면, 그가 제시한 과제는 50 389 082의 정배수(整倍數)에 해당하는 소의 전체 수를 계산할 때, 추가로 두 개의 수를 계산해야 하는 것이었다. 여기서 그 정배수의 최솟값이 얼마나 되는지가 나온다. 그리고 아르키메데스의 말에 따르면, 추가로 계산해야 할 두 수는 서로 복잡한 관계에 있으며 어마어마한 410 286 423 278 424라는 수에서 결정적인 역할을 한다고 했다.[8)] 이런 문제를 낼 수 있는 아르키메데스의 재능은 410조가 넘는 이 수를 음절로 언급한 것이 아니라 시적인 언어로 표현했다는 데 있다.

아르키메데스가 어설픈 그리스의 수의 체계를 극복하고 410 286 423 278 424같이 엄청난 수를 계산했다는 것은 누구나 감탄하지 않을 수 없다. 하지만 더 놀라운 것은 어쨌든 자신이 낸 두 번째 문제에 접근할 수 있는 해법을 알았다는 것이다. 현대식 계산 보조수단이 없다면 아무도 풀 수 없는 문제에 대한 해법을 알고 있었다는 말이다. 여기서 나오는 수는 계산이 너무도 힘들 만큼 아주 큰 수이다. 물론 아르키메데스는 힘들게 계산하지 않았다. 확실한 해법만 알면 충분했을 것이다. 그리고 무엇보다 아르키메데스는 에라토스테네스가 두 번째 수수께끼를 풀 가망이 없다는 사실을 확신하고 있었다. 하지만 그는 풀이 방법이 있다는 것을 알고 있었다. 그와 대등한 위상을 지닌 에라토스테네스는 물론이고 그 누구도 수학에서 그를 능가할 수 있는 사람은 아무도 없었다.

1965년, 휴 윌리엄스(Hugh Williams)와 거스 저먼(Gus German), 봅 잔크(Bob Zarnke)는 당시 최고 성능의 계산기라고 할 IBM 7040과 IBM 1620을 사용해 8시간의 작업 끝에 아르키메데스의 수수께끼인 태양신의 소의 수를 밝혀냈다. 그 결과 가히 신의 경지에 해당한다고 할 어마어마한 수가 답으로 나왔다. $7.76 \times 10^{206\,545}$마리가 넘는 소라면 776으로 시작하는 숫자 다음에 믿을 수 없는 206 546개의 자릿수가 이어진다는 말이다. 우주의 총 원자수도 이에 비하면 아무것도 아니다. 그런데 이렇게 보기 드문 천재를 야만적인 병사가 일격에 쓰러뜨린 것이다. "세상의 영화란 얼마나 무상한가!(O quam cito transit gloria mundi!)"라고 외친 중세말기의 신비사상가 토마스 아 켐피스(Thomas von Kempten)의 말이 실감난다.

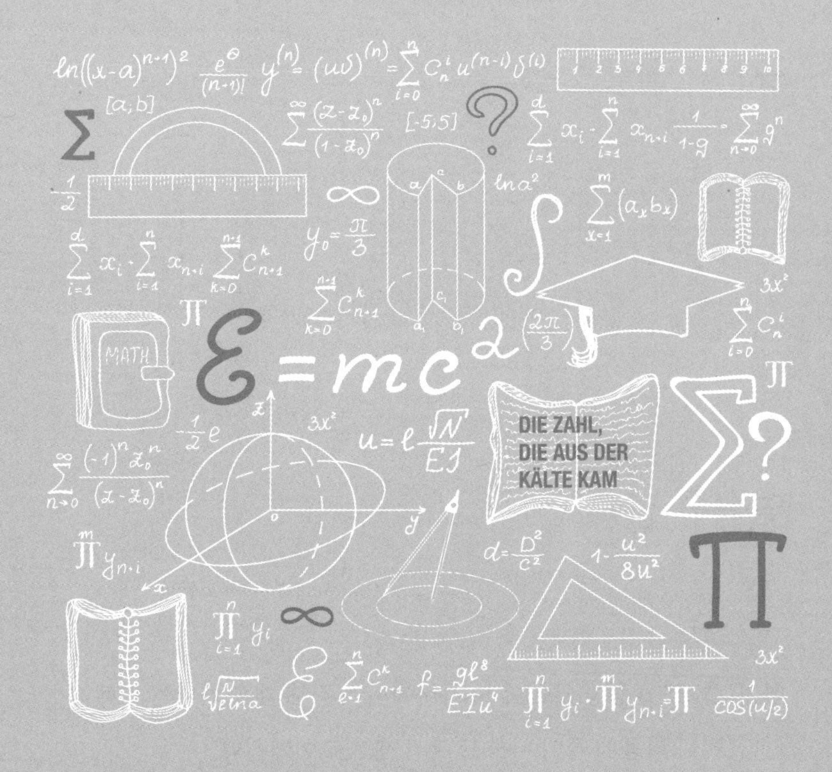

4 곱하고 또 곱하면
: 수학의 최대수

플라톤은 자신이 생각하는 이상국가의 시민이 정확하게 5040명이 되어야 한다고 말했다. 그는 이 수를 일일이 셀 필요가 없었다. 장방형의 형태로 계산하면 충분했기 때문이다. 즉 60명의 시민이 한 줄을 이룬다고 생각하고, 그런 줄이 84개가 있다고 보면 된다. 84×60은 5040이기 때문이다.

연속수

평생 캔버스에 숫자를
그려 넣은 오팔카

하나, 둘, 셋… 등등 모든 수는 하나에서 시작해 계속 하나씩 더해 나간다. 하나 다음에 둘이 나오고 다시 셋으로 이어진다.

'등등'이라는 말에는 끝없는 심연이 기다리고 있다. 수에는 끝이 없기 때문이다. 모든 수에는 하나를 더할 수 있으며 마지막이라고 할 수는 없다.

어린 아이들이 수를 세는 법을 배울 때, 10을 넘기고 20 이상의 수를 세게 되면 아주 자랑스러워한다. 그리고 21을 안 다음에는 10단위의 명칭만 알면 계속 셀 수 있다. 그러면 1에서 100까지 이어지는 수를 즐겁게 노래하듯 외워댄다. 그리고 100이 넘는 수를 알게 되면 열심히 계속 수를 센다. 지치거나 부모가 그만 하라고 할 때까지 멈추지 않는다.

이렇게 지치지 않고도 수를 계속 셀 수 있을까?

1965년, 폴란드의 화가 로만 오팔카(Roman Opalka)는 34세의 나이에 수를 세는 프로젝트를 시작했다. 엄밀한 의미에서 인생을 바쳐야 하는 행위였다. 이후 46년 동안 그는 오로지 스스로 부과한 과제인 수를 세는 일에 전념했다. 오팔카는 높이와 너비가 각 196센티미터, 135센티미터 되는 커다란 캔버스에 티탄백(Titanweiss: 산화티탄을 주성분으로 하는 백색 안료-옮긴이)을 묻힌 아주 가는 붓으로 숫자를 써나갔다. 맨 위 왼쪽에서 오른쪽으로 2~3밀리미터 크기의 숫자를 그리며 한 줄 한 줄 오른쪽 밑에까지 캔버스를 채워나갔다. 1부터 시작한 지 몇 달이 지났을 때 그는 35 327에 이르렀고 검은 바탕의 캔버스는 숫자로 가득 찼다. 오팔카는 즉시 다음 캔버스로 옮겨갔다. 이렇게 숫자를 쓴 캔버스는 수백 개에 이르는데, 오팔카는 이 숫자판을 완성될 수 없는 작업의 '디테일'이라고 부르며 전체적으로는 〈오팔카 1965 : 1-∞〉이라는 제목을 붙였다. 그는 하루 평균 400개의 숫자를 썼다. 그는 새로운 숫자판으로 바뀔 때마다 거기에 초벌칠을 했다. 첫 번째 '디테일'은 검은 회색으로 칠했다. 1972년에 1 000 000을 쓰며 100만을 지난 다음에는 '디테일'이 바뀔 때마다 물감에 아연백을 몇 방울 섞어서 초벌칠을 했다. 이렇게 해서 시간이 갈수록 '디테일'은 더 밝은 빛을 띠게 되었다. 검은 회색으로 시작한 캔버스의 바탕색은 짙은 회색, 중간 회색, 밝은 회색, 흐릿한 백색을 거쳐 마침내 순백색으로 변해 숫자의 색깔과 같아졌다.

마침내 나이가 70이 넘은 오팔카는 자신이 그린 숫자의 물감이 젖어 있는 동안에만 글씨를 알아볼 수 있었다. 물감이 마르고 나면 일정한 각도에서 '디테일'을 바라볼 때만 아연백의 초벌 색과 티탄

백의 글자 색의 미세한 차이를 구분할 수 있었다. 모든 붓에는 처음 사용할 때 쓴 숫자와 마지막으로 사용할 때 쓴 숫자를 새겨 넣었다. 그리고 숫자를 쓰고 다음 숫자를 쓸 때까지 한숨 돌리는 짧은 순간에 붓을 물감에 적셨다.

오팔카는 숫자를 그리는 동안 폴란드어로 그 수를 발음하면서 녹음을 했는데 이 단순작업에서 나온 녹음테이프는 길이가 수 킬로미터나 되었다. 폴란드어는 가령 '42'를 독일어처럼 'Zweiundvierzig(2와 40이라는 형태-옮긴이)'가 아니라 'Vierzig-zwei(40-2)'처럼 숫자를 왼쪽에서 오른쪽으로 차례로 부르기 때문에 이 작업에 적합했다. 그리고 매일 작업을 마친 뒤에 오팔카는 그날 완성한 그림 앞에 서서 사진을 찍었다. 언제나 하얀 셔츠 차림에 냉정하고 실무적인 표정이었으며 늘 똑같은 조명이었다. 카메라를 향한 그의 시선은 꼭 〈모피 코트를 입은 자화상〉에 보이는 뒤러(Dürer)의 시선을 연상시킨다. 진지한 표정이나 고결한 분위기, 우수에 젖은 모습, 자부심이 풍기는 이미지가 똑같다. 이런 자부심은 그에게 자기 생각의 노예가 된 게 아니냐는 말에 대해 "자기 존재의 노예가 된 사람들이 그런 말을 하지요"라고 말한 오팔카의 대답에서 느낄 수 있다.

자신은 다르다고 말하는 오팔카는 2008년 여름, 미술사가 페터 로더마이어(Peter Lodermeyer)에게 다음과 같이 설명했다. "내가 숫자를 그리는 것은 산책하는 것과 같습니다. 이때 흥미로운 질문을 제기할 기회와 자유가 생기죠. 철학적인 물음이 생긴다는 말이 아닙니다. 내가 질문을 던질 수 있는 순간이 때때로 나타나는 이유는 이 프로그램을 현실로 옮기기 때문이에요. 사람은 그런 질문과 마주칠 만한 시간이 없어요. 숫자를 그리는 이 프로그램이, 이 길과 과정이 정확하게 그런 시간을 준다는 거죠. 그렇게 자유로운 인간은 없었습니다. 고대 파라오의 경우, 큰 권력과 피라미드가 있었습니다. 어떤 의미에서 이것은 내가 그리는 피라미드예요. 이것은 아마 철학자라면 만들어낼 수 없을 자유일 겁니다. 철학자는 언제나 뭔가 지적인 생산을 해야 한다는 압박이 있죠. 나는 그럴 필요가 없습니다."

수를 세는 것은 예술이 아니다. 로만 오팔카도 화가로서 같은 생각이었다. 다만 그의 '디테일'은 예술작품으로서 잘 팔렸다. 2010년 크리스티 경매에서는 이 그림 3점이 무려 128만 5366달러에 낙찰된 적도 있다. 오팔카는 '디테일'에서 예술 이상의 것을 보며 그 자신의 인생이 담긴 것으로 생각한다. "내 삶의 의미는 나 자신에게 돌아오는 과정으로서, 고집스럽게 특정 목표도 없이 논리적인 숫자를 나열하는 무의미에 담겨 있다."

4 000 000이라는 숫자에 접근할 때, 오팔카는 남프랑스의 발제락(Bazérac)에 있는 아틀리에로 카메라 기자들을 초대하고 수도승처럼 숫자를 그리는 작업을 촬영하게 했다. 그는 '평범한' 임의의 수가 아니라 무엇보다 같은 숫자가 반복된 수에 사로잡혔다. 1 다음에 가령 22나 333, 4444처럼 자릿수와 숫자가 같은 수에 애착이 갔다. 이 수는 첫 번째 숫자판에 담겨 있다. 그 다음의 '디테일'에서는 55 555가 보인다. 오팔카는 여러 해가 지나서 666 666이라는 수를 그릴 수 있었다. 죽을 때까지 7 777 777이라는 수를 쓸 수 있다면 기적일 것이라고 그는 생각했다. 이에 비해 88 888 888이라는 수는 지상에서는 절대 불가능한 규모였다. 아마 그가 이 프로젝트를 더 일찍 시작

했다면 7 777 777은 혹시 가능했을지도 모른다. 서른넷밖에 안 된 나이에 프로젝트를 시작하고 얼마 지나지 않아 병원에 실려 갈 때는 그때까지 인생을 허비했다는 뼈저린 자각을 했을 것이다. 페터 로더마이어가 그에게 "이 작품은 언제부터 시작된 것인가요? 당신이 1을 그렸을 때인가요? 아니면 당시 바르샤바의 카페에서 아내를 기다리는 동안 이 프로젝트를 구상한 건가요?"라고 물었을 때, 오팔카는 다음과 같이 대답했다. "비유를 하자면 당시 카페에서 사랑이 싹텄다고 할 수 있죠. 하지만 그 사랑이 결실을 본 것은 대강 7개월이나 지난 다음이었습니다. 말하자면 1이 그 결실이었던 거죠. 암스테르담에서도 얘기했지만, 내가 순수한 감동을 맛보는 순간에 죽을 수 있을 것이라는 생각을 해봤어요. 이미 당시에 이를 위한 프로젝트로서 무엇을 시작할지 알았던 겁니다. 그리고 내 평생이 걸릴 것이라는 것도 알았고요. 당신은 이해할 수 없겠지만 1같이 작은 수를 그릴 때 감동을 얻게 됩니다. 그러다가 시작하고 얼마 지나지 않아 심장에 문제가 생겼어요. 믿을 수 없을 정도로 지나치게 긴장했던 거죠. 이 프로젝트가 너무 마음에 들었기 때문이 아니라 평생을 이 작업에 바칠 만큼 희생을 치러야 한다는 생각에서 온 긴장 말입니다. 그것이 문제가 된 겁니다. 한 달 동안 심장박동 리듬의 장애로 병원에 누워 있을 때는 정말 불안했어요. 그리고 한 달 후에 퇴원해서 오늘까지 이 작업을 계속한 거죠. 예술에는 지성이 필요하지만 반드시 감정이나 육체, 정신 이상의 몫을 요구하는 것은 아닙니다. 레오나르도 다빈치가 '예술은 정신적인 작업(L'arte e una cosa mentale)'이라고 한 말은 정곡을 찌른 표현이에요. 이 말에 온 세상이 담겨 있습니다."

로만 오팔카는 2011년 8월 6일에 세상을 떠났다. 그는 233개의 '디테일'을 그렸고 이때까지 550만이 넘는 수를 세었다.

제곱수와 세제곱수

기하학적 도형을
계산할 때

수를 셀 때, 1, 3, 5, 7, 9…로 이어지는 홀수를 빼고 2, 4, 6, 8, 10…의 짝수만 세면 더 빠르다. 인류의 역사에서 이렇게 짝을 묶어서 세는 방식은 오랫동안 대세를 이루었다. 이 밖에 다른 묶음 방식은 계속 사용되지 않았다. 언어를 보면 이런 추측이 사실임을 알 수 있다. 2로 나누어지는 수를 일컫는 '짝수'라는 명칭이 있는 데 비해 3으로 나누어지는 수를 표현하는 말은 없기 때문이다. 또 2로 나누어서 1이 남는 수를 '홀수'라고 부르는데 비해 3으로 나누어서 1이나 2가 남는 수에 대해서는 딱히 알려진 표현이 없다.

어린 아이들은 짝수의 수열을 빠르게 배우지만 3이나 4, 그 이상의 수로 나누어지는 수열을 열거할 때는 더 힘들어 한다. '구구단'을 익히려면 3, 6, 9, 12, 15…로 이어지는 3단이나 4, 8, 12, 16, 20…의 4단, 계속해서 9, 18, 27, 36, 45…의 9단까지 열심히 외워야 한다. '10단'에 해당하는 10, 20, 30, 40, 50…의 경우도 별로 힘들게 느껴지지 않는다. 10과 비슷하기 때문이다.

또 예컨대 다스나 오늘날은 거의 쓰이지 않지만 '60(한 묶음)'을 뜻하는 쇼크(Schock) 같은 단위로 묶어서 세면 낱개를 셀 때보다 더 큰 수도 크게 힘이 들지 않는다. 하지만 규모가 전혀 다른 수를 셀 때는 이런 방법이 통하지 않는다.

묶음 방식과 달리 고대에 고도문명을 이룩한 인간은 곱셈을 가르쳤다. 그리고 동시에 곱셈이 의미하는 기하학적 도형을 만들어냈다. 예를 들어 '6단'은 진한 점 6개를 묘사한 줄로 묘사하고 이런 줄 7개를 그려 넣게 되면, 42라는 수는 6 × 7이라는 '장방수(Rechteckzahl, 두 개의 연속된 정수에서 나온 수로 2 · 3 = 6, 3 · 4 = 12, 4 · 5 = 20처럼 n[n + 1]로 표시되며 이런 수열이 도형을 나타내므로 도형수라고도 한다-옮긴이)'로 표시된다. 이 장방수에 찍힌 점을 처음부터 42까지 하나하나 바보처럼 세는 사람은 없었다. 계산은 즉시 6 × 7의 곱하기 결과를 보면 알 수 있기 때문에 그런 식으로 셀 필요가 없었다. 이런 식으로 곱셈을 이용해 하나하나 셀 때보다 큰 수를 계산하게 된 것이다. 하지만 모든 수를 곱셈으로 해결한 것은 아니다. 이른바 소수(素數, 1과 그 수 자신 이외의 자연수로는 나눌 수 없는 자연수-옮긴이)의 경우에는 문제가 생긴다. 소수에 대해서는 뒤에서 언급할 것이다. 그렇기는 해도 가령 플라톤이 자신이 생각하는 이상국가의 시민이 정확하게 5040명이 되어야 한다고 말했을 때, 그는 이 수를 일일이 셀 필요가 없었다. 장방형의 형태로 계산하면 충분했기 때문이다. 즉 60명의 시민이 한 줄을 이룬다고 생각하는 것이다. 그 다음 그런 줄이 84개가 있다고 보면 된다. 84 × 60은 5040이기 때문이다.

만약 플라톤이 시민들을 두 명씩 긴 줄로 세운다고 생각했다면 정말 미숙하다고 봐야 한다. 그러면 2520까지 세어야 하기 때문이다. 그러므로 장방형은 정사각형에 가까울수록 서툰 계산을 날렵한 곱셈으로 대신하기가 쉽다.

수를 뜻하는 점을 정사각형의 형태로 배열할 수 있을 때, 이 수를 제곱수라고 부른다. 처음의 제곱수가

$$1 \times 1 = 1,\ 2 \times 2 = 4,\ 3 \times 3 = 9,\ 4 \times 4 = 16,$$
$$5 \times 5 = 25 \cdots$$

라는 것은 분명하다. 제곱수의 수열은 1, 4, 9, 16, 25, 36, 49, 64, 81, 100, 121, 144 …로 빠른 속도로 확대된다. 그리고 모든 제곱수에서 앞의 제곱수를 뺀 수열도 주목된다.

$$4 - 1 = 3,\ 9 - 4 = 5,\ 16 - 9 = 7,\ 25 - 16 = 9,$$
$$36 - 25 = 11 \cdots$$

에서 보듯 3 이후의 홀수 배열과 같기 때문이다.

2 대신 가령 3 × 4 × 5처럼 각각 세 개의 수를 서로 곱하면 마치 묶음의 묶음 같은 형태가 나온다. 4 × 5의 장방수를 5개의 점이 4줄로 이루어진 것으로 볼 때, 3 × 4 × 5는 이 사각형이 3층으로 쌓인 것으로 볼 수 있다. 그러면 총 60개의 점으로 이루어진 직육면체가 만들어진다. 60처럼 비교적 큰 수를 간단한 3개의 숫자로 나타낼 수 있다는 사실은 아득한 옛날 계산 전문가들에게 깊은 인상을 주었다.

이런 식으로 한 자리 수 3개로 만드는 것 중 가장 큰 수, 9 × 9 × 9 = 729는 9라는 수에 비하면 비교할 수 없이 크다.

어떤 수 자체를 세 번 곱할 때, 이것을 세제곱(입방)수라고 부른다. 세제곱수의 기하학적 형태를 정육면체로 부르는 이유는 라틴어 'Cubus(입방체)'에서 이름을 따왔기 때문이다. 처음의 세제곱수는

$$1 \times 1 \times 1 = 1,\ 2 \times 2 \times 2 = 8,\ 3 \times 3 \times 3 = 27,$$
$$4 \times 4 \times 4 = 64,\ 5 \times 5 \times 5 = 125 \cdots$$

로 이어진다. 1, 8, 27, 64, 125, 216, 343, 512, 729, 1000, 1331, 1728…의 수열에서 보듯이 세제곱수는 제곱수보다 훨씬 큰 폭으로 늘어난다. 200의 세제곱수인 200 × 200 × 200은 8 000 000, 즉 800만이다. 이 수는 로만 오팔카가 수십 년간 그린 끝에 도달하려는 꿈을 품었던 7 777 777보다 크다.

첫 눈에 200 × 200 × 200이라는 형태는 간단해 보인다. 한 줄에 점 200개를 써넣는 것을 생각하면 상상이 쉽게 되기 때문이다. 이런 줄 200개를 늘어놓은 점의 사각형도 사람의 상상력을 벗어나지 않는다. 하지만 이런 사각형을 200개 쌓아 놓는다면 얼마나 거대할 것인가? 비유적으로 말한다면 로만 오팔카는 이렇게 쌓인 점 하나하나에 손을 대며 자신의 수로 표현해 캔버스에 채워 넣으려고 결심한 것이다. 하지만 46년 동안 엄청나게 단조로운 이 행위를 했음에도 이 정육면체의 마지막 점에 접근하는 데는 실패하고 말았다. 오팔카는 그것에 다가가는 과정에서 생명이 끝나고 말았다.

세제곱수에 우리가 골탕을 먹는 예는 태양이 정확하게 지구의 110배라는 말을 들을 때 알 수 있다. 이 '110'배라는 말은 태양의 반지름과 지구의 반지름을 비교하는 경우라면 맞다. 태양은 반지름이 70만 킬로미터이고 지구의 반지름은 6400킬로미터, 실제로 110 × 6400 = 704 000이라는 계산이 나오기 때문이다. 하지만 부피로 본다면 태양은 다음과 같다.

$$110 \times 110 \times 110 = 1\,331\,000$$

즉 130만 배 이상이나 지구보다 크다. 따라서 비교의 진실은 부피에 있지 반지름에 있는 것이 아니다.

그 누구도 일상생활에서 이런 '세제곱의 혼란'과 마주칠 일은 없을 것이라고 말하면 안 된다. 간단한 예를 들어보면 생각이 바뀔 것이다. 어느 통신사에서 지난해에 주택 수가 두 배로 늘어났다는 보

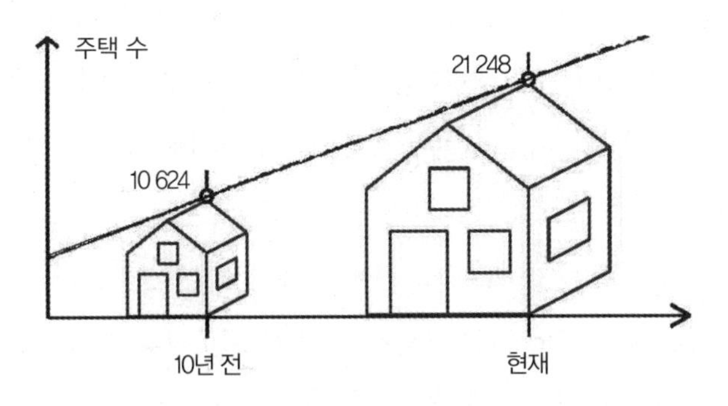

그림에서 오른쪽에 있는 집은 왼쪽에 있는 집보다 높이는 2배지만 용적은 8배에 이른다

도를 한 적이 있다. 그러자 어느 잡지사의 편집부에서는 즉시 이 뉴스를 생생한 그림으로 보여주기로 결정했다. 수평축에 10년 전과 현재의 시점을 표시한 다음 10년 전의 시점 위에는 수직방향으로 점 하나를 찍어 그 높이로 당시 주택 수를 나타냈다. 그리고 현재의 시점 위에는 수직방향에서 두 배의 높이로 현재의 주택 수를 표현했다. 여기까지는 문제가 없었다. 두 개의 점은 직선으로 연결되었는데 이것도 조금은 과감한 표현이었다. 사실 주택의 수가 실제로 그렇게 대칭을 이루며 늘어났는지는 알 수 없기 때문이다. 어쨌든 이 그래픽이 너무 추상적이라고 생각한 편집장은 "눈에 더 확 들어오게 해야 돼"라고 말하며 그래픽 담당자를 독려했다. "두 채의 집을 그려 넣는 거야. 10년 전에 지은 작은 집은 왼쪽에, 그리고 오른쪽에는 그보다 높이가 두 배가 되도록 현재의 집을 집어넣으라고." 담당자는 시키는 대로 했다. 그 결과 독자의 눈을 사로잡을 그래픽이 나왔다. 주택 수가 폭증한 것처럼 놀라운 효과를 주는 그림이었다. 독자는 대부분 직선적인 증가의 과정도 보지 않았고 거기 표시된 수도 읽지 않았다. 오로지 두 집의 형태에만 눈길을 보냈다. 그리고 이 과정에서 속은 것이다. 그래픽으로 부풀려진 큰 집은 높이는 2배에 불과하지만 전면은 4배로 늘어났고 총 용적은 8배로 늘어난 결과이기 때문이다.

세상은 속고 싶어 한다. 그러니 세상을 속여주자(Mundus vult decipi, ergo decipiatur, 로마시대 풍자시인인 페트로니우스가 말했다고 알려진 경구를 인용한 것-옮긴이).

제곱과 백분율

곱셈을 몰랐던
농부의 비극

플라톤이 자신의 이상국가에서 원한 시민의 수는 5040이다. 정확하게 왜 이 숫자여야 하는지 아는 사람은 아무도 없다. 어쩌면 그 이유 중 하나는 5040이 다음과 같이 처음 7개의 수를 곱한 결과이기 때문이었을 것이다. $1 \times 2 \times 3 \times 4 \times 5 \times 6 \times 7 = 5040$. 두 번째 이유는 7부터 10까지 -피타고라스가 신성한 수라고 불렀다는 그 10- 곱해도 $7 \times 8 \times 9 \times 10 = 5040$처럼 똑같은 결과가 나오기 때문이었을지 모른다.

어쨌든 고대 그리스인들은 2나 3 이상이 되는 인수의 곱셈을 알고 있었다. 그리고 이 인수가 똑같은 수일 때는 이 수의 제곱이라고 부른다. 예를 들어 7이라는 수를 보자. 7 자체를 제외하면 이 수의 제곱은

$$7 \times 7 = 49,\ \ 7 \times 7 \times 7 = 343,\ \ 7 \times 7 \times 7 \times 7 = 2401,$$
$$7 \times 7 \times 7 \times 7 \times 7 = 16\,807,\ \cdots$$

로 이어진다. 1보다 큰 수의 제곱은 눈에 띄게 비약적으로 커진다. 뿐만 아니라 어떤 수의 네제곱부터는 자체의 수를 몇 번이나 곱한 것인지 한 눈에 알아보기가 힘들다. 이 때문에 수학자들은 이미 14세기에 영국의 추기경이자 신학자, 철학자인 토머스 브래드워딘(Thomas Bradwardine)이 사용했다는 표기 방식을 쓰는 것에 의견을

같이했다. 그래서 다음과 같이 오른쪽 위에 이른바 지수를 표시해서 자체의 수를 몇 번이나 곱했는지 알도록 했다.

$$7^1 = 7,\quad 7^2 = 49,\quad 7^3 = 343,\quad 7^4 = 2401,\quad 7^5 = 16\,807\cdots$$

우리는 이런 표기 방식을 이미 10의 수에서 여러 차례 사용했다. 가령 1 다음에 0을 6개 붙이는 100만은 10의 6제곱으로서 10^6이라는 형태를 갖는데 이것은 실제로 10을 여섯 번 곱했다는 의미가 된다. 다만 1의 제곱은 언제나 지루한 결과가 나온다. 아무리 곱해도 늘 1이기 때문이다. 하지만 1에서 아주 조그만 수를 더할 때, 이 수의 제곱은 처음에는 별로 늘어나는 것 같지 않아도 계속 제곱으로 나가다 보면 큰 차이를 보인다.

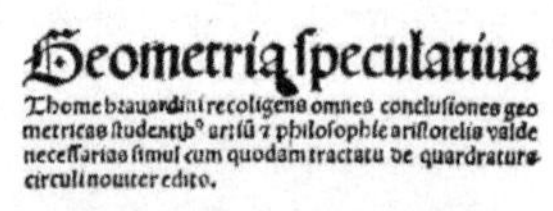

토마스 브래드워딘이 저술한『기하학이론』
〈출처:(CC)Thomas Bradwardine at wikipedia.org〉

이것만 알아도 다음과 같은 재정상의 재난은 막을 수 있다.

르네상스 시대 토스카나(Toskana)에서 일어난 비극적인 사건에 대한 이야기인데 실제가 아니라 지어낸 것이라서 다행이다. 농부 심플리치오(Simplicio)는 시에나 부근에 있는 땅을 사기 위해 '몬테 디 피에타(Monte di Pietà)'라는 은행에서 100플로린(Florin, 1252년 피렌체 지방에서 주조되기 시작한 금화-옮긴이)을 빌린다. 순금 3분의 1그램 이상이 섞인 예쁘고 소중한 금화 100개였다. 100플로린이면 큰 재산이었다. "기꺼이 이 돈을 빌려드리지요." 은행 직원은 심플리치오가 금화를 자루에 담는 동안 은밀하게 말했다. "하지만 당신의 부채는 해마다 10퍼센트씩 늘어난다는 것을 잊지 마시오."

"10퍼센트라니 그게 무슨 말이오?" 심플리치오가 물었다. 그러자 은행 직원은 그에게 다음과 같이 설명했다.

"당신이 지금 100플로린을 빌려간다면 당신은 그만큼 우리에게 빚을 지는 것이니 당신은 당연히 이 돈을 우리에게 갚아야 되죠. 그런데 갚을 때까지 1년을 기다리는 대신, 우리는 당신이 오늘 빚을 진 몫뿐만 아니라 거기에 10퍼센트를 추가로 받는다는 뜻입니다. 10퍼센트는 말 그대로 부채의 100분의 10을 뜻하고 당신은 이만큼 더 갚아야 한다는 말이오." 이 말에 화가 난 심플리치오는 "나는 당신들에게 빌린 돈 이상을 갚을 생각이 없소"라고 소리쳤다.

"그렇다면 미안하지만 이 돈을 빌려줄 수 없습니다." 은행 직원은 잘못 생각했다는 듯이 심플리치오의 자루를 붙잡았다. "시에나를 뒤지고 다녀 봐요. 어디서도 당신에게 그냥 돈을 빌려줄 데는 없을 테니까. 어디서나 이자를 받을 거요. 더구나 15퍼센트를 받는 데가 대부분이고 고리대금업자들은 20퍼센트까지 받아요. 한번 생각해봐요. 당신이 땅을 사서 농사를 지으면 1년 뒤에는 오늘보다 분명히 부자가 될 테고 그러면 빚과 이자를 가볍게 갚을 수 있을 것 아니오."

이 말에 심플리치오는 동의했다. 그는 돈을 받고 10퍼센트 이자가 붙는 채무증서에 이름 대신 X표 세 개로 서명을 했다. 이어 곧 부자가 될 꿈에 부풀어 땅을 샀다.

하지만 부는 빨리 찾아오지 않았다. 7년 동안 시에나 일대에 흉년이 들었기 때문이다. 큰 부자를 제외하고는 거의 누구나 살아남기 위해 애를 썼다. 저축은 엄두도 내지 못했다. 그리고 그다음 7년도 별로 풍년이 들지 않았다. 심플리치오는 온 힘을 다해 다달이 몇 플로린씩 돈을 모았다. 전에 '몬테 디 피에타' 은행에서 빌린 돈을 갚아야 하기 때문이다.

이렇게 14년의 세월이 흘렀다. 심플리치오는 100플로린과 14년 동안 해마다 10플로린씩, 총 240플로린을 모아 이것으로 부채를 갚으려고 했다.

은행으로 가서 젊고 거만한 직원의 안내를 받은 심플리치오는 직원의 책상에 240플로린을 올려놓았다. 건방진 젊은이는 채무증서와 이자 계산이 적힌 쪽지를 꺼내더니 못마땅한 표정으로 돈을 세어보고는 차가운 목소리로 말했다. "이 돈은 많이 모자라는군요." 화가 난 심플리치오는 "모자라다니?"라고 물었다. "100플로린과 14년 동안 해마다 이자로 10플로린을 모아 가져온 거요."

"당신의 부채는 지금 380플로린이나 됩니다. 지금 이 240플로린을 갚아도 당신은 여전히 140플로린의 부채가 남게 됩니다. 게다가 이 140플로린에 대해서 이제부터는 연리 12퍼센트를 받을 거요."

심플리치오는 이 말을 더 이상 듣고 있을 수가 없었다. 극도의 분노에 휩싸인 심플리치오는 은행에서 나와 시에나 거리를 헤매고 다니다가 어느 허름한 술집에 들어가게 되었다. 그곳은 시에나 과두정치에 불만을 품은 모반자들이 모이는 곳이었다. 시에나를 온통 불안과 충격에 떨게 하는 도당들이었다. 끝없이 폭동을 일으키는 이들과 어울린 심플리치오는 어느 날 칼을 빼들고 앞장을 섰고 이후로는 잘못된 길로 빠져들고 말았다.

불쌍한 심플리치오의 운명은 그가 퍼센트를 덧셈으로 계산한다고 생각한 순간 이미 결정된 것이다. 퍼센트 계산에서 최악의 실수는 바로 이것이다. 이런 실수는 비단 지어낸 이야기의 주인공인 심플리치오에게만 해당되는 것이 아니라 오늘날까지도 널리 퍼진 현상이기도 하다. 퍼센트를 계산할 때는 덧셈이 아니라 곱셈으로 해야 한다.

100플로린의 10퍼센트를 계산하고 이 10플로린을 이자로 생각한 심플리치오는 해마다 자신의 부채에 이 몫을 더한 것이다. 하지만 '몬테 디 피에타'의 직원은 계산방법이 달랐다. 10퍼센트의 이자란 1년 후에 빌려간 돈이 인수 $1 + 10\% = 1 + {}^{10}/_{100}$으로 늘어난다는 뜻이었다. 즉 10진수 $1 + 0.1 = 1.1$을 곱하는 방식이다. 첫 해는 심플리치오의 계산과 비교할 때, 차이가 없다. 1년 뒤에 심플리치오가 갚아야 할 돈은

$$100 \times (1 + {}^{10}/_{100}) = 100 \times 1.1 = 110 = 100 + 10$$

플로린이다. 심플리치오는 2년 뒤에 100 + 20, 즉 120플로린을 갚아야 한다고 생각했다. 은행은 이와 달리 그가 갚아야 할 돈 110플로린에서 다시 10퍼센트를 계산했다. 즉 110에 1.1을 곱해서 그의 부채를 121플로린으로 장부에 기입했다. 120과 121은 별 차이가 없다. 하지만 7년 뒤에는 심플리치오에게 매우 불리한 결과가 생긴다. 그는 7년 뒤에 100 + 7 × 10, 즉 170플로린을 갚아야 한다고 생각하지만 은행은 원금 100플로린에서 10퍼센트씩 일곱 번을 곱한 방식, 즉 100에서 1.1을 일곱 번 곱하는 것으로 본다. 이 결과는

$$100 \times 1.1 \times 1.1 \times 1.1 \times 1.1 \times 1.1 \times 1.1 \times 1.1 = 100 \times 1.1^{7} = 100 \times 1.9487171$$

이고 반올림하면 195플로린이 된다.

따라서 이 방식이 젊은 직원의 책상에 놓인 계산서였던 것이다. 그리고 다시 1.1을 1.1^{14}가 될 때까지 계산하면 약 3.7975가 된다. 이것이 14년 뒤에 심플리치오가 대출한 100플로린을 계산한 결과이고 따라서 은행 직원은 그에게 380플로린을 요구한 것이다.

직원이 심플리치오에게 어떻게 380이라는 결과가 나오는지 설명하지 않은 이유는 상대가 이해하지 못하기 때문이었다. 심플리치오는 15세기의 농부로서 읽을 능력이 없었던 것이다. 그는 간단한 덧셈은 해도 곱셈은 하지 못했다. 이 때문에 그는 자신도 모르게 불행에 빠진 것이다.

가장 중요한 계산과 어마어마한 돈

퍼센트는 곱셈으로
계산하라

$1.1^7 = 1.9487171$의 계산에서 결과를 간단하게 반올림하면 1.1^7은 2가 된다. 이 말은 연리 10퍼센트로 7년이 지나면 총 부채는 거의 두 배로 늘어난다는 뜻이다. 이율이 다를 경우에는 어떻게 될까? 연리 2퍼센트로 돈을 빌린다고 가정해보자. 이 부채가 몇 년 지나서 두 배가 되는지 알려면 차례로 $1 + 2\% = 1 + 2/100 = 1 + 0.02 = 1.02$의 제곱만 계산할 줄 알면 된다. 처음에는 늘어나는 속도가 느리다. 소수점 이하 두 자리까지 반올림하면 다음과 같이 늘어난다.

$$1.02^2 = 1.04,\quad 1.02^3 = 1.06,\quad 1.02^4 = 1.08,\quad 1.02^5 = 1.10$$

이 계산은 연리 2퍼센트의 경우, 부채가 5년 후에 10퍼센트 늘어나는 것을 보여준다. 연리 10퍼센트로 1년 후에 갚을 부채와 같다. 그러므로 연리 2퍼센트의 경우에는 연리 10퍼센트보다 부채가 두 배로 늘어나는데 시간이 다섯 배 걸리는 셈이다. 바꿔 말하면 연리 2퍼센트의 경우, 7 곱하기 5, 즉 35년이 지나야 부채는 두 배로 늘어난다는 말이다. 휴대용계산기로 계산해보면 실제로 $1.02^{35} = 1.999889552\cdots$, 즉 사실상 2와 다를 바 없는 결과가 나온다. 부채에 적용되는 계산은 일정한 이율로 예금을 할 때의 자산에도 똑같이 적용된다. 앞에서 예로 든 계산은 수학이 인류에게 선물한 가장 중요한 계산에 속하는 대강의 규칙이 맞다는 것을 증명해준다. 즉 일정한 이율로 예금을 할 때는, 70이라는 수를 퍼센트의 수로 나눌 줄만 알면 된다는 것이다. 그러면 몇 년이 지나 자산이 두 배로 늘어나는지 알 수 있다.[9)]

문제는 이 두 배로 늘어나는 과정이다. 앞에서 강조한 것처럼 퍼센트의 계산은 곱셈을 기반으로 하기 때문이다.

예를 들어, 마리아의 신랑인 성 요셉이 아기 예수의 탄생을 기념하여 베들레헴 은행에 연리 3.5퍼센트의 이율로 예금을 한다고 가정해보자. 그러면 70 ÷ 3.5의 비율, 즉 20년이 지나서 1유로는 두 배인 2유로로 늘어난다. 그리고 200년이면 여기에 열 번 제곱을 해야 한다. $2^{10} = 1024$이므로 사실상 1000배로 늘어나 1유로가 대략 1000유로가 되는 셈이다. 200년 후에는 1유로에 0이 3개가 붙는 것이다. 그리고 오늘날은 그때로부터 2000년 이상이 지났기 때문에 1유로에 붙은 3개의 0은 다시 10배로 늘어난다. 결국 베들레헴 은행에서 찾아야 할 예수의 유산은 1 000 000 000 000 000 000 000 000 000 000유로로서 10^{30}유로가 되는 것이다. 물론 터무니없는 이야기이다.

문제는 예수의 유산이란 것이 없기 때문이 아니다. 2000년 동안이나 지속될 베들레헴 은행이 없어서도 아니다. 앞의 예에서 나온 시에나의 '몬테 디 피에타' 은행은 지금도 있기 때문이다. 이 은행은 1492년에 설립되어 1624년에 '몬테 데이 파스키 디 시에나(Monte dei Paschi di Siena)'로 이름이 바뀌었는데 현재 세계에서 가장 오래된 은행이다. 문제는 이보다 예수 탄생 당시에는 유로가 없었고 대신

제스테르츠(Sesterz)가 쓰였다는 데 있다. 오늘날은 쓰이지 않는 화폐이다. 그 사이에 사용된 통화인 탈러(Taler)나 플로린, 굴덴(Gulden)은 이제 존재하지 않는다. 전쟁과 각종 금융위기, 인플레이션, 통화개혁 등으로 이 화폐들은 사라졌다.

수가 상상할 수 없는 크기로 늘어날 때는 경제 분야에서도 다루기가 힘들어진다.

도널드 커누스와 수의 괴물

거듭제곱이란
무엇인가

수학은 제곱의 발명에 힘입어, 덧셈은 물론 곱셈으로도 계산하기 힘든 수를 처리할 수 있게 되었다. 제곱을 다시 제곱하는 이른바 '거듭제곱(멱승)'의 수단이 생겼기 때문이다. 예컨대

$$5^{4^3}$$

와 같이 표시하는 경우다. 여기서 조심해야 할 것은 이 거듭제곱을 읽는 데 두 가지 방법이 있다는 것이다. 하나는 5^4를 먼저 계산하고 이것을 다시 세제곱하는 방법, 즉 5^4는 625이므로 625^3 = 244 140 625 하는 식이다. 이 경우에 거듭제곱은

$$(5^4)^3 = 625^3 = 244\,140\,625$$

로 읽는다. 또 한 가지는 먼저 4^3를 계산하여 64의 값을 구하고 이 값을 5의 제곱으로 올려 5^{64}로 표시하는 것이 있는데, 이것은 전혀 다르다. 이 결과는 어마어마하여 5421로 시작되는 수가 45자리나 이어지게 된다. 이 경우에 거듭제곱은

$$5^{(4)^3} = 5^{64} =$$
$$542\,101\,086\,242\,752\,217\,003\,726\,400\,434\,970\,855\,712\,890\,625$$

로 읽을 수 있다. 거듭제곱을 괄호가 없이 쓸 때는, 후자를 의미하는 것으로 합의가 되어 있다. 바꿔 말하면 거듭제곱을 '처리할 때' 오른쪽 위에서 왼쪽으로 내려오는 방식이다. 이런 합의에 이르게 된 이유는 일반적으로 이렇게 읽는 방법이 엄청 큰 수에 이르게 될 뿐만 아니라 무엇보다 거듭제곱을 다른 방법으로 읽는 것은 그 자체로서 전혀 필요가 없기 때문이다. 가령

$$(5^4)^3 = 5^4 \times 5^4 \times 5^4 = 5^{4+4+4} = 5^{4\times3}$$

이 되면 학교에서 금언처럼 통하는 "제곱은 제곱표시를 곱해서 제곱이 된다"는 말에 충실히 따르는 결과가 된다.

그러므로 3개의 수를 사용해 얻을 수 있는 최대의 수는

$$9^{9^9}$$

로 표시할 수 있다. 3개의 9로 이루어진 거듭제곱이다. 이 결과는 어마어마하여 4281로 시작되는 수가 무려 369 693 100자리나 이어진다. 스탠포드 대학교에서 컴퓨터 공학을 가르치는 도널드 커누스(Donald E. Knuth)는 브래드워딘이 만들어낸 제곱 표기 방식을 컴퓨터로 입력하기에 적합한 새로운 부호로 대체했다. 커누스는 3^2 대신 3↑2로 썼다. 수직의 화살표가 다음에 이어지는 수를 지수로 쓰라는 명령을 대체한 것이다. 커누스는 이 방법으로 거듭제곱을 단축할 수 있다는 것을 발견했다. 3↑↑2로 3을 두 번 제곱하는 거듭제곱을 표기한 것이다. 이것은 $3 \uparrow\uparrow 2 = 3 \uparrow 3 = 3^3 = 27$이라는 것을 의미한다. 하지만 이것만으로는 충분치 않다. 이중의 화살은 자체의 의미가 있기 때문이다. 3↑↑3이라는 표기에서는 이미 3이 거듭제곱으로 들어간다는 뜻이 있다. 다시 말해

$$3 \uparrow\uparrow 3 = 3 \uparrow 3 \uparrow 3 = 3^{3^3} = 3^{27} = 7\ 625\ 597\ 484\ 987$$

이고 3↑↑4는 4개의 3으로 거듭제곱을 나타낸다. 즉

$$3 \uparrow\uparrow 4 = 3 \uparrow 3 \uparrow 3 \uparrow 3 = 3^{3^{3^3}} = 3^{7\ 625\ 597\ 484\ 987}$$

이라는 뜻이다. 이것은 1258로 시작되는 3 638 334 640 025자리의 어마어마한 수가 된다. 이 자릿수는 3개의 9로 나타내는 거듭제

곱, 즉 커누스가 9↑↑3로 단축해서 쓰는 수보다 훨씬 크다.

커누스는 자신의 표기 방식을 한 걸음 더 발전시켰다. 두 개의 수 사이에 3중의 화살표를 집어넣어 3중의 화살표 오른쪽에 있는 수가 3중의 화살표 왼쪽에 있는 수를 몇 번이나 계산해야 하는지, 그 사이에 이중 화살이 몇 개나 들어가는 것인지 알린 것이다. 이렇게 독특한 수의 표기는 언제나 오른쪽에서 왼쪽으로 거듭제곱을 읽는 것과 같은 효과를 일으킨다. 예컨대 3↑↑↑2는 3↑↑3을 축약한 것이다. 이것을 시각적으로 쉽게 파악할 수 있는 수로 표시하게 되면 다음과 같이 7 625 597 484 987이 된다. 이와 달리

$$3\uparrow\uparrow\uparrow 3 = 3\uparrow\uparrow 3\uparrow\uparrow 3 = 3\uparrow\uparrow 7\,625\,597\,484\,987$$

이 된다. 이 경우에는 밑수 3 위에 세제곱을 7 625 597 484 986번이나 해야 하는 믿을 수 없는 결과에 이르게 된다. 그리고 이 거듭제곱은 맨 꼭대기에서 아래로 '계산'을 마치게 된다. 따라서 3↑↑↑3이란 수는 너무도 방대해서 자릿수가 몇이나 되는지, 심지어 어떤 수로 시작하는지조차 상상할 수 없을 정도로 어마어마한 결과에 이른다.[10)]

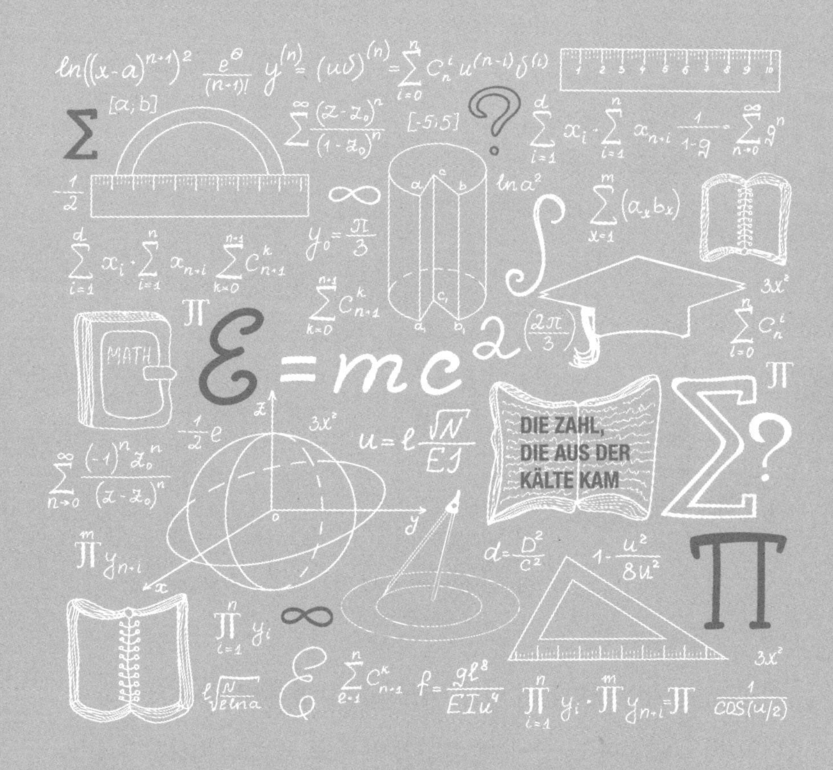

5 나눗셈에는 세계의 비밀이 담겨 있다
: 신비의 수

존 르 까레의 소설 주인공 조지 스마일리는 비밀 첩보원이다. 그는 자신의 비밀요원의 이름을 아트바쉬로 암호화하는 것은 쉽게 발각될 우려가 있다고 생각했다. 모든 부호를 바로 그 다음에 이어지는 부호로 대체하는 것도 다른 첩보원들에게는 식은 죽 먹기나 다름없어 하지 않기로 했다. 스마일리는 훨씬 더 정교한 방법을 찾았다. 그는 런던의 서커스에 자신의 암호문을 위한 보조수단을 보내줄 것을 요청한다. 그가 런던의 본부에서 받아본 답은 계수 221과 지수 11 두 개의 숫자였다.

4 294 967 297

페르마의
여섯 번째 수

이것은 42 1/4억이 넘는 수이다. 커누스의 괴물 같은 수를 보고 놀란다고 해도 여전히 큰 수에 해당한다. 이 수로 유로를 표시하면 정말 큰 수이다. 40억 유로가 넘는 재산을 가진 사람은 많지 않기 때문이다. 재무부 관리들은 이렇게 어마어마한 액수를 일상적으로 언급한다. 이때 이들은 이 돈을 '약' 43억 유로라고 표현한다. 나머지 액수를 과감하게 생략하지만 정확한 액수와는 무려 500만 유로 이상의 차이가 난다. 재무부 관리들은 꼼꼼하기로 유명한 사람들인데도 그렇다. 이와 달리 1920년대에는 43억 마르크라는 돈이 초라할 정도로 적었다. 1923년 11월에 독일에서는 100억 마르크로 우표 한 장밖에 살 수 없었다. 액면가 10억짜리 지폐는 당시 몰아닥친 강추위에 말 그대로 땔감으로 쓸 정도였다. 위에 적은 숫자에서 맨 끝에 있는 297에 마르크를 붙이면 이 돈은 머리털 한 올만큼의 가치도 없었다. 1923년 11월 16일의 경우, 42억 마르크의 1000배, 즉 4조 2000억 마르크는 달랑 1달러의 가치밖에 없었다.

4 294 967 297미터라면 얼마나 될까? 엄청난 거리이다. 지구 둘레의 100배가 넘는 길이다. 항공사 직원이나 기업의 중역들이라면 이 정도의 거리를 비행기로 주파했을 수도 있다. 지구에서 달까지의 거리는 이 길이의 10분의 1도 되지 않는다. 이와 달리 원자의 직경은 옹스트롬(Ångström), 즉 1억분의 1센티미터로 잰다. 지름이 1옹스트롬인 원자 4 294 967 297개를 한 줄로 늘어놓으면 길이가 50센티미터도 안 되는 줄이 생길 것이다.

4 294 967 297초라면 어떨까? 엄청 오랜 시간처럼 들린다. 하지만 그렇게 긴 시간이라고는 볼 수 없다. 136년에서 37일 정도 더한 시간이므로 4세대를 조금 넘긴 시간일 뿐이다.

4 294 967 297년이라면 이것의 3000만 배가 넘는 시간이므로 정말 엄청나다고 할 수 있다. 지구의 단단한 지각과 대양이 생성된 시간은 40억 년이 넘는다. 우주의 나이도 이것의 3배에 지나지 않는다.

4 294 967 297톤이라고 하면 엄청난 무게를 나타내는 것처럼 보인다. 물론 그렇기는 하지만 이보다 1조 배 이상 무거운 지구의 중량과 비교하면 무게라고 할 것도 없다.

반대로 만일 금으로 된 원자 4 294 967 297개를 가졌다고 자랑하는 사람이 있다면 우스꽝스러울 것이다. 그가 손에 쥘 수 있는 금은 0.0000000000014그램밖에 되지 않을 것이기 때문이다.

이런 식으로 4 294 967 297라는 수는 많을 수도 적을 수도 있지만, 어떤 단위로 이 수를 보는가에 따라 그 의미는 달라진다.

하지만 경제나 시간, 공간, 물질을 제외하고 어떤 단위와도 연결시키지 않은 채, 4 294 967 297을 단지 수로만 보면 어떻게 될까? 이 수에서 어떤 특별한 것을 발견할 수 있을까? 43억이라는 간단한 수로 반올림하지 않는다면 이 수는 홀수, 즉 2로 나누어지지 않는 수라는 것을 알 수 있다. 학교에서 배운 것을 기억하는 사람이라면 어떤 수가 3으로 나누어지는지 아닌지를 확인하는 법을 안다. 즉 그 숫자의 합이 3의 배수에 해당하는 경우이다.[11] 4 294 967 297에 나온 숫자를 하나하나 더하면

$$4 + 2 + 9 + 4 + 9 + 6 + 7 + 2 + 9 + 7 = 59$$

가 된다. 59는 3으로 나누어지지 않으므로 4 294 967 297도 3으로 나누어지지 않는다는 말이다. 그리고 4 294 967 297의 맨 끝자리 수는 5도 0도 아니므로 이 수는 5로도 나누어지지 않는다.

그렇다면 혹시 4 294 967 297는 소수(素數)가 아닐까?

1을 제외한 다른 수의 곱수로 쓸 수 없는 수, 즉 순수한 장방수가 아닌 수를 소수라고 부른다. 소수와 달리 이른바 '합성수(Zusammengesetzte Zahlen)'가 순수한 장방수에 해당한다. 1보다 큰 두 수의 곱수로 쓸 수 있는 수를 말한다. 기하학적으로 표현하면 합성수란 수많은 점으로 이루어진 정사각형의 그물판으로 묘사할 수 있다. 한 줄에 들어 있는 점의 수에 단에 들어 있는 점의 수를 곱하면 합성수가 된다. 피타고라스와 그의 제자들 -여담이지만 그중에는 여학생도 있었다- 은 점의 형태로 수를 표현하기 좋아했기 때문에, 소수

의 개념은 이미 수학이 태동하던 시대, 즉 기원전 6세기부터 있었다.

에드문트 흘라브카가 자주 말한 대로, 소수는 '다루기 어려운 수'이다. 조금은 화학 원소를 떠올리게 한다.

화학 원소의 개념은, 연금술사들이 수백 년간 순수하지 못한 물질로 금을 만들어내려는 시도를 한 뒤에, 화학이 본격적인 과학으로 등장했을 때 생겼다. 최초로 연금술의 강적으로 등장한 인물은 아일랜드의 자연과학자인 로버트 보일(Robert Boyle)이었다. 1661년에 그는 『회의적 화학자(The Sceptical Chymist)』라는 제목의 저서를 출간했는데, 이 책에서 보일은 당대의 돌팔이 화학자들과 결판이라도 낼 듯이 동시대의 연금술사들이 하는 시도를 조롱했다. 다양한 실험을 거친 끝에 보일은 '창조의 소재(Stoff der Schöpfung)'-화학자인 하인츠 하버(Heinz Haber)가 사용한 멋진 표현-가 무엇으로 구성되는지

아일랜드의 자연과학자 로버트 보일
〈출처:(CC)Robert Boyle at wikipedia.org〉

알게 되었다. 자연은 근원적으로 존재하며 인위적으로는 만들어낼 수 없는 몇몇 기본적인 소재를 창조했다고 보일은 주장했다.

그는 이 원소재를 원소라고 불렀다. 그의 주장에 따르면 납이나 수은으로 금을 만들려고 하는 시도는 모두 실패할 수밖에 없었다. 금은 원소에 해당하기 때문에 화학적으로 파괴할 수도 없고 만들어낼 수도 없다는 말이다.

예컨대 물이나 황화수은 등의 소재는 원소가 아니라 화학적 화합물에 지나지 않는다. 물에 전기 자극을 가하면 수소와 산소로 분해된다. 황화수은에 열을 가하면 수은과 황으로 분해된다.

자연 속의 소재에 해당하는 원리는 수학의 수에도 똑같이 적용된다. 수도 '원형 구성요소'로 이루어진다는 말이다. 하지만 수학에서는 수가 아주 간단한 덧셈법칙에서 나오는 경우와 조금 더 복잡한 곱셈법칙으로 만들어지는 경우를 구분해야 한다.

덧셈에서 수가 만들어지는 것은 정말 간단하다. 첫 번째 수인 1로 시작해보자. 여기에 계속 1을 더하면, 모든 수는 2, 3, 4…의 순서로 만들어진다. 따라서 모든 수를 구성하는 '원소'는 1이 된다. 곱셈으로 만들어지는 수는 조금 복잡하지만 그만큼 재미있다. 다시 첫 번째 수인 1로 시작해보자. 하지만 1은 아무리 곱해도 1 자체를 넘지 못한다. 몇 번을 제곱하든 결과는 언제나 1이다.

이런 점에서 수의 본격적인 최초의 '원소'는 –곱셈의 시각에서 볼 때– 2가 된다. 2를 계속 곱하면 $2 \times 2 = 2^2 = 4$, $2 \times 2 \times 2 = 2^3 = 8$, $2 \times 2 \times 2 \times 2 = 2^4 = 16$ 등으로 이어진다. 하지만 모든 수를 이 공식으로 나타낼 수는 없다. 이 목록에서 빠진 최소의 수는 3이다.

그러므로 2외에 3도 수의 왕국에서 '원소'로 생각할 수 있다. 이처럼 2와 3 같은 '원소'를 수학에서는 소수(Primzahlen)라고 부른다. 이 말은 첫 번째를 뜻하는 라틴어 '프리무스(Primus)'에서 온 것이다. 모든 수를 곱셈으로 표시할 때 소수로 시작했기 때문이다. 소수 2와 3을 사용해 곱셈을 하면 $2 \times 2 = 4$, $2 \times 3 = 6$, $2 \times 2 \times 2 = 8$, $3 \times 3 = 9$, $2 \times 2 \times 3 = 12$ 등등의 수가 나온다. 여기서 보다시피 이 공식으로도 모든 수를 묘사할 수는 없다. 목록에서 빠진 다음 수는 5와 7이다. 이것들도 소수이다.

알렉산드로스 대왕 이후 한 세대가 지나 알렉산드리아의 도서관에서 근무한 그리스 학자, 알렉산드리아의 에우클레이데스(Euklid, 유클리드)와 키레네(Kyrene)의 에라토스테네스 두 사람은 뛰어난 착상으로 이런 생각을 정리했다.

에우클레이데스는 소수의 목록을 끝없이 나열해도 모든 수를 소수의 곱수로 나타낼 수는 없다는 사실을 밝혀냈다. 어떤 곱수를 아무리 무한 소수에서 만든다고 해도 모든 수가 이 곱수로 밝혀지지는 않는다는 것이다. 에우클레이데스는 목록에 나온 모든 소수의 곱수를 계산하고 이 결과에 1을 더함으로써 그 이유를 밝혀낸다. 이런 방법으로 그는 목록에 나온 어떤 소수로도 나눌 수 없는 수를 찾아냈다. 따라서 이 수는 앞에 나온 목록의 소수를 곱한 수가 아니다.

구체적인 예를 통해 에우클레이데스의 생각을 분명하게 알아보자. 누군가 2, 3, 5, 7, 11, 13의 수로 모든 소수가 만들어지며 더 이상은 없다고 주장한다고 가정해보자. 그렇다면 $2 \times 3 \times 5 \times 7 \times 11 \times 13+1$의 결과는 30031인데, 이 수를 목록에 나온 소수의 곱수로 쓸 수 있어야 한다는 것이 에우클레이데스의 논증이다. 하지만 이 말은 확실히 틀렸다. 목록에 나온 어떤 소수로도 30031은 나누어지지 않고 늘 1이 남기 때문이다. 그리고 30031은 목록에 나온 2, 3, 5, 7, 11, 13의 곱수로 쓸 수 없기 때문에 목록에서 나열한 것보다 소수는 더 많을 수밖에 없다. 여담이지만 사실 소수 59와 509도 위의 목록에는 없지만 30031 = 59 × 509가 된다.

에라토스테네스는 2와 100 사이의 소수 목록을 체계적으로 나열했다. 그것은

2, 3, 5, 7, 11, 13, 17, 19, 23, 29, 31, 37, 41,
43, 47, 53, 59, 61, 67, 71, 73, 79, 83, 89, 97

이 되는데 아무런 기준도 없이 이어지는 것으로 보인다. 마치 어떤 법칙도 없는 것 같다. 에라토스테네스는 또 어떻게 이것을 체계화할 수 있는지, 그리고 가령 1과 1000 사이의 모든 소수를 어떻게 찾아낼 수 있는지도 알았다. 하지만 에우클레이데스의 주장에 따르면 모든 소수를 열거할 수 있는 목록은 없다. 소수의 목록을 아무리 나열해도 완벽할 수 없다는 것이다.

소수는 특유의 간헐적인 형태로 계속 나온다. 서로 이웃한 소수 19609와 19661 사이에는 큰 간격이 있다. 이와 달리 소수 19697과 19699는 차이가 2밖에 되지 않는다. 소수의 연속을 규정할 수 있는 간단한 법칙은 존재하지 않는 것으로 보인다.

무엇보다 4 294 967 297이 소수인지 아닌지, 우리는 아직도 모른다.

소수를 찾아서

메르센과 페르마의
소수 연구

귀족과 부유한 시민들이 겉으로 보기에 쓸모없는 일로 여가를 보내던 리슐리외(Armand Jean du Plessis Richelieus, 1585~1642, 프랑스의 추기경이자 정치가-옮긴이) 시대의 프랑스에서, 일부는 소수에 대한 연구를 하고 있었는데 엄밀한 의미에서 아마추어 학자들이었다. 이들 중에는 환율국에서 근무하는 재무부 직원 베르나르 프레니클 드 베시(Bernard Frénicle de Bessy), 학식이 높은 바오로 수도회의 수도사 마랭 메르센(Marin Mersenne), 변호사이자 지방의회 청원위원인 피에르 드 페르마(Pierre de Fermat) 등이 있었다. 이들은 무엇보다 대대적으로 소수만을 구할 수 있는 공식을 찾아내려고 애를 썼다.

이들이 찾아낸 믿을 수 없는 소수 공식의 하나는 "어떤 수에 그 수의 제곱과 41을 더하면 소수가 된다"는 것이다. 처음에는 이 방법이 그럴듯해 보인다. 1의 경우에 여기에 제곱인 $1^2 = 1$을 더하고 다시 41을 더하면 소수인 43이 나오기 때문이다. 2의 경우, 제곱인 $2^2 = 4$를 더하고 다시 41을 더하면 소수인 47이 된다. 3의 경우에는 53이 나온다. 역시 소수이다. 4와 5의 경우에도 각각 소수인 61과 71이 나온다. 이것으로 끝이 아니다. 10을 예로 들어도 제곱인 $10^2 = 100$과 41을 더하면 소수인 151이 나온다. 36의 경우에도 $36^2 = 1296$과 41을 더하면 그 결과는 소수인 1373이 된다. 1부터 39까지의 모든 수는 이 소수 공식에 맞는다. 하지만 40에 가면 한계에 부딪힌다.

40에 제곱인 $40^2 = 40 \times 40$을 더하는 것은 40×41로 계산할 수 있다. 여기에 다시 41을 더하는 것은 $41 \times 41 = 41^2$라는 계산이 나온다. 그리고 이 결과는 소수가 아니다(이것을 확인하기 위해 따로 계산할 필요는 없다. 40에 그 제곱인 $40^2 = 1600$을 더하면 1640이 되고 여기에 다시 41을 더하면 1681이 되는 것을 간단히 알 수 있기 때문이다. 그리고 $1681 = 41^2 = 41 \times 41$이므로 소수가 아니라는 것을 쉽게 확인할 수도 있다. 어쨌든 이 공식이 맞지 않는다는 것은 확실하다).

마랭 메르센은 다른 공식을 찾아냈다. 그는 다음처럼 2의 제곱을 구했다.

$$2^2 = 4,\ 2^3 = 8,\ 2^4 = 16,\ 2^5 = 32,\ 2^6 = 64,\ 2^7 = 128,$$
$$2^8 = 256,\ 2^9 = 512, \cdots$$

여기에 각각 1을 빼보면 제곱수가 소수일 때만, 2의 제곱에서 1이라는 차이가 소수를 만든다는 것을 확인할 수 있다. 실제로

$$2^2 - 1 = 3,\ 2^3 - 1 = 7,\ 2^5 - 1 = 31,\ 2^7 - 1 = 127$$

은 모두 소수에 해당한다. 다만 다음의 계산에서는, 2의 제곱에서 1을 뺄 때, 나오는 값이 소수가 아니라는 것이 입증된다.[12)]

$$2^4 - 1 = 15 = (2^2 - 1) \times (1 + 2^2) = 3 \times 5,$$
$$2^6 - 1 = 63 = (2^3 - 1) \times (1 + 2^3) = 7 \times 9,$$

$$2^8 - 1 = 255 = (2^4 - 1) \times (1 + 2^4) = 15 \times 17,$$
$$2^9 - 1 = 511 = (2^3 - 1) \times (1 + 2^3 + 2^6) = 7 \times 73$$

물론 메르센도 자신의 공식이 어쩌다가 맞을 뿐 늘 맞는 것은 아니라는 것을 알았다. 또 설사 2의 제곱수가 소수라고 해도 2의 제곱에서 1을 뺀 결과가 소수가 아닐 수 있다. 그의 공식이 제곱수가 2, 3, 5나 7일 때는 맞지만, 소수 11이 제곱수가 될 때는 다시 한계에 부딪힌다. $2^{11} - 1 = 2047$에서 이 값은 23과 89의 곱수이기 때문이다.

하지만 여기서 끝나는 것이 아니다. 메르센은 자신의 공식이 다른 소수 제곱수에 맞는지 여부를 계속 검증했다. 그 결과 실제로

$$2^{13} - 1 = 8191,\ 2^{17} - 1 = 131\,071 \text{ 그리고 } 2^{19} - 1 = 524\,287$$

은 모두 소수이다. 메르센은 이 공식이 제곱수가 31, 67, 127, 257일 때도 맞는다고 주장했지만 그 사이에 있는 수에는 맞지 않는다. 그의 계산은 조금 틀린다. $2^{67} - 1$은 소수가 아니고 $2^{61} - 1$은 소수이다. $2^{89} - 1$이나 $2^{107} - 1$은 소수지만 $2^{257} - 1$은 소수가 아니다. 500 이하의 소수 중에서 2의 제곱수에서 1을 뺐을 때, 소수가 되는 경우는

2, 3, 5, 7, 13, 17, 19, 31, 61, 89, 107, 127

이다. 여기서 자릿수가 39개나 되는 최대의 수는 다음과 같다.

$2^{127} - 1 = 170\,141\,183\,460\,469\,231\,731\,687\,303\,715\,884\,105\,727$

이 소수라는 것은 1876년 프랑스의 고등학교 교사인 에두아르 뤼카(Edouard Lucas)가 처음으로 확인했다. 이것이 손으로 계산해서 얻을 수 있는 최대의 소수이다.

1950년 이후로는 메르센의 공식에 따라 전자계산기로 이보다 큰 소수를 구하기 시작했다. 그리고 2의 제곱에서 1을 뺀 값 30개를 더 찾은 결과 거대한 소수를 발견했는데 그중에서는 자릿수가 1200만 개나 되는 것도 있다.

피에르 드 페르마는 편지를 주고받던 메르센보다 더 큰 소수를 찾아내려고 했다. 페르마는 다음과 같은 공식을 만들어냈다. 1과 2의 합인 3은 소수가 분명하다. 정확하게 말해 최초의 홀수 소수에 해당

위대한 수학자 피에르 드 페르마
〈출처:(CC)Pierre de Fermat at wikipedia.org〉

한다. 여기에 2를 더하면, 다시 소수가 나온다. 즉 3+2 = 5의 경우이다. 페르마는 이 두 개의 소수를 곱하고 다시 2를 더했다. 즉 3 × 5 + 2를 하면 17이 나온다. 이것도 소수이다. 다음으로 그는 이렇게 찾아낸 3개의 수를 곱하고 -그를 기념하기 위해 '페르마의 수(Fermatsche Zahlen)'라고 불리는- 다시 2를 더했다. 그러면 비교적 큰 수,

$$3 \times 5 \times 17 + 2 = 257$$

이 나오는데 이것도 소수이다. 페르마는 자신의 공식에 매혹되었다. 그는 최초의 페르마 소수 3, 5, 17, 257를 곱한 것에 2를 더하고 다섯 번째 페르마 수인

$$3 \times 5 \times 17 \times 257 + 2 = 65\,537$$

을 얻었다. 그리고 이 수가 소수인지 아닌지 확인하기 위해 많은 시간 공을 들였다. 이 수는 소수가 맞다. 이제 페르마는 자신의 공식이 예외 없이 적용된다고 믿기 시작했다. 이 결과에 감격한 그는 1640년 프레니클 드 베시에게 편지를 썼다. "나는 다음의 수가 소수라는 것을 거의 확신하고 있습니다.[13)]

$$1 + 2 = 3,\ 1 \times 3 + 2 = 5,\ 1 \times 3 \times 5 + 2 = 17,$$
$$1 \times 3 \times 5 \times 17 + 2 = 257,$$
$$1 \times 3 \times 5 \times 17 \times 257 + 2 = 65\,537,$$

$$1 \times 3 \times 5 \times 17 \times 257 \times 65\,537 + 2 = 4\,294\,967\,297$$

그리고 다음과 같이 20개의 숫자로 구성되는 수

$$1 \times 3 \times 5 \times 17 \times 257 \times 65\,537 \times 4\,294\,967\,297 + 2 = 18\,446\,744\,073\,709\,551\,617$$ 등등.

이에 대해 정확한 증거를 가지고 있는 것은 아니지만 수많은 약수가 여기서 제외된다는 것은 확실한 증거를 통해 확인했습니다. 내 생각은 거의 착오가 있을 수 없다는 판단에 기초하고 있습니다."

여기서 등장한 수가 앞에서 언급한 4 294 967 297이다. 이 수가 여섯 번째 페르마의 수이다. 오늘날에도 연필과 종이로만 계산하려고 하면, 이 수가 소수인지 아닌지 밝히는 데는 엄청난 시간이 필요하다.

두 개의 큰 수를 곱하는 것은 쉽다. 이와 반대로 큰 수가 어떤 약수로 이루어져 있는지를 밝히는 것은 아주 힘들다. 1732년, 페르마가 이 편지를 쓴 지 100년 가까이 지났을 때, 스위스의 끈기 있는 수학자인 레온하르트 오일러는 페르마의 확신에 오류가 있다는 것을 발견했다. 여섯 번째 페르마의 수인 4 294 967 297이 641로 나누어진다는 것을 밝혀낸 것이다.[14)]

그렇다고 이 조그만 오류가 수에 얽힌 신비로운 법칙을 알아낸 페르마의 뛰어난 재능을 손상하는 것은 아니다. 아무튼 4 294 967 297과 그 다음 페르마 수인 18 446 744 073 709 551 617 등에 대한 연구가 계속 이루어졌는데 지금까지 더 이상의 소수는 발견되지 않았다. 페르마의 수는 폭발적으로 늘어나기 때문에 이런 연구는 까다롭기 그지없다.

세상을 등지고 기발한 생각에 빠진 수학 애호가들은 자기만족을 위해 오랫동안 소수에 매달렸다고 볼 수 있다. 소수를 밝혀내서 무엇에 쓸 것이냐는 의문이 들기 때문이다. 소수는 알래스카의 진흙 속에 묻혀 있는 금싸라기처럼 수의 왕국에 들어 있지만, 소수라는 금은 아무 가치도 없어 보인다.

그러다가 1970년대에 접어들자 갑자기 그렇지 않다는 사실이 밝혀졌다. 소수는, 특히 거대한 소수는 금이나 어떤 보석에도 비할 수 없을 만큼 값지다는 것이다. 소수가 예상 밖의 권력을 쥐는 데 도움이 되기 때문이다. 그 이유를 알기 위해서는 음침한 스파이의 세계로 들어가지 않으면 안 된다.

스파이 세계에서도 수는 중요하다

스파이와
암호

비밀 정보기관의 시각으로 볼 때, 세계가 '아무 문제가 없던' 냉전시대로 돌아가 보자. 영국과 미국은 서방 편에 있었고 소련은 동구권에 속했다. 그리고 이 두 진영 사이에는 영원히 걷히지 않을 철의 장막이 쳐진 것처럼 보였다. 이 장막이 두 세계를 갈라놓았다.

당시는 존 르 카레(John le Carré)의 초기 소설의 주인공인 조지 스마일리(George Smiley)의 시대였다. 이 작품들은 BBC에서 드라마시리즈로 방영해 〈팅커 테일러 솔저 스파이(Tinker Tailor Soldier Spy)〉(1979)와 〈스마일리의 사람들(Smiley's People)〉(1982)에서 알렉 기네스(Alec Guinness)가 뛰어난 연기를 펼쳤고 영화판(2011)에서는 게리 올드만(Gary Oldman)이 주연을 맡았다.

과거 1930년대 후반과 1940년대에 영국 정보부는 -창설자들은 더 나은 이름이 생각나지 않아 이 비밀조직을 경박하게 '서커스'라

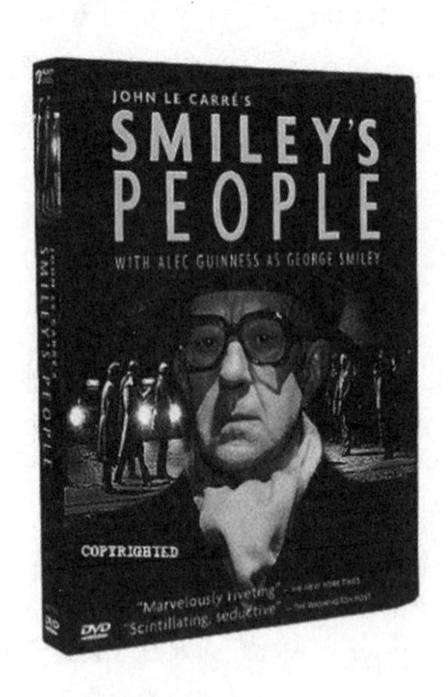

존 르 카레의 소설 『스마일리의 사람들』
〈출처:(CC) Smiley at wikipedia.org〉

고 부르던- 최고의 요원 조지 스마일리를 필두로 자신들이 옳다는 신념하에 처음에는 히틀러를 상대로, 독일이 패전하고 연합국이던 소련이 적으로 변한 뒤에는 스탈린을 상대로 싸웠다. 그러나 1970년대가 되자 스마일리의 눈에는 한때 영웅적이던 싸움이 냉소적인 게임으로 타락한 것처럼 비쳤다. 비밀요원들이 한 가닥 위안을 삼던 도덕적인 명분은 점점 공허한 울림으로 변했다. 서커스의 최고 지휘부에서는 "국민이 편안하게 잠잘 수 있도록 지저분한 일도 마다하지 말아야 한다"라는 말을 했다. 하지만 스마일리는 죄책감을 떨쳐버리기 위해 자발적으로 적에게 배신자로 노출되어 사살된다는 계획이 자기기만이라는 것을 알았다. 한편으로는 고통스러운 양심의 가책으로 이리저리 흔들리면서 또 한편으로는 흔들림 없는 충성심으로 무장된 그는 2주마다, 퇴직해서 자신이 좋아하는 독일 바로크 문학을 읽으며 쉬고 싶다는 생각을 밝혔다. 며칠 후 서커스로 호출된 그는 -대개 말쑥한 나비넥타이 차림- 영국의 명예를 위해 적지로 들어가라는 임무를 받았다.

그는 적지에서, 정확하게 말해 당시 체코슬로바키아의 수도에서 서커스에 도움을 요청한다. 가명과 가짜 신분증으로 위장한 요원이 철의 장막을 뚫고 자신과 접선해야 한다는 것이다. 바로 여기서 소수가 결정적인 역할을 하는 허구상의 이야기를 시작하려고 한다. 스마일리는 다른 사람이 아니라 007이라는 비밀번호로 불리는 특별요원을 원한다. 물론 존 르 카레의 애독자는 007이 제임스 본드와 무관하다는 것을 알고 있다. 엄격한 훈련을 거치고 다년간의 현장 경험으로 냉혹하면서도 눈에 띄지 않는 요원이라야 한다는 것이다.

또 유능하고 민첩하면서도, 신원이 불확실하다는 점을 감안해서 신뢰감을 주는 고분고분한 인상이어야 한다.

하지만 스마일리가 어떻게 7이라는 비밀번호를 지닌 요원을 파견하도록 본부에 알릴 수 있을까? 이 번호를 무전이나 편지로 알리는 것은 미친 짓이나 다름없을 것이다. 무전을 도청하고 편지를 검열한다는 것을 스마일리는 잘 알고 있기 때문이다. 동구권의 첩보원들이 7이라는 번호를 듣거나 읽는다면 그 요원은 철의 장막을 뚫기도 전에 노출되고 말 것이다.

번호 대신 요원의 이름을 알리려고 무전을 치거나 편지를 보낸다면 그것은 더 미친 짓일 것이다. 동구권 정보부의 카드 함에는 그들이 알고 있는 영국 요원의 번호와 가명이 다 들어 있고 그중에는 007이라는 노련한 요원도 당연히 포함되었을 것이기 때문이다. 이 때문에 스마일리는 노련하게 그 요원의 이름을 숨기는 암호화 작업을 해야 한다.

유사 이래, 문자와 숫자가 발명되고 각 민족 간에 경쟁과 전쟁이 일어난 이후, 영리한 자들은 가능하면 노련한 방법으로 암호를 이용해 적이 해독할 수 없는 비밀 메시지를 보내려고 애를 썼다. 어쨌든 적어도 메시지가 효과를 발휘할 때까지만이라도 풀 수 없도록 했다.

수천 년 전, 이미 성서가 만들어지던 당시부터 암호를 위해 사용하던 방법을 아트바쉬(Atbasch, אתבש, 히브리어로 암호화된 문장이라는 뜻. 히브리어는 오른쪽에서 왼쪽으로 읽는다-옮긴이)라고 부른다. 이 독특한 이름은 히브리어 알파벳 문자와 관계가 있다. 알파벳 첫 번째 부호인 알레프(א), 이것은 A로 옮길 수 있고 마지막 부호 토우(ת)와 합쳐 첫 음절을 만든다. 이어 알파벳 두 번째 부호인 베트(ב)는 B가 되고 알파벳 마지막에서 두 번째 부호인 쉰(ש)의 '쉬' 발음과 더불어 둘째 음절이 된다(-바쉬의 '아'는 음절을 완성하기 위해 임의로 집어넣은 것임). 암호화의 방법은 그 이름에서 나온 것인데, 알파벳 첫 부호는 마지막 부호와, 두 번째 부호는 끝에서 두 번째 부호와 결합하고 계속 이런 식으로 메시지가 만들어진다. 그러면 부호가 첫 눈에 보기에는 뒤죽박죽 결합되어 혼란을 느끼므로 본래의 메시지를 읽어내기가 힘들기 때문이다.

율리우스 카이사르(Julius Cäsar)는 비밀지령을 보내는 데 이 방법을 즐겨 사용했다. 가령 아트바쉬의 방식을 로마자 23자에 적용하면(I와 J, U와 V는 하나로 쓰고, 중세에 들어와 이중 V로 쓰인 W는 당시 없었다), 다음의 암호문이 만들어진다.

ZNTZ PZXEZ TFE

이 목적의 암호문을 만들려면 로마자 알파벳을 두 번 적어놓기만 하면 된다. 한번은 왼쪽에서 오른쪽으로, 바로 그 밑에 있는 부호는 오른쪽에서 왼쪽으로 쓴 것이다.

A	B	C	D	E	F	G	H	I	K	L	M	N	O	P	Q	R	S	T	V	X	Y	Z
Z	Y	X	V	T	S	R	Q	P	O	N	M	L	K	I	H	G	F	E	D	C	B	A

이 표를 사용하면 각각의 부호에서 Z는 A로 N은 L로 T는 E로, P

는 I로 X는 C로 또 E는 T로 F는 S로 바꿔 읽는다. 이렇게 바꾸면 카이사르가 보내려던 본래의 메시지는

ALEA IACTA EST

가 된다. 이 유명한 라틴어 문장은 "주사위는 던져졌다"는 뜻으로 카이사르가 루비콘 강을 건널 때 한 말로 알려져 있다. 카이사르가 지휘하는 부대가 루비콘 강을 건너 로마로 향한다는 것은 군대가 로마를 지배하려 한다는 의미였다. 돌이킬 수 없는 결정이라는 뜻이었다.

아트바쉬로 암호를 만드는 것이 아주 간단하다는 것은 한눈에 알 수 있다. 그러므로 이것은 사실 확실한 암호화로는 부적합한 방법이다. 비밀지령에 조금만 경험이 있다면 아트바쉬로 만들어진 암호문을 해독하는 것은 간단한 일이기 때문이다.

따라서 조지 스마일리가 비밀요원의 이름을 아트바쉬로 암호화하는 것은 논외이다. 또 다른 방법, 예컨대 모든 부호를 바로 그 다음에 이어지는 부호로 대체하는 것도(이 또한 카이사르가 사용했던 방법) 간교한 동구 첩보원들에게는 식은 죽 먹기나 다름없다. 따라서 스마일리는 훨씬 더 정교한 방법을 이용하지 않으면 안 된다.

이런 일에 노련한 그는 런던의 서커스에 자신의 암호문을 위한 보조수단을 보내줄 것을 요청한다. 그가 런던의 본부에서 받아본 답은 계수 221과 지수 11 두 개의 숫자였다.

암호 작성과 해독

스마일리의
계수와 지수

그러면 당장 의문이 생긴다. 서커스에서는 어떤 방법으로 동구권 정보부가 눈치 채지 못하게 스마일리에게 계수 221과 지수 11을 알렸는가? 답은 간단하다. 이 두 개의 숫자를 은밀하게 보내려는 노력을 전혀 하지 않았다는 것이다. 이 숫자가 알려져도 상관없다는 태도였다. 스마일리뿐 아니라 멀리 러시아에서 소련의 모든 정보요원을 꼭두각시처럼 조종하는 카를라(Karla)가 알아도 된다는 것이다. 그리고 카를라도 스마일리가 자신들 모르게 자신이 원하는 정보요원의 번호를 암호화하기 위해 계수 221과 지수 11을 이용해 무엇을 하려는 것인지 알고 있다.

스마일리는 즉시 계산을 시작한다.

조지 스마일리의 계산은 언뜻 보면 조금 독특해 보인다. 계산의 결과에서 그가 사용해야 하는 수라고는 221밖에 없기 때문이다. 다음과 같이 많은 계수가 이어진다.

$$0, 1, 2, 3, 4, \cdots, 216, 217, 218, 219, 220$$

이보다 더 큰 수가 나올 때마다 그는 이 목록의 수가 되도록 계속 221 이후는 뺀다. 221은 0으로 바꾸고 222는 1로, 223는 2로, 224는 3으로 바꾸는 식이다. 1000에 이르면 221을 네 번이나 빼야 한다. 이렇게 하면 1000 전체에서 221은 네 번 나오기 때문이다. 그는 1000-4 × 221 = 1000-884라는 뺄셈을 하여 116이라는 값을 구한다. 그리고 이 결과를 1000 ≡ 116이라고 기록한다. 통상의 등호인 '=' 대신 그는 줄이 세 개 쳐진 '≡'를 사용한다. 이 부호를 고안한 가우스는 계수 221에 대해서 1000과 116은 합동관계라고 말했다.

이 숫자는 하나의 원에 들어간 점들로 상상할 수 있다. 221개의 점은 0, 1, 2…로 시작해서 220에 이르기까지 그 원에 일정한 간격을 두고 떨어져 있다. 그리고 규칙적인 221개의 각이 전체적으로 큰 각을 형성한다. 그리고 스마일리는 마치 이 점들이 원에서 나란히 이어지는 것처럼 수를 세고 계산을 한다.

스마일리는 007 요원의 7이라는 숫자를 다음과 같이 암호화한다. 그는 7을 11번 제곱하고 -서커스에서 통지해준 지수에 따라- 자신의 수 체계에서 221개의 숫자 중 어떤 것이 지수 7^{11}과, 즉 7을 11번 제곱한 결과와 일치하는지 산출해낸다. 그리고 이 숫자를 런던의 서커스에 무전으로 보낸다. 7^{11}이라면 어마어마하게 큰 수이다. 그 값을 계산하면

$$7^{11} = 7 \times 7 \times 7 \times 7 \times 7 \times 7 \times 7 \times 7 \times 7 \times 7 \times 7 = 1\,977\,326\,743$$

이 된다.

계수 221은 이 수 속에 8 947 179번이나 들어간다. 엄청난 수 7^{11}에서 계수 221을 8 947 179 곱한 숫자를 빼면 나머지는 184가 된

다. 이것이 스마일리가 서커스에 보내야 하는 수이다. 이것이 비밀의 숫자 7^{11}을 암호화한 것이기 때문이다.

스마일리가 당면한 유일한 문제는 그의 휴대용 계산기가 1 977 326 743처럼 엄청난 수는 처리하지 못한다는 것이다. 계산기의 숫자판에는 8자리 수밖에 들어가지 못한다. 더 큰 수를 입력하면 계산기에는 '에러'라고 나온다. 그리고 그렇게 거대한 수를 손으로 계산한다는 것은 너무 힘든 일이고 또 위험하기도 하다. 암호화 작업을 하면서 계산에 착오를 일으키면 안 되기 때문이다. 하지만 그는 이 난관을 매끄럽게 넘기는 방법을 알고 있다.

그는 어마어마한 7^{11}을 직접 계산하지 않고 먼저 지수 $7^1 = 7$, $7^2 = 7 \times 7$, $7^4 = 7^2 \times 7^2$, 그리고 $7^8 = 7^4 \times 7^4$을 계산한다. 그리고 맨 앞의 두 지수인 $7^1 = 7$과 $7^2 = 49$는 암산으로 하고 그 다음은 계산기를 사용해 $7^4 = 49 \times 49 = 2401$이라는 값을 구한다. 이어서 이 결과를 자신의 수의 체계에서 줄인다. 즉 계수 221은 2401에 네 번 들어가고 뺄셈 $2401-10 \times 221 = 2401-2210$을 하면 191이 남는다. 그래서 스마일리는 $7^4 \equiv 191$이라고 기록한다. 그리고 $7^8 = 7^4 \times 7^4$이라는 계산을 위해 나머지 191을 사용한다. 이 수를 제곱하면 36481이라는 결과가 나온다. 그리고 계수 221은 이 속에 165번 포함된다. 36481에서 $165 \times 221 = 36465$를 빼면 16이 남는다. 그러므로 스마일리는 $7^8 \equiv 16$이라고 적는다. 그 결과 그는 다음과 같은 목록을 얻는다.

$$7^1 \equiv 7,\ 7^2 \equiv 49,\ 7^4 \equiv 191,\ 7^8 \equiv 16$$

7^{11}을 계산하기 위해 $7^8 \times 7^2 \times 7^1$만 계산하면 되는 것이다. 8 + 2 + 1의 합에서 지수 11이 나오기 때문이다. 스마일리는 곧 각각의 나머지를 이용해 16 × 49 × 7의 값 5488을 구한다. 계수 221은 전체적으로 이 수에 24번 들어간다. 그리고 뺄셈 5488 - 24 × 221 = 5488 - 5304 = 184에서 스마일리는 위와 똑같은 결과인 $7^{11} \equiv$ 184라는 값을 구한다. 그래서 스마일리는 서커스에 "184와 차를 마시고 싶다"는 전문을 보낸 것이다.

소련 정보부에서는 아무도 184 뒤에 7이라는 수가 숨어 있다는 것을 알지 못한다. 런던의 서커스만 그 답을 찾아낼 수 있는 것이다. 보고서의 암호 해독 작업을 하는 토비 에스터하스(Toby Esterhase)는 비밀자료실에서 '1급 비밀'이라는 도장이 찍힌 서류를 꺼낸다. 서류에는 계수 221과 지수 11에 속하는 '비밀지수'가 들어 있는데 서커스만 알고 있는 것이다. 그의 행동은 몹시 조심스럽다. 극소수의 직원에게만 접근이 허용된 것이기 때문이다. 계수 221과 지수 11에 속하는 비밀지수는 35이다.

토비 에스터하스는 스마일리의 보고서를 해독하기 위해 스마일리와 똑같은 과정을 밟는다. 다만 그는 암호화된 숫자인 184를 보고 이것을 해독하기 위해 자료실의 비밀지수가 이르는 대로 35번 제곱을 한다. 그 결과 184^{35}은 자릿수가 80개나 되는 거대한 수가 된다. 에스터하스에게는 조금 힘든 수이다. 하지만 스마일리와 똑같이 그는 해결 방법을 알고 있다. 그는 차례로 지수 184^1, 184^2, 184^4, 184^8, 184^{16}, 184^{32}을 계산하고 모든 결과를 계속 계수 221로 단축한다. 그러면 처음에는 184^1 = 184가 나오고 이어 184^2 = 184 ×

184에서는 33856이라는 값이 나온다. 계수 221은 여기에 153번 들어간다. 토비 에스터하스는

$$33\,856 - 153 \times 221 = 33\,856 - 33\,813 = 43$$

이라는 계산을 하고 $184^2 \equiv 43$이라는 결과를 구한다. 이어서 그 다음 지수 $184^4 = 184^2 \times 184^2$에서 나머지 43을 제곱해 $43 \times 43 = 1849$라는 값을 얻는다. 계수 221은 여기에 8번 들어간다. 토비 에스터하스는

$$1849 - 8 \times 221 = 1849 - 1768 = 81$$

이라고 계산하고 $184^4 \equiv 81$이라는 값을 구한다. 그 다음 지수 $184^8 = 184^4 \times 184^4$에서는 나머지 81을 제곱해 $81 \times 81 = 6561$이라는 결과를 얻는다. 계수 221은 여기에 29번 들어가기 때문에 토비 에스터하스는

$$6561 - 29 \times 221 = 6561 - 6409 = 152$$

라고 계산하고 $184^8 \equiv 152$라는 값을 구한다. 또 그 다음 지수 $184^{16} = 184^8 \times 184^8$에서 에스터하스는 해당되는 나머지 152를 제곱하여 $152 \times 152 = 23104$라는 결과를 구한다. 계수 221은 여기에 104번 들어가고 토비 에스터하스는

$$23\,104 - 104 \times 221 = 23\,104 - 22\,984 = 120$$

이라는 계산으로 $184^{16} \equiv 120$이라는 값을 구한다. 이제 $184^{32} = 184^{16} \times 184^{16}$의 차례. 184^{16}에 해당하는 나머지는 120, 이것을 제곱하면 14400이 된다. 계수 221은 여기에 65번 들어간다.

$$14\,400 - 65 \times 221 = 14\,400 - 14\,365 = 35$$

라는 계산으로 토비 에스터하스는 $184^{32} \equiv 35$라는 값을 구한다.

이제는 거의 목표에 이르렀다. 184^{35}을 계산하기 위해서는 $184^{32} \times 184^{2} \times 184^{1}$만 계산하면 된다. $32 + 2 + 1$의 합에서 비밀지수인 35가 나오기 때문이다. 토비 에스터하스는 곧 각각의 나머지를 이용해 $35 \times 43 \times 184$의 답 276 920을 구한다. 여기에 계수 221은 총 1253번이 들어간다. 그리고 뺄셈

$$276\,920 - 1253 \times 221 = 276\,920 - 276\,913 = 7$$

에서 토비 에스터하스는 조지 스마일리가 보내려고 했던 수가 $184^{35} \equiv 7$이라는 것을 알아낸다. 스마일리가 보낸 메시지는 철의 장막 너머에서 007요원과 "차를 마신다"는 내용이다.

토비 에스터하스는 모든 과정을 꼼꼼하게 두 번, 세 번 거듭 계산했다. 조그만 실수도 치명적인 결과로 이어지기 때문이다. 하지만 왜 이 과정이 비밀지수 35와 그렇게 신비하게 맞아떨어지는지, 왜

암호화된 보고서의 184에서 스마일리가 007요원과 접선하려는 계획을 해독하는지는 토비 에스터하스도 알지 못한다.[15] 그는 단순하게 부여받은 임무를 수행할 뿐이다. 그 자신이 생각하듯 영국의 명예를 위해선지도 모른다. 아니면 그가 절대 복종하는 직속상관인 빌 헤이든(Bill Haydon)을 위해서거나 자신의 공명심 때문일 수도 있다. 부여된 임무를 완수하면 빌 헤이든이 속한 서커스의 최고위직으로 승진할 기회가 생기기 때문인지도 모른다.

이제 신비스러운 암호화 작업이 어떻게 작동하는지는 분명하다. 그래도 한 가지 의문은 남는다.

거대한 소수들

암호에 사용된
비밀지수

한 가지 의문은 소련 정보요원들이 토비 에스터하스의 계산방법을 어떻게 모를 수 있었느냐는 점이다. 그들은 서커스와 마찬가지로 계수 221과 지수 11을 알았을 뿐 아니라 조지 스마일리의 전문에 담긴 암호화된 184까지도 알고 있었기 때문이다. 그들에게 무슨 수를 썼길래 221로 나눈 다음 184의 나머지를 산출하는 방법을 모르도록 한 것일까?

그 답은 이들이 비밀지수 35를 몰랐다는 데 있다. 하지만 계수 221과 지수 11을 알았다면 비밀지수 35를 산출해낼 수도 있지 않았을까? 아무튼 35라는 수가 적힌 쪽지는 서커스의 전문요원이 비밀 자료실에 보관한 것이다.

하지만 그것을 산출해내는 것은 사실 가능한 일이다. 또 35라는 수에 접근하는 방법은 비밀도 아니다. 다만 221이 소수 13과 17의 곱수라는 것, 즉 $13 \times 17 = 221$이라는 것을 알 때만 가능하다는 것이다. 그 다음에는 모든 과정이 아주 단순하다. 차례로 '공식'을 따르기만 하면 된다. 두 개의 소수 13과 17에서 각각 1을 빼어 12와 16을 얻은 후, 이것을 곱해 $12 \times 16 = 192$라는 값을 구한다.

이 192라는 수가 '비밀계수'이다.

그 다음 비밀계수 192의 곱수에 계속 1을 더하는 표를 만든다. 바꿔 말하면 다음과 같은 식이다.

$$1 \times 192 + 1 = 192 + 1 = 193,$$
$$2 \times 192 + 1 = 384 + 1 = 385,$$
$$3 \times 192 + 1 = 576 + 1 = 577,$$
$$4 \times 192 + 1 = 768 + 1 = 769,$$
$$5 \times 192 + 1 = 960 + 1 = 961,$$
$$\cdots$$

이렇게 나가다 보면 계산으로 나온 193, 385, 577, 769, 961…이라는 수를 지수 11로 나눌 수 있는 경우가 나온다. 이 표에서는 우연히 목록의 두 번째 수가 여기에 해당한다. 즉 $385 \div 11 = 35$가 된다. 그러면 이것이 비밀지수 35가 되는 것이다.

그렇게 간단하다면 복잡하게 힘들일 필요가 뭐가 있는가? 사실 이 시나리오에서 간단하다는 말을 할 수 있는 것은 지수인 221이 작은 수라는 것 때문이고 이 작은 수를 소수의 곱수로 적는 것이 힘들지 않기 때문이다. 만일 이와 달리 서커스에서 큰 수를 계수로 썼다면 간단한 처리는 불가능했을 것이다.

이 대목에서 인정하고 넘어가야 할 것은, 스마일리의 이야기와 007요원을 보내달라는 그의 요구를 아주 간단하게 설명했지만 사실 그렇게 손쉽게 진행될 수 있는 작업이 절대 아니라는 것이다. 여기서 소개한 암호화의 작업은 1977년 매사추세츠 공과대학에서 처음 고안해낸 것이다.[16] 존 르 카레에 따르면 이 무렵이면 조지 스마일리는 오래전에 은퇴했을 시점이고 "스티플 애스턴(Steeple Aston)에 칩거하면서 시내를 산책할 때면 혼잣말을 하는 등 한가로운 행동을 보이며 살 때이다."

하지만 여기서 묘사한 RSA 방식은 -컴퓨터 과학자인 로널드 라이베스트(Ronald L. Rivest), 아디 샤미르(Adi Shamir), 레너드 아델만(Leonard Adleman)의 성에서 첫 자를 딴- 실제로 사용한 방식이다. 말하자면 두 개의 소수를 -여기서는 13과 17- 골라 곱하는 것이다. 여기서 계수가 나온다. 이 경우에는 $13 \times 17 = 221$이다. 그 다음 일정한 수 -여기서는 11- 를 골라 지수로 삼는다(지수를 마음대로 고르는 것은 아니지만 이것은 부수적인 문제이다). 이어 비밀로 하고 싶은 수의 곱수에 제곱으로 지수를 만들어 암호화하고 계수로 나눈 뒤 나머지를 통신 상대에게 암호화된 숫자로 보낸다. 이 이야기에서 스마일리는 7이라는 수를 보내고 싶어 했다. 그는 7^{11}을 계산하고 이것을 221로 나눈 다음 그 나머지, 즉 184라는 수를 암호화해서 서커스에 보냈다. 암호화된 숫자는 미리 주어진 소수에서 각각 1을 빼고 이 결과를 곱해서 해독할 수 있다. 앞에서는 1을 뺀 두 개의 소수의 곱수를 '비밀계수'라고 불렀다. 이 이야기에서 그 수는 12 × 16 = 192이다. 그리고 2 × 192+1 = 35 × 11이라는 계산에서 비밀지수인 35가 나온다. 계수로 나누고 그 나머지로 볼 수 있는 비밀지수가 들어간 수의 제곱은 발신자가 비밀리에 보내고 싶어 한 본래의 수로 돌아간다. 여기서 토비 에스터하스는 184^{35}를 221로 나누고 스마일리가 원하는 요원의 번호인 7을 찾아낸 것이다.

하지만 우리의 이야기와 달리 순수한 RSA 방식에서 계수의 곱수로 나온 소수는 13이나 17과는 비교도 안 될 만큼 큰 수이다. 자릿수가 300이나 400개가 될 정도로 긴 엄청난 수라는 말이다. 그리고 이 두 소수의 곱수는 어마어마한 계수를 만들고 이것은 자릿수가 700개가 넘을 수도 있다. 이런 계산은 당연히 컴퓨터로만 가능하며 기계라면 순식간에 계산을 해낸다. RSA 방식의 계수를 눈 깜빡할 사이에 계산한다는 것이다.

전 세계가 이 계수를 안다고 해도 정보기관으로서는 문제될 것이 전혀 없다. 700자리나 되는 수가 곱수가 되는 두 개의 소수를 찾아내는 것은 계산하기가 무척 힘든 일이기 때문이다. 오늘날까지 이것을 빨리 찾아내는 것으로 알려진 방법은 없다. 계산 능력이 뛰어난 대형컴퓨터로도 이 두 개의 소수를 발견하는 데는 수개월이 걸린다. 하지만 암호를 해독하려면 두 개의 소수를 반드시 알아야 한다. 이것을 알아야만 비밀계수와 비밀지수를 계산할 수 있기 때문이다. 소수가 없다면 비밀지수를 밝히는 것은 불가능하다.

계수가 알려진 지 수 주 또는 수개월이 지났다면 이것으로 암호화한 메시지는 안전하지 못하다. 아마 적국에서는 이미 이 계수의 곱수에서 나온 두 개의 소수를 알아냈을 것이다. 이런 이유로 정보기관에서는 일정한 시간 간격을 두고 암호화를 위해 골라낸 계수와 지수를 바꾼다. 큰 어려움은 없다. 사용할 수 있는 소수는 끝없이 많기 때문이다. 자릿수가 400개가 되는 소수만 10^{397}개가 넘으며 이것은 1로 시작해서 0이 무려 397개나 붙는 수이다.[17)]

비밀정보기관만 RSA 방식이 필요한 것은 아니다.

현금인출기 자판에 예금계좌의 비밀번호를 치면 이 비밀번호는 공공 전화회선을 통해 계좌를 관리하는 은행으로 전송된다. 외부에서 이 비밀번호를 알아내면 안 된다. 그렇기 때문에 비밀번호는 인출기에서 자동으로 암호화되고 예금주의 은행에 가서야 다시 암호는 풀린다. RSA 방식은 이렇게 일상적으로 적용되는 과정을 하루에도 수없이 거친다.

인터넷으로 상품을 주문하고 신용카드로 대금을 지불할 때, 이 카드번호는 카드 발급사의 주소로 전송된다. 만일 외부에서 이 전송과정을 훔쳐보고 신용카드의 자료를 빼낸다면 아주 위험할 것이다. 그러므로 카드 회사의 카드 번호를 입력하는 즉시 암호화하고 주소지로 전달된 다음에야 암호를 해제하는 방법으로 안전조치를 취한다. 이렇게 RSA 방식은 전산거래에서 안전망을 만들어낸다.

하지만 여기서 분명히 알아야 할 것은, RSA 방식의 본래 기능과 목적은 비밀정보기관이 은폐와 위장, 거짓말과 속임수 같은 더러운 업무를 손쉽게 하도록 도와주었다는 점이다.

환상과 현실

숫자의 비밀을 아는
사람이 이긴다

이 주제를 생각하면 우리는 앞서의 이야기, 즉 철의 장막 너머에 있는 조지 스마일리와 스마일리가 무조건 만나려고 하는 007요원, 암호 해독실의 토비 에스터하스, 서커스의 고위직으로 있는 빌 헤이든으로 돌아가지 않을 수 없다. 이 이야기에는 비극적인 배경이 깔려 있기 때문이다. 빌 헤이든은 이중 스파이였다. 수십 년 전 그는 카를라에게 채용되었고 이미 소련을 위해 첩보활동을 하기로 의사를 밝힌 인물이다. 살벌한 냉전은 '대의'를 위해 싸운다는 그의 환상을 산산조각 냈고 그가 볼 때, 대영제국은 혼란에 빠져 영국 정보부원들은 완전히 미국의 꼭두각시로 전락하고 말았다. 자만심 강한 신사로서 빌 헤이든은 이런 역할을 몹시 경멸한다. 이 때문에 그는 1950년대 말, 카를라의 눈에 시기가 성숙되었다고 할 때를 기다리는 슬리퍼 에이전트(Schläfer, 긴급 사태 발생에 대비해 위장 첩보원으로 대기하고 있는 정보요원-옮긴이)의 역할을 떠맡은 것이다. 카를라에게 아주 비밀스러운 정보를 계속 전달할 수 있을 만큼 시기가 성숙되기를 기다린다는 말이다.

암호화는 이들에게 당연한 것이다.

토비 에스터하스가 암호 해독실의 책상에 앉기 전, 카를라는 비밀지수 35를 입수했다. 빌 헤이든은 서커스가 안전하다고 착각하는 런던 본부에서 이 작은 돌발 사태를 카를라에게 알린다. 카를라는 토비 에스터하스가 복잡한 계산을 할 때 사용한 만년필의 필체까지 알고 있다.

계수 221과 지수 11을 만들어내고 서커스의 전문요원이 비밀계수 192와 비밀지수 35를 계산해내며 조지 스마일리가 체코의 낡은 호텔방에서 밤잠을 못 자가며 여러 시간 7을 암호화해서 184라는 숫자를 만들어내고 다시 토비 에스터하스가 두세 차례 거듭해서 184에서 7로 암호를 해독하고 또 이들이 35라는 소중한 비밀지수를 비밀자료실에 보관하는 등 온갖 노력을 기울인 이 모든 과정이 물거품이 되었다. 교활하고 파렴치한 빌 헤이든이 그토록 오랜 시간이 걸린 노력을 무가치하게 만든 것이다.

이러면 007요원은 동구권에 파견되기도 전에 이미 죽은 것이나 다름없다.

순전히 지어낸 이 이야기의 비참한 결말을 보여주는 데는 이유가 있다. 소수의 개념을 만들어낸 피타고라스의 제자 중 우리에게 이름이 알려지지 않은 인물이 그토록 애를 써가며 수의 비밀을 알아내려고 한 성과가 더러운 스파이 업무에 이용되리라는 것을 알았다면 아마 혐오스럽고 구역질난다는 반응을 보였을 것이기 때문이다. 그럴만한 이유가 있어서 이 이야기를 소개하는 것이다.

오늘날 철의 장막은 걷혔다. 그 당시 스마일리가 이겼는지, 카를라가 이겼는지는 이제 중요하지 않다. 빌 헤이든이 두더지처럼 서커스의 지반을 무너뜨리는 것을 누가 걱정하겠는가? 누가 토비 에스터하스의 공명심과 노력을 치하하겠는가? 또 누가 007요원의 무덤을 찾아가겠는가? 아무도 없다. 서커스의 암호화 부서에서 일하는 빈틈없는 전문요원들의 까다로운 작업이 무슨 가치가 있을 것인가? 전혀 없다.

물론 비밀정보기관의 기만과 속임수라는 더러운 게임은 오늘날도 계속되고 있다. 권력자는 비밀을 빼내려고 숨어 있는 적에게 둘러싸인 상태에서 계속 잘못 생각하고 있기 때문이다. 비밀은 그들에게 전례 없는 영향력을 제공한다. 또 비밀은 은폐된 통로를 이용해 신뢰할 수 있는 구성원에게 접근할 수단을 제공한다. 이때 그들은 결국 그 상대를 신뢰할 수 있을지 없을지는 알지 못한다.

절대적으로 안전한 방법

안전한 OTP
암호화 방식

RSA 방식이 발명되기 오래전인 20세기 초에 길버트 샌포드 버넘(Gilbert Sandford Vernam)이라는 엔지니어가 한 가지 방식을 개발했고 이것을 미 육군 소장인 조셉 오스왈드 마보안(Joseph Oswald Mauborgne)이 계속 발전시켜 '1회용 암호표(One-Time-Pad)', 줄여서 OTP라는 이름을 붙였다. 이 이름이 들어간 까닭은 이 방식에 메모용지 철인 '패드'를 사용하는데, 암호화를 한 다음에는 매번 숫자가 들어간 쪽지를 찢어내고 폐기하기 때문이다. 즉 한 번만 사용하기 때문에 '1회용(One Time)'이라는 이름이 붙은 것이다.

RSA 방식에 비해 OTP 방식은 단점이 많다. 무엇보다 메시지의 송수신자가 암호화와 암호해제를 위한 모든 정보를 갖고 있다는 것이 흠이다. 요원의 안전을 걱정하는 서커스의 구성원으로서 조지 스마일리가 RSA 방식을 가지고 있다면 007요원을 부르기 위해 OTP 방식을 사용할 리는 없다. 그렇게 되면 적지에 머물고 있는 스마일리는 카를라의 요원의 손에 넘어갈 위험이 있다. 최악의 경우, 그들은 -고문을 해서라도- 암호해제의 방법을 자백하도록 강요할 수 있다. 하지만 RSA 방식의 경우, 스마일리는 자신의 메시지를 암호화하기만 한다. 그는 비밀지수인 35를 모르기 때문에 암호를 풀 수는 없다. 또 카를라는 영국 정보부의 해외요원 중에 그 비밀지수를 아는 사람이 한 명도 없다는 것을 알고 있다. 그러므로 영국 정보요원을 체포해서 암호화 문제를 놓고 닦달할 필요가 없다. 실제로 비밀지수를 모르기 때문이다. 서커스의 고위층은 비밀지수가 런던의 본부 비밀자료실에 안전하게 보관되어 있다고 확신한다. 빌 헤이든이 배신자라는 사실을 아직 모르기 때문이다.

RSA 방식에 비해 OTP 방식이 지닌 장점은 암호화가 RSA 방식보다 훨씬 더 안전하고 누구도 침범할 수 없다는 데 있다. 또 하나의 장점은 OTP 방식이 RSA 방식에 비해 -무시할 수 없는 세부적인 요인을 제외하면- 구조가 훨씬 단순하다는 것이다. 그러므로 이 방식이 널리 사용되며 인기를 끌고 있다. 비밀정보기관은 의심이 많다. 따라서 스마일리와 그의 동료는 대부분 실제로 중대한 보고서의 경우,

암호해제 방법이 적의 손으로 넘어갈 위험을 무릅쓰고 오늘날까지 RSA 방식보다 OTP 방식을 선호한다고 볼 수 있다.

OTP 방식의 기본 구상은 다음과 같은 원리를 기초로 하고 있다. 모든 메시지는 문자의 연속으로 구성된다. 예를 들어 독일어의 단어를 만드는 로마자의 알파벳 26개를 보자. ES(그것)나 JA(네)처럼 많은 단어는 짧고 두 자로 이루어진다. 또 FINANZTRANSAKTION-SSTEUER(금융거래세)나 TASCHENRECHNERFUNKTIONSTASTE(휴대용계산기 기능키) 같은 단어는 긴 24자나 28자로 되어 있다. 단순성 측면에서 원리를 분명히 하기 위해 10자로 구성된 단어만 예로 들어보자. 10자로 이루어진 독일어 단어는 얼마나 될까? 넉넉잡아도 50만 개는 넘지 않을 것이다. 그러면 로마자 26자 중, 10자로 구성되는 단어는 얼마나 될까? 이것은 체계적으로 계산할 수 있다. AAAAAAAAAA로 시작해 AAAAAAAAAB, AAAAAAAAAC, AAAAAAAAAD로 이어지며 -물론 수학의 원리가 작용한다- 맨 마지막에는 ZZZZZZZZZZ로 끝날 것이다. 끝자리에는 26개의 조합이 가능하고 끝에서 두 번째 자리에도 26개가 가능하다. 이런 식으로 계속되어 맨 앞 10번째까지 26개의 조합이 가능하다는 전제에서 전체적으로는

$$26^{10} = 1\ 411\ 167\ 095\ 653\ 376$$

으로 표시할 수 있다. 즉 26자의 알파벳 중에 10자로 구성되는 글자의 조합은 1000조가 넘는다. 이에 비해 10자로 구성되는 독일어 단

어 중에 의미가 있는 것은, 가령 MATHEMATIK(수학)처럼, 최대 50만 개로 비교도 안 될 정도로 적다.

그리고 의미심장한 메시지는 길면 길수록, 생각할 수 있는 같은 길이의 모든 문자조합의 화이트 노이즈(White Noise, 전도체 내부의 전자들의 열에 따른 불규칙한 움직임, 즉 열교란에 의한 내부로부터의 잡음으로 '흰 빛'과 같은 형태의 주파수 스펙트럼을 가지므로 이렇게 불린다-옮긴이) 속에서 그만큼 더 들리지 않는다.

메시지를 알파벳 문자로 쓸 것인지, 숫자로 쓸 것인지는 단지 호응도에 따른 문제일 뿐이다. 이 책에서는 수와 숫자가 '주인공'이므로 다음의 메시지를 숫자의 조합으로 알아보자. 철의 장막이라는 오싹한 분위기에서 활동하는 조지 스마일리가 서커스에 007007007이라는 메시지를 전한다고 가정한다면, 일단 이것을 암호화할 필요가 있다.

스마일리는 오른쪽 구두를 벗어서 구두밑창을 열고 그 틈에 접혀 있는 종이를 꺼내 책상에 펴놓는다. 거기에는 다음과 같은 긴 수열이 들어 있다.

14159265358979323846264338327950288…

이제 스마일리는 다음과 같이 이 수열에 자신의 메시지를 덧붙인다.

14159265358979323846264338327950288…
007007007

이어 스마일리는 위와 아래의 숫자를 더한다. 단 통상적인 방법이 아니라 '10의 법칙'에 따른다. 즉 더한 합에서 한 자리 숫자만 쓰는 방식이다. 합이 10 이상일 때는 1을 떼어낸다. 가령 9와 5의 합 14에서 4만 쓰는 식이다. 결국 그의 종이에는 다음과 같은 수열이 나온다.

14159265358979323846264338327950288…
007007007

14859965058979323846264338327950288…

아래 적힌 수열에서 보고서의 길이만큼 남는

148599650

이 암호화된 메시지이다. 스마일리는 이것을 서커스에 무전으로 보낸다. 그 직후 쪽지는 소각한다. 이것은 다음의 암호화에 사용하지 않을 것이기 때문이다.[18] 그의 외투 속에는 어차피 전혀 다른 수열이 적힌 다른 쪽지가 들어 있다. 런던 본부의 무전실에서는 이미 토비 에스터하스가 스마일리의 보고서를 기다리고 있다. 그는 다음과 같은 수열이 적힌 쪽지를 꺼낸다.

96951845752131787264846772783150822…

왜 이것이 필요한가? 이것을 조지 스마일리가 오른쪽 구두 밑창에 숨겨놓은 수열 밑에 써보면 즉시 그 이유를 알게 된다.

14159265358979323846264338327950288…
96951845752131787264846772783150822…

아래 적힌 수를 10의 법칙에 따라 위의 수에 하나씩 더하면 모두 0이 된다. 스마일리가 구두창에 숨긴 수열이 암호화에 사용하기 위한 것이라면 에스터하스가 책상 위에 꺼낸 수열은 스마일리의 메시지를 다시 풀기 위한 것이다. 그는 스마일리가 암호화해 보낸 숫자를 즉시 그 밑에 쓰고

96951845752131787264846772783150822…
148599650

철의 장막 너머에 있는 스마일리가 더한 것처럼, 이것을 다시 10의 법칙에 따라 더한다.

96951845752131787264846772783150822…
148599650

00700700752131787264846772783150822…

이것을 보고서의 길이에 맞추면 암호가 풀린 조지 스마일리의 메시지 007007007이 또렷이 나타난다.

우연이 안전을 보장한다

자연보다 더 믿을 수
있는 것이 수학이다

성공적인 OTP 방식의 알파와 오메가는 스마일리의 쪽지에 있는 수열

1415926535897932384626433832795028 8…

처럼 아무런 기준도 없는 것이다. 숫자가 완전히 뒤죽박죽 상태로 연속되어야 한다. 이런 수열은 주파수를 맞추지 않고 듣는 라디오의 소음과 같다. 이런 방법이라야만 스마일리가 서커스에 보내는 메시지 007007007은 소음과 같은 혼란 속에서 포착되지 않을 것이다. 기준이 있는 수에서 -이 기준이 메시지이다- 10의 법칙에 따라 스마일리의 구두창에 있는 쪽지 수열의 수를 더하면 기준을 알아볼 수 없는 수열이 나온다.

카를라의 요원들이 보고서를 탈취해서 확인한 수열

148599650

을 가지고 아무것도 할 수 없다는 것은 분명하다. 도대체 이것을 어떻게 해독한단 말인가? 스마일리의 쪽지에 적힌 숫자와 마찬가지로 이 숫자는 완전히 뒤죽박죽 상태로 나열되어 있기 때문이다. 물론 카를라는 부하들에게 10의 법칙에 따라 두 줄의 수를 더해보고 암호화된 전문의 수가 나올 수 있도록 모든 수를 적어보라고 독촉할 수는 있을 것이다. 온갖 노력을 기울이는 중에 갑자기 스마일리의 메시지라고 추론할 수 있는 기준이 나타나기를 기대할 수도 있다. 하지만 이런 노력은 전혀 가망이 없다. 생각할 수 있는 모든 수열을 쓴다는 것은 너무나 방대한 작업이기 때문에 소련 국민들을 총동원해서 터무니없는 명령으로 고달픈 노동을 시킨다고 해도 처리할 수 없을 것이다. 설사 어떻게 적당한 수열을 찾아낸다 해도 얻을 것은 하나도 없다.

기필코 암호를 해독하라는 명령을 받은 부하 중 한 명이 갑자기 카를라의 사무실로 뛰어 들어와 암호화된 전문에서 333333333이라는 결과를 이끌어냈다고 보여줄 수도 있다. 333333333이라는 메시지가 정확하게 카를라가 스마일리의 전문에서 탈취한 것과 똑같은 수열로 이어지는 우연한 숫자배열이기 때문이다. 하지만 이 사람이 카를라의 삭막하고 담배 연기로 가득 찬 사무실로 뛰어들어 갔을 때는, 똑같이 카를라에게 중요한 결과로서 수열을 보여주는 동료가 열 명도 넘을 것이다. 이들이 가지고 온 수열이 스마일리의 메시지와 일치할 확률은 똑같다. 하지만 카를라가 바로 이것이라고 판단할 근거가 있는 것은 하나도 없을 것이다. 그중에 메시지와 일치하는 것은 하나도 없다고 장담할 수 있다는 말이다.

완전히 혼란스럽게 뒤섞인 수열을 안다면 1회용 암호표로 풀 수 없는 암호화의 방법을 손에 쥔 것이나 다름없다. 어쨌든 메시지를 보낼 수 있다. 여러 개의 메시지를 암호화하려고 할 때는, 각각의 메시지에 숫자가 우연히 연속되는 것 같은 서로 다른 수열이 있어야 한다. 이런 수열을 어떻게 얻을까? 그것보다 더 손쉬운 일이 어디 있겠느냐고 생각할 수도 있을 것이다. 컴퓨터 자판으로 아무렇게나 숫자를 치면 된다고 생각할 것이기 때문이다. 하지만 이런 방법은 믿을 것이 못 된다. 설사 현재 우리가 사용하는 숫자를 전혀 모를 만큼 문화가 다른 호피(Hopi) 인디언이 아무렇게나 친 숫자라고 하더라도 마찬가지이다. 자판이 잘 안 찍히는 컴퓨터로 치거나 모니터를 보지 않고 눈 감고 친다고 해도 믿을 수는 없다. 또 사람 대신 동물이 제멋대로 치도록 내버려둔다 해도 절대 믿을 것이 못 된다. 어떤 방법을 써도 믿을 수 없기는 마찬가지라는 말이다. 이런 무의미한 행위를 오래 할 때는, 사람이나 동물이나 가릴 것 없이 어떻게든 일정한 기준에 빠지기 마련이기 때문이다. 그리고 기준이란 우연으로 볼 때는 최대의 적이라고 할 수 있다.

자연에 담긴 우연의 과정을 이용하려는 생각은 사실상 추적이 가능하다. 그런 행위는 전력회로망에 끊임없이 나타나는 미세한 전압 변동 같은 것일 수 있다. 양자론에서 예측할 수 없고 원칙적으로 우연하다고 가르치는 방사능물질의 분열도 마찬가지이다.

물론 양자론에서는 적어도 이론적으로는 침범할 수 없는 암호화의 가능성을 열어놓고 있기는 하다. 다만 괴테가 말한 것처럼, "이론이란 보통 현상이 애써 벗어나려고 하는 초조한 오성의 성급함이다." 머릿속에서 반짝 하고 떠오르는 이론은 자연 속의 투박한 물질에서 일어나는 현실과는 다른 것이다.

자연보다 더 믿을 수 있는 것이 수학이다.

정상적인 수

원주율
파이

휴대용 계산기를 이용해 22를 7로 나눌 때, 8자리의 숫자판에 나타나는 다음의 수열은 혼란스러워 보인다.

$$22 \div 7 = 3.1428571$$

좀 더 성능이 뛰어난 계산기로 16자리 숫자를 구하면 다음과 같이 나온다.

$$22 \div 7 = 3.142857142857143$$

이것을 보면 정확한 나눗셈을 할 때, 한 자리 숫자인 3과 소수점 뒤로 다음과 같은 수열이 끝없이 반복된다는 추정을 할 수 있을 것이다.

142857142857142857142857142857142857…

그러므로 수학은 매우 간단한 나눗셈에서도 끝없는 수열을 갖추고 있다고 할 수 있다. 하지만 이 수열은 OTP 방식에는 적합지 않다. 눈에 띄게 확연한 기준이 담겨 우연이라고는 전혀 찾아볼 수 없기 때문이다.

어쩌면 그것은 22와 7이 너무 작은 수이기 때문이라고 생각할 수도 있을 것이다. 맞는 말이다. 가령 355를 113으로 나눌 때, 계속 계산하다보면 다음과 같이 엄청 긴 값이 나오기 때문이다.

355 ÷ 113 = 3.141 592 920 353 982 300 884 955 752 212 389 380 530
973 451 327 433 628 318 584 070 796 460 176 991 150
442 477 876 106 194 690 265 486 725 663 716 814 159
292 035 398 …

언뜻 보면 우연의 수열로서는 고무적이라고 생각할 수도 있다. 하지만 좀 더 자세히 들여다보면 셋째 줄 끝부분, 소수점 이하 112번째 자리에서 소수점 뒤에 처음 나온 14 159 292 035 398 … 이라는 수열이 다시 나온다는 것을 알 수 있다. 나눗셈에서 이런 주기는 불가피하다.[19] 실제로는 찾기 힘든 이렇게 긴 주기를 만들려면 10진법 체계에 맞춘 크고 특별한 수로 나눠야 한다.[20] 하지만 실제로 긴 주기를 찾아내려고 해도 거기에 맞는 분모를 발견해 나눗셈을 한다는 것은 엄청난 계산을 필요로 하는 작업이다.

사실 소수점 이하의 주기가 없이 끝없는 수열이 이어지는 단순한 수학적 방식이 있기는 하다. 예컨대 제곱근을 구할 때가 여기에 해당한다. 가령 10이라는 수를 보자. 제곱의 값이 10이 되는 수를 찾아낼 수는 없다. $3^2 = 3 \times 3 = 9$는 조금 모자라고 $4^2 = 4 \times 4 = 16$은 너무 넘친다. 소수점 이하 한 자리의 10진법 수 중에서는 3.1과 3.2가 그래도 가장 가깝다. 하지만 $3.1^2 = 3.1 \times 3.1 = 9.61$은 조금 모자라고 $3.2^2 = 3.2 \times 3.2 = 10.24$는 조금 남는다. 휴대용 계산기에 10의 확실한 제곱근을 구하도록 입력하면 계산할 수 있을 것이라고 생각할 수도 있다. 그러면 계산기의 8자리 숫자판에는 3.1622777이라는 값이 나온다. 이것도 부족하다. 좀 더 성능이 뛰어난 컴퓨터로 계산하면 10의 제곱근 값은

3.162 277 660 168 379 331 998 893 544 432 718 533 719 555
139 325 216 826 857 504 852 792 594 438 639 238 221 344
248 108 379 300 295 187 347 284 152 840 055 148 548 856 ⋯.

으로 나오고 소수점 이하로 계속되는 수열은 무척 혼란스럽다는 인상을 준다.

그러면 이 수열은 OTP 방식에 적합할까? 이것도 바람직하지는 않다. 암호 해독자들 또한 나름대로 제곱근에서 나온 수를 아주 잘 알고 있기 때문이다. 이들은 암호화하려는 사람들의 심리를 추적한다. 우연한 수를 만들어내기 위해 어떤 방법이 좋을까? 제곱수가 아닌 수의 제곱근이라면 가장 간단할 것이다. 이런 추리에 따라 암호

해독자들은 가까운 수열부터 입력하고 단숨에 암호를 해제한다.

앞에 나온 것처럼 스마일리가 구두창 속에 숨긴 쪽지의 수열

1415926535897932384626433832795028 8⋯,

도 사실 적합지 않은 것이다. 숫자가 혼란스럽게 뒤죽박죽 이어지지 않아서가 아니라 -사실 엄청 혼란스러운 수열이다- 이 수열이 수의 전문가들에게 잘 알려진 것이기 때문이다. 이것은 소수점 바로 뒤에 이어지는 유명한 파이(π)의 값이기 때문이다.

원주율의 값을 정확하게 계산하는 방법을 찾아내는 데 처음으로 성공한 사람은 아르키메데스였다. 수학자 중에 가장 위대한 그가 아

'원주율'이라는 말을 처음 사용한 수학자 윌리엄 존스
〈출처:(CC)William Jones at wikipedia.org〉

니라면 누구겠는가? 아르키메데스 자신이 이 비율을 파이라고 부른 것은 아니다. 이 명칭은 수백 년 뒤에 웨일즈 출신의 수학자인 윌리엄 존스(William Jones)가 사용했는데, 주변이라는 의미가 있는 그리스어 'Periphéreia'에 영감을 받아 파이라는 말을 붙인 것이다. 그리고 아르키메데스는 너무 많은 계산을 해야 하기 때문에 파이의 값을 두 개의 분수 $3 + 10/71$(현대적으로 표기하면 3.1408…에 해당)과 $3 + 1/7$(현대적으로 표기하면 3.1428…에 해당) 사이에 위치시키는 것으로 만족했다. 그러다가 1600년경에 뤼돌프 판 쾰렌(Ludolf van Ceulen)은 30년 가까운 고된 노력 끝에

$$\pi = 3.141\ 592\ 653\ 589\ 793\ 238\ 462\ 643\ 383\ 279\ 502\ 88\ \cdots$$

이라는 결과를 공개했다. 그가 구한 값이 우리가 스마일리의 쪽지에서 본 수열이다. 어쨌든 이 수열은 너무도 잘 알려진 것이라 스마일리와 서커스로서는 비할 데 없는 모험을 한 것이라고 할 수 있다. 아르키메데스가 사용한 방식보다 훨씬 빠른 전자계산기와 치밀하게 제작한 프로그램을 사용하면 파이의 값은 소수점 이하 1조 자리까지 계산이 된다. 프랑스의 수학자인 에밀 보렐(Émile Borel)은 1909년에 적당한 말이 생각나지 않아 파이의 값을 '정상적인 수(Normale Zahl)'라고 불렀다. 가령 소수점 이하 100만 자리까지 파이의 값이 10진법으로 전개되는 형태를 보면, 10이라는 수는 약 10만 번 나오고 쌍수 00부터 99까지 100단위 숫자는 약 1만 번 나오며 이런 식의 숫자 3개가 붙은 1000단위의 수는 약 1000번 나온다.

기센에 있는 알브레히트 보이텔슈파허(Albrecht Beutelspacher)의 마테마티쿰(Mathematikum, 수학의 대중화를 위해 기센 대학 수학과의 알브레히트 보이텔슈파허 교수가 2002년 11월 19일 독일 헤센 주 기센에 설립한 세계 최초의 수학 박물관-옮긴이)이나 빈터투르의 테크노라마(Technorama, 스위스 빈터투르에 있는 과학박물관-옮긴이) 등 전시물을 통해 일반 대중을 수학과 친근하게 만들려는 전시시설에 가보면 자신의 생년월일을 입력할 수 있는 모니터가 있다. 자판을 치면 모니터에는 즉시 10진법에 따른 파이의 수열이 나타나면서 입력 자료가 모습을 드러낸다. 8자리 숫자로 이루어진 임의의 조합이 10진법의 수열에서 10회 정도 나오는 정상적인 수라고 생각하겠지만 사실 10억 개의 숫자가 이어진 수열이다.

하지만 지금까지 말한 것은 모두 파이가 정상적인 수라는 데 대한 확실한 증거는 아니라고 분명히 말할 수 있다. 확실하게 '정상적'이라고 말할 수 있는 수는, 영국의 경제학자인 데이비드 거윈 챔퍼나운(David Gawen Champernowne)이 생각해 낸 10진법의 수

0.123 456 789 101 112 131 415 161 718 192 021 222 324 252 627 28 …,

이다. 여기서는 로만 오팔카가 캔버스에 쓴 숫자와 같은 수열이 나온다. 소수점 다음에 한 자리 수인 123456789가 나오고 이후 10, 11, 12, 13, 14 등으로 계속 이어진다. 언뜻 보면 세 개씩 묶어서 잘 모르지만 수열을 소리 내어 읽어보면 챔퍼나운의 구조가 나타난다. 이것은 1933년 그가 케임브리지의 학생이었을 때 발견한 것이다.

이 수는 또 OTP 방식에 적합한 것으로도 유명하다.

창조적인 뒤죽박죽

나눗셈의
놀라운 비밀

나눗셈에서 나온 수열로 다시 돌아가 보자. 아주 큰 수로 나눌 때는 -기껏해야 큰 수보다 한 자리 적은- 수열의 주기가 나타나기까지 아주 오래 기다려야 한다는 것이 드러난다. 적합한 수를 찾아내는 것이 그렇게 간단하지 않고 또 나눗셈 자체가 엄청 힘든 작업이기 때문에 사람들은 우연한 것처럼 보이는 수열을 만들어내는 일을 포기할 생각을 하게 된다.

하지만 이런 의도를 완전히 외면할 필요는 없다. 나눗셈으로 우리가 목표하는 것은 수를 혼란스럽게 교란하는 것이라고 할 수 있다. 일단 나눗셈을 제쳐놓고 교란 자체에 집중해보자.

서커스에서 실무를 담당하는 토비 에스터하스는 각각 0, 1, 2, 3, 4, 5, 6, 7, 8, 9의 숫자가 적힌 10장의 카드를 책상에 올려놓는다. 토비 에스터하스는 서커스의 전문 인력을 위해 우연처럼 보이는 수열을 만들려고 카드를 꼼꼼하게 뒤섞는다. 이어 그는 다른 카드 한 장을 집어 들고 숫자를 쓴 다음 다시 카드다발 속에 섞는다. 그리고 다시 한 번 꼼꼼하게 뒤섞은 다음 다른 카드 한 장을 또 꺼내 두 번째 숫자를 적고 12장의 카드가 가령

7 5 2 5 8 4 0 4 9 6 1 3

의 수열이 되게 뒤섞는다. 이런 식으로 만들어진 숫자 12개의 조합은 그 수가 10^{12}, 즉 1조가 될 수 있다. 이 중 대부분은 완전히 혼란스러운 조합처럼 보일 수 있다.

그러면 에스터하스는 다음과 같이 6917을 9191로 나눌 때처럼 끝없이 주기가 반복되는 순환소수(Periodizität)를 얻을 수도 있을 것이다.

6917 ÷ 9191 = 0.752 584 049 613 752 584 049 613 752 584 049 613 …

덧붙여 말하지만, 752 584 049 613을 999 999 999 999로 나눠도 같은 결과가 나온다. 분모 때문이다.

하지만 이 정도로는 1회용 암호표를 만드는 데 충분치 않다. 토비 에스터하스가 만들어낸 수열 중 주기적인 반복의 형태를 띤 이것은 명백하게 어떤 질서의 기준이 들어가 있기 때문이다. 자만심이 강한 에스터하스는 뒤섞는 작업을 직접 하지 않는다. 그에게는 20명의 부하가 있기 때문에 이들에게 몇 시간이고 몇 달이고 계속 카드를 꼼꼼하게 뒤섞는 일을 하게 한다. 카드 한 장을 꺼내 거기 있는 수를 기존의 수열에 덧붙이고 다시 다발에 끼워 뒤섞는 일을 하루 종일 하게 만드는 것이다. 이런 식으로 에스터하스 자신은 그 사이에 오스카 와일드(Oscar Wilde)처럼 느긋하게 여가를 즐기며 지낸다. 그러다가 업무가 마감될 때, 부하들이 작성한 20개의 목록을 모아 임의의 순서를 정해 비밀서랍에 들어 있는 전날의 목록 옆에 보관한다.

이 인력들이 각각 분 단위로 목록에 수를 덧붙이고 하루 8시간씩 쉴 새 없이 작업을 하면 각 480자리의 하루 목록이 나온다는 것을 의미한다. 그러면 에스터하스는 총 9600자리로 이루어진 수열 묶음을 비밀자료실에 보관한다. 두 달 후면, 토비 에스터하스는 조직 내에서 아무도 이름을 모르는 최고 관리자에게 거의 20만 자리로 이루어진 수열을 제출할 것이다.

"암호부서의 전문 인력들에게는 너무 적어"라고 관리자는 탄식한다. "훨씬 긴 수열이 필요하다고."

에스터하스는 "인력을 열 배로 늘리면, 같은 시간에 열 배의 성과를 올릴 텐데요"라고 제안한다.

그러면 관리자는 씁쓸한 미소를 지으며 대답한다. "열 배로도 충분치 않을 거야. 수열 구하는 속도를 대폭 높일 필요가 있어. 우리 직원들은 좀 더 의미 있는 일에 매달려야 해. 카드를 직접 손으로 뒤섞는 작업은 한물 간 방식이야. 이 문제를 놓고 최고위층과 논의했는데 오늘 새로운 해결 방법을 보여줄 수 있을 거야. 전문가들이 컴퓨터프로그램을 개발했는데, 토비 당신이 부하들에게 그 일을 맡기면 돼."

"하지만 국장님." 당황한 에스터하스가 반문한다. "컴퓨터가 실제로 우연한 것처럼 보이는 수열을 만든다고 어떻게 장담하죠? 기계가 어떻게 숫자를 뒤섞느냐고요?"

"세세한 것까지 알고 싶지 않아." 관리자는 퉁명스럽게 대꾸한다.

"전문가들은 단지 철저한 통계 테스트를 거친 것은 분명해 보인다고만 말했어. 끝없이 반복되는 그 순환소수의 길이(Periode)가 무려 10^{200}이 넘는다더군. 이 정도면 우리가 필요로 하는 것보다 훨씬 긴 거지. 그리고 이제 생각해보니 우리에게 컴퓨터 시스템이 있는 마당에 당신들의 작업은 이제 서커스에서 필요가 없어. 이제 당신 사생활로 돌아가는 것이 더 좋을 것 같군. 조그만 가게라도 하나 차려서 속이기 쉬운 미국인들을 상대로 드가의 조각 작품을 위조해서 팔 수도 있겠지."

물론 이상의 이야기는 시나리오로 꾸며본 것이다. 하지만 숫자를 혼란스럽게 뒤섞는데 -촘촘한 배선의 하드웨어로- 아주 효과적인 방법은 실제로 있다. 힘들지도 않고 번개처럼 빠른 속도로 계속 다른 선택을 해서 마치 우연하게 조합된 수열처럼 보이기 때문에 1회용 암호표로 암호화작업을 하기에는 그만이다. 컴퓨터로 뒤죽박죽된 수를 만들어내고 관리자가 10^{200}이라는 길이에 열광할 만큼 주기적으로 반복되는 순환소수가 나오는 것은 문제가 되지 않는다.

다만 관리자가 런던 본부에 있는 컴퓨터로 얻을 수 있는 수열이 마치 10^{200}자리나 되는 거대한 수를 99999…99처럼 10^{200}개의 9로 이루어진 수로 나눌 때, 소수점 이하에 나타나는 수라는 것은 분명한 사실이다.[21)]

나눗셈에는 세계의 온갖 비밀이 담겨 있다.

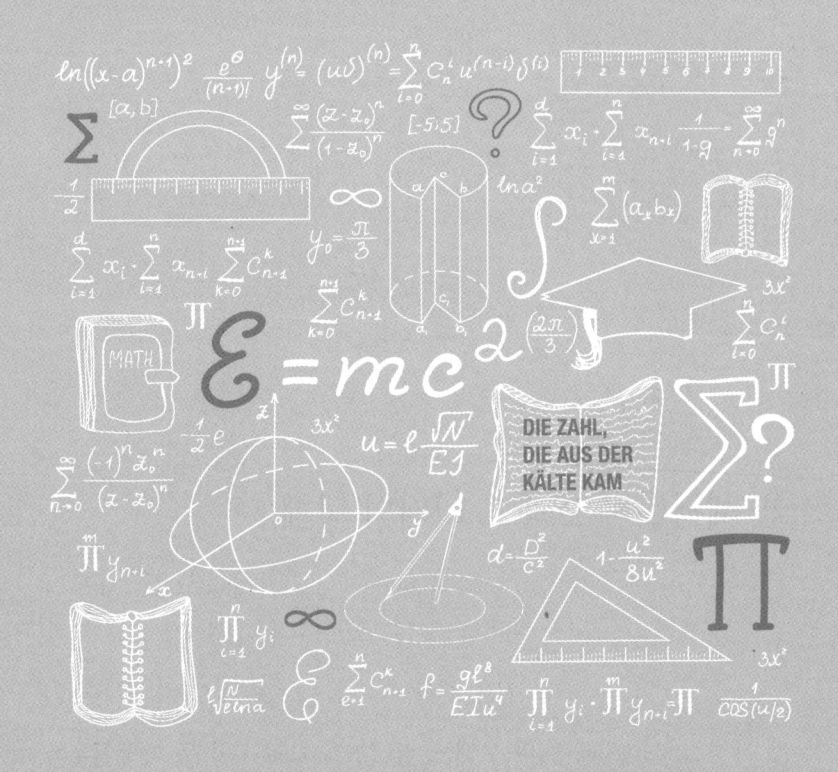

6 생각하는 것이 계산하는 것이다
: 수에 대한 인간의 생각

조셉 바이젠바움은 버나드 쇼의 『피그말리온』에 나오는 인물의 이름을 딴, 일라이자라는 프로그램을 개발했다. 인간과 수산기 사이에 자연의 언어로 소통 가능성이 있음을 보여주는 프로그램이었다. 일라이자는 인간 상대의 진술을 질문으로 바꿔서 반응을 가장하는 식으로 작동된다. 심리치료사의 역할을 기계가 대신하도록 한 장치였다. 가령 환자가 "자동차에 문제가 생겼어요"라고 말하면 일라이자는 "왜 자동차에 문제가 생겼죠?"라고 대답한다. 환자가 "아버지와 문제가 생겼어요"라고 탄식하면 일라이자는 "가족에 대해서 좀 더 설명해 보세요"라는 말로 반응을 보인다.

켄 제닝스와 브래드 러터의 낭패

인공지능과
인간의 대결

켄 제닝스(Ken Jennings)와 브래드 러터(Brad Rutter) 이 두 미국인은 미국의 텔레비전 쇼 사상 최고의 퀴즈왕으로 통한다. 2004년 켄 제닝스는 최고의 인기 쇼 프로그램인 제퍼디(Jeopardy)에서 연속 74회 우승이라는 믿을 수 없는 기록을 세웠다. 이후 그는 제퍼디 총 상금액수에서 자신의 기록을 깬 브래드 러터에게 졌다. 퀴즈쇼 제퍼디의 출연자들은 폭넓은 지식은 물론 반응속도가 신속해야 이길 수 있다. 무엇보다 상상력이 풍부한 개념 조합능력이 있어야 한다. 제퍼디에 나오는 문제는 빈틈이 없고 교묘하며 단순한 전문지식을 시험하는 것이 아니다. 가령, "상대가 우리와 닮은 것을 정중하게 인정하는 반응을 뭐라고 하는가?"라는 질문에 즉시 답하려면 재기가 넘쳐야 한다.

여기서 요구하는 답은 '감탄'이다.

2011년 2월 14일부터 16일까지 제퍼디 쇼의 스타 켄 제닝스와 브래드 러터와 겨루기 위해 연속 3회 등장한 출연자는 신비스러운 왓슨(Watson, 자연어 형식으로 된 질문들에 답할 수 있는 IBM의 인공지능 컴퓨터 시스템-옮긴이)이었다. 왓슨은 이 시합에서 최종 점수 77147점을 획득해 24000점에 그친 제닝스와 21600점에 그친 러터를 이겼다. 왓슨의 우승상금 100만 달러는 공익사업에 기부한다고 발표되었다. 이에 제닝스와 러터도 각각 30만 달러와 20만 달러의 절반을 자선기금에 기부하겠다고 했다. 두 명의 퀴즈왕에게 명백한 패배를 안겨준 이 인간친화적인 왓슨은 대체 어떤 존재일까? 방송 화면에서 왓슨의 얼굴은 보이지 않았다. 제닝스와 러터 사이에 자리한 것은 파란색의 둥그런 허깨비 같은 아바타였다. 왓슨은 옆방에 숨어 있었기

IBM의 인공지능 컴퓨터 시스템인 왓슨은 2011년 2월 14일부터 16일까지 제퍼디 쇼의 스타 켄 제닝스와 브래드 러터와 치른 시합에서 두 사람을 이겼다.
〈출처:(CC)IBM Watson at wikipedia.org〉

때문이다. 출연자의 의자에 앉기에는 덩치가 너무 컸다. 즉 왓슨은 인간이 아니라 기계였던 것이다.

이른바 수산기(Zahlenmaschine)라고 할 수 있다.

'수산기'란 말이 생소하게 들릴지도 모르겠다. 하지만 이 말은 통상적인 '컴퓨터(Computer)'나 이것을 독일어로 옮긴 '계산기(Rechenmaschine, 라틴어 'Computare'는 계산하다는 뜻)'라는 말보다 더 정확한 표현이다. 왓슨이라는 기계는 단순한 계산기 이상의 능력과 사고할 수 있는 능력까지 갖추고 있었다. IBM에서 조립한 '사고'의 구성요소라고 할 왓슨의 '뇌회(腦回, Gehirnwindungen)'가 행하는 것은 사실 수를 관리하는 것에 지나지 않는다.

프랑스어에서는 '컴퓨터'란 말을 쓰지 않는다. 다만 고대 프랑스어에 '컴퓨터'란 말은 존재한다. 프랑스어권에서는 대신 '오르디나퇴르(Ordinateur)'라는 말을 쓴다. 이 개념은 이미 19세기의 사전에서 '정돈하다'라는 의미를 가진 'Mettre en ordre'로 설명되고 있다. 사실 잘못된 풀이라고 할 수도 없다. 모든 것을 목록으로 만들어서 정리한다고 할 때, 기본적으로 사물의 수를 할당하고 분류해서 등급을 매긴다는 점을 생각하면, '오르디나퇴르'는 기계라고 할 수 있기 때문에 '수산기'로 안심하고 옮겨도 된다.

아무튼 수를 처리하는 기계 왓슨은 그럴싸해 보이는 지식과 기민한 속도, 지적인 것처럼 보이는 기동성을 갖추어 지능이 뛰어난 인간을 능가했다. 대표적인 '인공지능'의 승리였다. 존 매카시(John McCarthy)와 마빈 민스키(Marvin Minsky), 클로드 섀넌(Claude Shannon), 앨런 뉴웰(Allen Newell), 허버트 사이먼(Herbert Simon) 등

정보이론의 선구자들은 1956년에 다트머스 대학의 획기적인 회의에서 최초로 다음과 같은 선언을 했다.

"사고는 정보의 가공과 다름없고 정보의 가공은 상징의 조작과 다름없으며 상징의 조작은 이해할 수 있는 수의 처리와 다름없다." 그리고 이것을 가장 보편적인 의미에서 '계산'이라고 했다. 사고를 할 때 인간적인 본질은 중요하지 않다는 것이다. 이들은 "지능은 패턴화되는 것에 의해 시행되는 사고이다(Intelligence is mind implemented by any patternable kind of matter)"라고 주장했다. 이 말을 옮겨보면 "유형화될 수 있는 모든 재료는 사고과정을 수행하는 데 적합하다"라는 의미가 될 것이다. 이런 기능에 가장 어울리는 것으로는 별로 힘들이지 않고 구할 수 있는 재료 중에 아주 복잡하면서도 기능을 믿을 수 있는 건축 자재인 저항기나 콘덴서, 코일, 다이오드, 트랜지스터 같은 전기부품을 들 수 있다.

앞에서 소개한 사회과학자들 중에 허버트 사이먼은 이미 1957년에, 앞으로 10년 안에 컴퓨터가 체스 챔피언이 되고 중요한 수학 정리를 발견한다는 것을 입증하게 될 것이라고 예언했다. 그의 추정이 잘못되기는 했지만 이런 진단이 완전히 착각이었다고 할 수는 없다. 1997년에 IBM에서 개발한 컴퓨터 시스템 '딥블루(Deep Blue)'는 6번의 시합을 벌인 결과 체스 챔피언인 게리 카스파로프(Garri Kasparov)를 이겼다.

이보다 훨씬 과감한 것은 마빈 민스키의 예언이었다. 그는 1970년에, 3년에서 8년이면 -어쨌든 이 계산은 틀렸다- 인간의 평균지능을 갖춘 기계가 등장할 것이며 세익스피어의 작품을 읽고 자동차를 이용하는 시대가 올 것이라고 주장했다. 그리고 이보다 더 무모한 주장은 카네기 멜론 대학교의 로봇 전문가인 한스 모라백(Hans Moravec)의 한계를 모르는 기대치에서 나왔다. 마빈 민스키와 같은 생각을 가진 그는 '인공지능'이 인류의 궁극적인 꿈이라고 할, 죽음의 극복을 실현시킬 것이라고 자신의 저서 『마음의 아이들(Mind Children)』에서 주장하고 있다. 그는 인간과 '인공지능'의 경쟁을 다루면서 '후기 생물학적(Postbiologisch)'인 생명의 진화라는 시나리오를 소개하고 있다. 로봇이 인간의 뇌에 축적된 지식을 수산기로 이전하면 뇌의 총 유기물질이 넘쳐날 것이며 포스트휴먼(Posthuman, 인간의 유전자 구조를 변형하고 로봇이나 기술을 인체에 주입하면서 진화된 상상 속 인간-옮긴이) 시대가 실현되어 축적된 지식을 마음대로 활용할 수 있으리라는 것이다. 수산기라고 할 왓슨은 제퍼디 쇼에서 민스키와 모라백에 의해 유토피아의 실현까지-아니면 차라리 공포의 시나리오라고 해야 할지도-몇 걸음 남지 않았다는 것을 입증한 것처럼 보였다. 어쨌든 살과 피를 지닌 두 인간, 제닝스와 러터는 왓슨과의 지능시합에서 지고 말았다.

하지만 사실 세상의 이목을 끈 왓슨의 등장은 기만과 현혹의 기술과 다름없는 것이었다. 최초로 계산기를 발명한 블레즈 파스칼(Blaise Pascal)이라면 이런 사실을 더 잘 꿰뚫어보았을 것이다. 파스칼 이야기를 시작해보기로 하자.

때를 못 맞춰 나온 파스칼의 계산기

파스칼이 만든 계산기
파스칼린

긴 수열의 덧셈을 할 때는 기초적인 계산도 피곤한 일이지만 블레즈 파스칼은 놀라운 발명으로 이 문제를 해결했다. 다만 그 발명품은 동시대의 사람들에게 폭발적인 인기가 없었고 그들의 자녀나 자녀의 자녀에게도 별다른 평가를 받지 못했다. 그러다가 300년이나 지나서 인류에게 새 시대를 열어주게 되었다.

블레즈 파스칼의 아버지인 에티엔(Etienne)은 리슐리외 추기경과 루이 13세, 그 뒤 젊은 루이 14세 치하의 프랑스에서 명망 높은 고위 재무 관리였다. 당시 프랑스는 유복한 시민계층과 성직자, 귀족들이 부족함 없이 살 수 있도록 농부와 수공업자, 자영업자들이 쉼 없이 일하는 나라였다. 부자들은 낮이고 밤이고 아무것도 하지 않으면서 흥청망청 사치를 누리며 살았다. 하지만 국왕이 다스리는 국가에는 돈이 필요했다. 국왕은 기회만 있으면 국민들에게서 돈을 강탈했다. 납세의 부담에서 자유로운 계층은 성직자와 귀족밖에 없었다.

에티엔 파스칼은 납세의무자들에게서 가능하면 정당하게 세금을 징수하려고 애를 썼다. 그는 부하 직원들이 거둬들인 세금을 소액단위까지 꼼꼼하게 확인했다. 이렇게 하자면 극도로 신경을 날카롭게 하는 덧셈과 뺄셈을 수도 없이 해야 했다.

에티엔의 아들인 블레즈는 이미 어릴 때부터 수학의 천재로 유명했다. 학식이 있는 아버지는 아들에게 각국의 언어와 당대의 전반적인 지식을 직접 가르쳤다. 훗날의 모차르트처럼 아버지에게 배운 파스칼은 학교를 가지 않아도 되는 행운을 누렸다. 하지만 생각이 올바른 아버지는 어린 아들에게 수학을 가르치기에는 이르다고 보고 좀 더 성장할 때까지 미루기로 했다. 이것이 계기가 되어 천재적인 아들은 수학을 혼자서 깨우치게 되었다. 똑같이 재능이 뛰어났던 누이 자클린이 전하는 말에 따르면 파스칼은 이미 14세 때, 에우클레이데스의 기하학에 나오는 모든 정리를 소화했다고 한다. 뿐만 아니라 파스칼은 완전히 새롭고 인상적인 측면에서 깨달아 그가 인식한 정리에는 오늘날도 그의 이름이 붙어 있다.

어릴 때부터 끊임없이 두통을 앓았던 블레즈 파스칼은 언젠가, 수학에 매달릴 때만 두통에서 벗어난다는 말을 한 적이 있다. 이 말만 들어도 그가 얼마나 뛰어난 인물인지 알 수 있다. 사실 보통 사람들에게 수학은 그 반대로 골치 아픈 것이기 때문이다. 이 책을 읽는 독자들과는 무관하게 잘못 전파된 소문이기를 바라지만.

하지만 반대로 단조롭고 지루한 계산을 좋아할 사람은 아무도 없을 것이며 이것은 파스칼도 마찬가지이다. 그런 계산은 그저 짜증날 뿐이다. 파스칼의 목표는 밤낮으로 이런 계산에 시달리는 아버지의 부담을 덜어주고 그 일을 기계로 대체하는 것이었다. 19세가 되었을 때, 파스칼은 이 목표를 실현했다. 그는 세계 최초로 계산기를 고안하고 제작한 것이다. 그는 이 기계를 '파스칼린(Pascaline)'이라고 불렀다.

파스칼린은 계산 도구가 아니었다. 그런 형태는 고대 이후부터 이미 여러 가지가 있었다. 그중 가장 유명한 것이 주판(Abakus) -'칠판'이나 '나무판'을 뜻하는 그리스어 아바코스(Ábakos)에서 온- 이다. 주판은 로마인들이 칼쿨리(Calculi)라고 부른 구슬을 막대에 끼우거나 -칼쿨루스(Calculus)는 조약돌을 의미한다- 홈이나 가느다란 줄, 구멍에 꿴 틀의 형태였다. 이와 다른 계산 도구로는 이른바 계산자(Rechenschieber)라는 것이 있었는데 이동과 조절이 가능한 눈금자를 이용하는 계산 보조수단으로서, 충분한 훈련을 거친 다음에 곱셈이나 나눗셈, 제곱과 근의 산출 등 이른바 고급연산을 할 수 있도록 한 도구였다. 또 네이피어 계산봉(Neperschen Stäbchen)이란 것도 있었는데, 이것은 아주 세련된 방법으로 곱셈과 나눗셈을 하는 장치를 개발한 존 네이피어(John Napier)의 이름을 딴 것이다. 하지만 이 모든 것은 도구지 기계가 아니다. 도구의 경우에는 사용에 숙달되도록

1652년 파스칼에 의해 고안된 파스칼린
〈출처:(CC)Pascaline at wikipedia.org〉

훈련이 필요하다. 기계라면 사용자의 훈련이 필요치 않다. 겉으로 보기에는 '저절로', '자동적(Aautomatisch)'으로 계산한다. 자동적이란 말은 『일리아스』에서 저절로 열리는 올림포스의 문처럼 저절로 움직이는 것을 뜻하는 그리스어 '아우토마타(Autómata)'에서 온 것이다.

실제로 파스칼린은 계산기였다. 이것은 벽돌 크기의 놋쇠 용기처럼 생겼고 표면 위쪽에 달린 5개의 눈구멍으로(후에 나온 모델은 5개가 넘는다) 5자리의 숫자를 볼 수 있다.[22] 그리고 각 눈구멍 밑으로는 10개의 살이 달린 작은 바퀴가 붙어 있다. 바퀴 주변으로는 0부터 9까지 겉에 숫자가 새겨져 있고 바퀴살은 나란히 이어진 숫자 두 개 사이의 빈틈을 향하고 있다. 바퀴는 사이에 붙어 있는 막대를 이용해 시계 방향으로 돌리도록 되어 있다. 표면에 붙은 작은 돌출 부분이 작동하면 막대로 옛날 전화기의 다이얼처럼 정지 장치까지 바퀴를 돌릴 수 있다.

파스칼린의 눈구멍에 00000이 보이는 것이 초기 상태이다. 이것으로 가령 16 + 45 같은 덧셈을 할 수 있다. 먼저 16이라는 수를 입력한다. 오른쪽 끝에서 두 번째 있는 바퀴에서 숫자 1의 사이에 막대를 놓고 정지 장치까지 돌리면 00010이라는 숫자가 나타난다. 이어 끝에 있는 바퀴의 막대를 6의 사이에 놓고 정지 장치까지 돌리면 00016이 된다. 그 다음 숫자 45를 입력하기 위해 오른쪽 끝에서 두 번째 있는 바퀴에서 숫자 4의 사이에 막대를 놓고 정지 장치까지 돌리면 00056이라는 숫자가 보인다. 끝으로 맨 끝의 바퀴에서 막대를 5 사이의 공간에 놓고 정지 장치까지 돌린다. 그러면 눈구멍의 숫자가 움직이며 돌릴 때마다 숫자가 00056, 00057, 00058, 00059로 바뀌고 신기하게 00060이 보이고 정지 장치까지 돌리면 00061이 나타난다.

바퀴의 움직임을 실린더의 회전으로 바꿔주는 파스칼린의 내부 기계는 이해하기가 쉽다. 실린더에는 0, 1, 2, 3, 4, 5, 6, 7, 8, 9 라는 숫자가 적혀 있다. 각각 개방된 눈구멍 밑에서 가장 위에 있는 숫자는 이 틈으로 보이게 되어 있다. 바퀴를 돌리면 실린더가 회전하면서 틈 사이로 보이는 숫자가 바뀐다. 여기까지는 아주 간단하다. 하지만 파스칼이 성공한 것은 이른바 기계적 이월이라는 것이다. 정교한 지렛대 원리를 이용해 바퀴로 숫자가 9에서 0으로 넘어가는 데 성공한다면 동시에 이 바퀴의 왼쪽에 있는 바퀴가 실린더의 회전으로 다음 숫자가 나오도록 하는 것이다. 실제로 1의 기계적 덧셈이 00009에서 00010으로 넘어가고 00099에서 00100으로 또 00999에서 01000으로, 09999에서 10000으로 넘어가는 것, 그리고 끝으로 99999에서 00000으로 넘어가는 등 이런 과정으로 작동하는 것이 -6번째 바퀴가 없어서 10만은 5개의 0으로 표시된다- 파스칼의 발명 중 핵심이다.[23)]

파스칼이 이 발명품으로 두드러진 경제적 성공을 거두지 못한 데에는 결정적으로 두 가지가 걸림돌이 있었다. 첫째는 가장 중요한 방해요인이기도 한데, 파스칼 시대의 사회적 상황 때문이다. 그의 기계는 값이 너무 비쌌다. 아주 간단한 셈을 할 때는 헐값에 대신 계산해주는 전문가들이 얼마든지 있었다. 노동력이 제대로 보수를 받을 때가 되어서야 기계적 진보는 수지를 맞출 수 있었던 것이다. 이 때문에 파스칼은 자신의 기계로 부유한 사업가가 되지 못했고 수백 년이 지나 IBM의 설립자인 토머스 왓슨(Thomas J. Watson)의 이름을 딴 수산기가 등장해 제퍼디 쇼에서 빛나는 승리를 거두게 된 것이다.

두 번째 요인은 똑같이 중요한 것이기는 하지만 극복할 수 있는 것으로서 파스칼린이 오류에 취약하다는 것이다. 이 기계가 늘 완벽하게 작동하는 것은 아니기 때문이다. 중요한 계산을 할 때는 확인 계산을 따로 해야 할 정도였고 이것은 시간이 걸린다는 뜻이었다. 또 파스칼의 아버지는 손 계산에 익숙했기 때문에 파스칼이 만든 기계의 입력과정은 아버지가 연필과 종이로 하는 계산보다 시간이 더 오래 걸렸다. 어쨌든 이 기계가 시초였다. 파스칼린을 구상하고 제작하기 20년 전에, 독일의 천문학자인 빌헬름 시카드(Wilhelm Schickard)는 자동계산기와 아주 흡사한 장치를 구상했다. 대략적인 구상단계에 머물던 이 기계의 출현에 대해서는 소문으로 전해질 뿐이다. 또 요하네스 케플러(Johannes Kepler)를 위해 만들었다는 모델은 화재로 소실되고 별 도움이 안 되는 그림만 남아 있다. 설사 시카드가 톱니바퀴 장치를 제작했다고 해도 기계의 미비점 때문에 가령 09999에서 10000으로 넘어가는 과정에는 실패했을 것이다. 계산기라는 아이디어를 천재적이고 양심적으로 개발했을 뿐 아니라 그런 자동장치를 대량생산이 가능하도록 만든 최초의 인물이라는 찬사는 마땅히 블레즈 파스칼에게 돌아가야 한다.

하지만 그것은 여전히 계산기였으며 컴퓨터로 넘어가는 과정은 파스칼 이후 여러 세대가 지나서 실현되었다.

라이프니츠의 수와 러브레이스의 프로그램

인간의 사고를 반영한 2진수

파스칼의 기계와 기능 면에서 아주 비슷한 계산기는 30년 후에 다방면에 학식이 높았던 독일 학자인 고트프리트 빌헬름 라이프니츠가 고안했다. 파스칼린의 경우, 기능상 문제가 없는 몇몇 견본이 오늘날까지 남아 있는 것에 비해 라이프니츠의 자동계산기는 원형대로 보존된 것이 없고 단지 후대에 제작한 것만 남아 그 기계가 제대로 작동했다는 것을 입증해주고 있을 뿐이다.

하지만 라이프니츠의 공로는 파스칼이 개발한 계산기의 기능을 개선했다는 것만은 아니다. 이보다 결정적인 그의 공로는 이론적으로 치밀한 개념을 발전시켰다는 데 있다. 파스칼이 개발한 계산기의 경우, 오른쪽 실린더에서 9가 0으로 넘어갈 때 옆에 있는 왼쪽 실린더에서 기계적 이월이 발생한다. 0에서 1로 돌아가는 것은 원칙적으로 1에서 2나 2에서 3으로 바뀌는 것과 차이가 없다. 그리고 이 과정은 8에서 9로 넘어갈 때까지 단조롭게 진행된다. 그러다가 9에서 0으로 넘어갈 때, 다시 이월 장치가 작동한다.

여기서 라이프니츠는 이 기계적 작용을 2단계로 줄일 수도 있을 것이라는 착상을 했다. 한 과정은 영(零, 우리가 요즘 0으로 표기하는)에서 일(一, 요즘 1로 표기하는)로 넘어가는 과정이다. 이때는 이월 과정이 0에서 1을 가리키는 실린더만 움직인다. 두 번째 과정은 1이 다시 0

으로 돌아가는 과정이다. 이때는 왼쪽에 있는 실린더가 같이 움직인다. 즉 첫 번째 실린더는 0에서 1로 이동하면서 더 이상 아무런 작동을 하지 않거나 또는 1에서 0으로 이동하면서 동시에 왼쪽 실린더가 따라서 움직이는 식이다. 이 같은 라이프니츠의 생각에 따르면, 각각의 실린더에는 숫자가 10개가 아니라 0과 1만 적혀 있어도 된다. 그의 개념에는 다른 숫자는 없는 것이다. 이런 이유로 라이프니츠가 고안한 0과 1을 '2진수'라고 부르고 이렇게 두 개의 숫자로 이루어진 수의 체계를 이원 시스템 또는 이진 시스템(Dualsystem)이라고 부른다. 하지만 이렇게 단순한 방법에는 대가가 따랐다. 기계에는 꽤나 많은 실린더가 있어야 하기 때문이다. 이진 시스템에서는 5개의 실린더만으로는 작은 숫자도 더 이상 감당하지 못한다. 실린더가 5개뿐인 이진 시스템에서 차례로 0부터 1, 2, 3을 거쳐 8까지 수를 기록하면 00000, 00001, 00010, 00011, 00100, 00101, 00110, 00111, 01000으로 표시된다. 이런 방식은 처음에는 문제가 없지만 라이프니츠의 표기 방식에서 11111로 쓰는 31에 가서는 그만 한계에 부딪친다. 실린더가 그 다음 자리의 1을 나타낼 수가 없어 다음 수는 다시 00000으로 표시되기 때문이다.

신비주의 사상을 아주 싫어하지도 않고 그렇다고 신봉하지도 않는 라이프니츠는 2진수 1을 신의 상징으로, 2진수 0을 무(無)의 상징으로 보았다. 2진법 체계에서 7이라는 수가 111로 표시되는 것은 기독교의 진리를 확신하는 사람들에게는 삼위일체의 신이 7일 만에 세상을 창조했다는 암시였다.

하지만 라이프니츠는 2진수를 고안할 때 또 다른 의미가 떠올랐다. 2진수 1은 진실한 말을, 2진수 0은 허위의 말을 가리킨다고 본 것이다. 오늘날 논리학자 중에는 모든 말이나 판단이 2진수를 '진리 값(Wahrheitswert)'으로 갖는다고 허풍을 떠는 사람이 많다. 라이프니츠는 이미 2진수의 작업이 단순히 산술적인 행위가 아니라 전반적으로 논리적 행위라는 인식이 있었다. 2진수는 인간의 사고를 반영한다는 것이다. 그는 '생각하는 것은 계산하는 것'임을 확신하기 시작했다. 그는 이런 생각을 법학에도 이용할 수 있을 것이라고 주장했다. 판사는 피고나 원고, 증인, 변호사의 발언에 담긴 진리 값으로 '계산'하는 것이며 공평무사하게 올바른 판결에 이르게 된다는

뉴턴과 동시대에 미적분을 발견하고 파스칼린과 비슷한
계산기를 고안한 고트프리트 빌헬름 라이프니츠
〈출처:(CC)Isaac Newton at wikipedia.org〉

것이다. 이런 생각을 일관되게 밀고 나가면 결국 판사 대신 계산기가 선고라는 과제를 떠맡을 수도 있다는 말이 된다.

라이프니츠의 경우는 추정 단계에 머물렀고 후대의 과제를 위한 기본 설계를 하는 데 그쳤을 뿐이다. 그러다가 1830년에 가서 영국의 수학자이자 철학자인 찰스 배비지(Charles Babbage)가 계산 기능을 넘어 논리적 작업을 수행할 수 있는 포괄적인 수산기를 만들 수 있다는 생각을 하게 되었다. 배비지는 처음엔 단순하게 선박의 항해에 도움이 되도록 단조롭지만 중요한 계산을 할 수 있는 이른바 차분기관(Differenzenmaschine)을 제작할 생각이었다. 하지만 그는 곧 기계로 수의 처리와 관련된 훨씬 포괄적인 영역을 다룰 수 있을 것이라는 사실을 깨달았다. 미리 주어진 도식에 따라 단계적으로 성취할 수 있는 것은 모두 기계적으로 수행된다는 데 생각이 미친 것이다. 이런 생각에 신이 난 그는 '해석기관(Analytical Engine)'을 제작하기로 결심했다. 이것은 당시로서 최신 기능이라고 할 증기력으로 가동되는 것이지만 배비지의 생전에는 실용화되지 못했다.

라이프니츠와 마찬가지로 배비지는 관심을 쏟는 프로젝트가 너무 많아 지나친 부담을 받았다. 하나의 과제에 열심히 매달릴 때는 다른 것은 거들떠보지도 않았다. 배비지는 정치경제를 공부했고 초기 자본주의에 대한 그의 기록은 카를 마르크스(Karl Marx)에게 중요한 자료가 되었다. 배비지는 또 통계학을 완성하여 생명보험 사업의 기초를 다지기도 했다. 그는 헤르만 폰 헬름홀츠(Hermann von Helmholtz)와는 별개로 이른바 오프탈모스코프(Ophthalmoskop)라는 검안경과 기관차의 정면에 부착해 선로청소기 역할을 하는 '배장기

(排障器, Kuhfänger, 선로의 장애물을 밀어 없애는 데 쓸 수 있도록 기관차 앞에 붙이는 뾰족한 철제 기구-옮긴이)'를 발명하기도 했다. 또 나무의 다양한 나이테 너비를 통해 과거의 기후를 추정했다. 배비지는 16세기에 생존한 블레즈 드 비제네르(Blaise de Vigenère)라는 학자의 방법에 따라 암호화된 텍스트를 해독하기도 했다.

이런 것은 배비지가 기울인 노력의 일부에 지나지 않는다.

배비지의 '해석기관'이 출현함으로써 그가 관심을 갖고 있던 다양한 분야, 특히 기계부품을 정밀하게 제작하려는 정밀기계공학은 별로 발전하지 못했다. 연구가 실패한 것은 배비지가 설계를 자주 바꾼데다가 영국 의회에서 충분히 지원해주지 않은 데도 원인이 있었다. 특히 '해석기관'을 위한 최초의 프로그램을 설계한 -최초로 인간의 간섭 없이 기계가 자동적으로 수행하는 수의 처리- 결과 두 번째 원동력이라고 할 관심을 잃을 수밖에 없었던 데도 실패의 원인이 있다. 관심을 잃게 된 원인은 배비지의 연구 파트너가 러브레이스(Lovelace) 백작부인인 오거스타 에이다 킹(Augusta Ada King, 결혼 전 이름은 Augusta Ada Byron)이었기 때문이다.

오거스트 에이다는 유명한 낭만파 시인 바이런의 딸이었다. 하지만 아버지는 딸이 태어나고 얼마 지나지 않아 아내를 내쫓고 부부 사이의 유일한 혈육인 딸과 접촉하는 것도 거부했다. 중병을 앓던 어머니는 딸 앞에서 바이런의 이름을 절대 부르지 않았고 딸에게 아버지의 기억을 지우려고 애쓰며 초상화도 일체 보지 못하게 했다. 어머니는 대외적으로만 모성애가 넘치는 어머니 노릇을 했을 뿐, 실제로는 에이다의 할머니에게 딸의 모든 양육을 맡겼다.

파스칼과 마찬가지로 에이다 바이런도 어릴 때부터 심한 두통을 앓았다. 또 파스칼처럼 에이다 바이런도 개인교수를 받았는데, 그녀를 가르친 수학자 오거스터스 드 모르간(Augustus de Morgan)은 에이다에게 특출한 수학적 재능이 있음을 간파했다. 당시 이미 윌리엄 킹(William King, 후에 러브레이스 백작이 됨)과 결혼한 에이다는 파스칼과 마찬가지로 자신의 수학적 재능을 아낌없이 펼치려고 했다. 에이다는 배비지와 공동 연구로 '해석기관'을 개발하려고 했다. 하지만 파스칼과 달리 배비지가 설계한 계산기를 보지 못한 에이다의 노력은 이론의 범주를 벗어나지 못했다. 대신 이후 마이클 패러데이(Michael Faraday)가 그녀가 개발한 세계 최초의 컴퓨터 프로그램에 감탄하는

배비지의 파트너 에이다 러브레이스
〈출처:(CC)Ada Lovelace at wikipedia.org〉

것으로 만족해야 했다. 에이다 러브레이스는 불행한 결혼과 당시에는 떠들썩한 스캔들로 비화되지 않은 연애 때문에 고통스러운 정신적 갈등을 겪었다. 그녀 자신은 이 때문에 확실한 도박 시스템을 고안하지 못했다고 생각했고 결국 수천 파운드에 이르는 엄청난 판돈을 걸었다가 다 날리고 말았다. 파스칼과 마찬가지로 에이다 러브레이스는 너무 일찍 세상을 떠났다. 파스칼은 40세를 채우지 못했고 에이다 러브레이스는 37세를 채우지 못했다.

전기 수산기의 탄생

패러데이가 인식하고
맥스웰이 토대를 갖춘 현대 문명

패러데이(Faradays)는 에이다 러브레이스의 재능에 몹시 감탄했다. 패러데이가 볼 때, 수십 년 뒤에 수산기가 완벽하게 작동하도록 기초를 놓은 것은 러브레이스의 선구적인 업적이었기 때문이다. 패러데이는 무수한 실험을 거치면서 전기와 자기 사이에 깊은 연관성이 있다는 것을 깨달았다. 그는 전압을 일으키는 데는 다양한 방법이 있지만 자연 전체에서 똑같은 현상이 벌어진다는 것에 주목했다. 패러데이는 지극히 평범한 가문 출신으로 제본공으로 일하며 오로지 입수할 수 있는 교재를 통해서만 전기에 대한 흥미를 키웠지만 단 하나의 수학적 공식도 없이 자연의 통일성이라는 개념과 인식을 발전시킨 인물이다. 이후 패러데이의 실험에 깊은 인상을 받은 제임스 클라크 맥스웰(James Clerk Maxwell)은 패러데이의 생각을 수학적으로 정리하는 것을 목표로 삼았다. 그리고 전기와 자기를 전체적으로 통일된 형태로 요약하는 4개의 방정식을 통해 이 과제에 성공했다. 전자기학(Elektromagnetismus)에 기초를 둔 다양한 적용 분야를 한눈에 개관하기는 힘들다. 예컨대 전동기, 발전기, 이동전화, 엑스선, 트랜지스터, 라디오, 텔레비전, 나침반, 백열등, 고압전류, 배터리, 노출계, 마이크로폰, 디지털카메라, 별빛, 북극광, 모니터 화면, 지하철, 전자시계, 뇌전도, 컴퓨터 단층촬영 등등 이런 적용 기술도 극히 일부에 지나지 않는다.

아마 여러 시간 혹은 며칠씩 전국적인 단전 사태를 겪을 때, 우리는 패러데이가 인식하고 맥스웰이 수학적 뼈대를 갖춘 현대 문명에 얼마나 의존하고 있는지 뼈저리게 느낄 것이다. 이와 관련해 장관이 패러데이의 실험실을 방문한 재미난 일화가 있다. 장관은 페러데이의 실험에 국가 예산이 투입되었기 때문에 -오늘날의 관점에서 보자면 아주 보잘 것 없이 미미한 액수- 관심을 갖지 않을 수가 없었다. "이것은 무슨 쓸모가 있는 거요?" "이건 왜 필요한 거요?" 등등 장관은 코일과 콘덴서를 바라보며 걱정스러운 표정으로 물었다. 이 물음에 대하여 패러데이는 "아기는 무슨 쓸모가 있죠?" "아기는 왜 필요하죠?"라고 반문했다는 것이다.

전기역학의 적용 분야는 너무도 넓고 또 각각의 분야에서 활약한 발명자도 엄청나게 많다. 너무도 많아 알파벳순으로 한 명씩 대표적인 인물만 꼽는다면 -X, Y는 제외하고- 만프레트 폰 아르데네(Manfred von Ardenne), 알렉산더 그레이엄 벨(Alexander Graham Bell),

헨리 클로시어(Henry Clothier), 레이 돌비(Ray Dolby), 토머스 알바 에디슨(Thomas Alva Edison), 존 앰브로즈 플레밍(John Ambrose Fleming), 하인리히 가이슬러(Heinrich Geissler), 하인리히 헤르츠(Heinrich Hertz), 허버트 유진 아이브스(Herbert Eugene Ives), 제임스 프레스콧 줄(James Prescott Joule), 요한 크라포글(Johann Kravogl), 로베르트 폰 리벤(Robert von Lieben), 굴리엘모 마르코니(Guglielmo Marconi), 게오르크 노이만(Georg Neumann), 케네스 올센(Kenneth Olsen), 발데마르 페테르센(Waldemar Petersen), 게오르크 헤르만 크빙케(Georg Hermann Quincke), 요한 필립 라이스(Johann Philipp Reis), 베르너 폰 지멘스(Werner von Siemens), 니콜라 테슬라(Nikola Tesla), 리하르트 울브리히트(Richard Ulbricht), 한스 포크트(Hans Vogt), 찰스 휘트스톤(Charles Wheatstone), 클래런스 멜빈 제너(Clarence Melvin Zener) 등의 이름을 들 수 있다. 발명과 관계된 물리학자 및 기사 들 중에 월터 브래튼(Walter H. Brattain)과 존 바딘(John Bardeen), 윌리엄 쇼클리(William B. Shockley) 세 사람은 수산기와 관련해 특별한 역할을 한다. 이들이 이미 19세기 말에 에디슨이 원형으로 설계한 진공관을 대체할 전기 기구, 즉 트랜지스터를 발명했기 때문이다.

이 책에서는 트랜지스터가 이른바 반도체로 구성되는 부품이라는 정도만 알아도 충분할 것이다. 1950년 무렵, 발명 당시만 하더라도 트랜지스터는 세 가닥의 선이 삐져나온 1센티미터 크기의 실린더 형태였다. 요즘엔 현미경으로 봐야 할 정도로 작지만 본질적인 기능은 변한 것이 없다. 세 가닥의 선은 각각 B (베이스 Base), C (컬렉터 Collector), E (이미터 Emitter)로 표시된다. 여기서는 세부적인 작용은 생략하고 아주 간단하게 기능을 설명하자면 다음과 같다. B선에 전압이 실리면 트랜지스터는 C선에서 E선으로 아무 저항 없이 전류가 흐르도록 한다. 반대로 B선에 전압이 실리지 않으면 트랜지스터는 C선에서 E선으로 전류를 보내지 않는다.

이런 원리를 통해 전기역학의 이치가 논리학과 같다는 것을 알 수 있다. 끝에 q 로 표시한 선에 전압, 이른바 '베이스 전압'이 실릴 경우를 보자. 이것만 보면, 선 끝 q 에 이 전압이 있다는 것을(땅이 전압이 0이라고 말할 때) 확인할 수 있다. 이때는 q = 1이라고 쓴다. 하지만 이 선을 땅과 연결된 두 번째 선과 연결하면, 전압원의 전류를, 사이

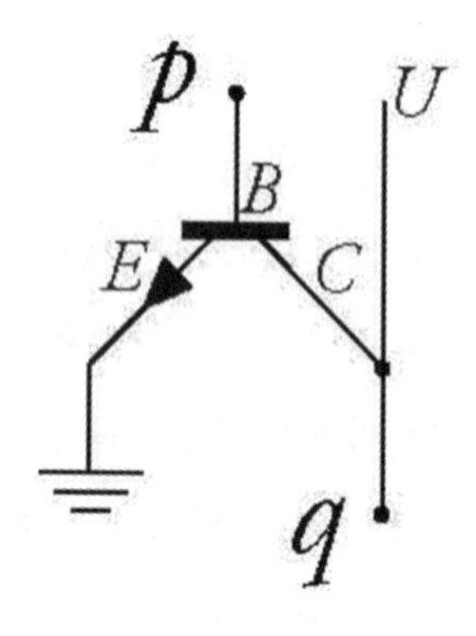

반전회로(인버터, NOT회로)의 원리: 베이스 전압은 U 로 표시된다. p 에 전압이 실리면, 즉 p = 1이면, 트랜지스터의 전압이 실린 베이스 B는 전류를 컬렉터 C 에서 이미터 E 를 통해 땅으로 흐르게 한다. q 에는 전압이 없는 q = 0 상태가 된다. p 에 전압이 실리지 않으면, 즉 p = 0이면, 트랜지스터는 전류가 흐르지 않고 q 에 전압이 남아 있는 q = 1 상태가 된다.

에 있는 연결매듭을 통해 두 번째 선과 땅으로 흐르게 하고 선 끝의 q 에는 전압이 남지 않는다. 이때는 q = 0이라고 쓴다. 이때 트랜지스터가 작용한다. 즉 트랜지스터가 두 번째 선에 장착되면 매듭에서 트랜지스터까지의 선 부분이 C 선이고 트랜지스터에서 땅까지의 선 부분이 E 선이 된다. 이것은 p 로 표시하는 트랜지스터의 B 선 끝에 전압이 있는지 여부에 달려 있다. 여기서는 p = 1이라고 쓰고 전압이 없다면 p = 0이라고 쓴다. 다시 말해 p = 1일 때, 트랜지스터는 C에서 E 로 전류를 흘려보내고 선 끝 q 에는 전압이 없어 q = 0이 된다. 반대로 p = 0이면 트랜지스터는 전류의 흐름을 차단하고 선 끝 q 에는 베이스 전압이 남아 q = 1이 된다. 전기부품에서 q 는 논리적 부정을 상징한다. 즉 "p 가 아니다"라는 의미이다.

이런 부품을 나란히 또는 차례로 연결하면 모든 논리적 연결이 가능하다. 예를 들어 "p 도 아니고 q 도 아니다"를 표현할 수 있다. 이때는 p 의 진술도 q 의 진술도 상징하지 않는 선에 전압이 실려 있을 때, 처음의 전선 끝 r 에서 정확하게 전압을 측정한다. 바꿔 말해, p = 0이고 q = 0일 때만 r = 1이 된다. r 은 "p 도 아니고 q 도 아닌 것"을 상징하므로 사실상 p 도 틀리고 q 도 틀릴 때 맞는 것은 r 이다. 반대로 p = 1이고 q = 0이라면 또는 p = 0이고 q = 1이거나 p = 1이고 q = 1이라면 r = 0이 된다. 적어도 p 와 q 의 진술 중 하나라도 진실이기 때문에 또는 "p 도 틀리지 않고 q 도 틀리지 않기" 때문이다.[24]

이런 연결을 몇 차례 하다 보면 과거의 파스칼이 계산기를 사용한 것처럼 계산할 수 있다.[25] 이렇게 올바른 방법으로 무수하게 직렬 연결한 배선으로 이루어진 것이 바로 수산기의 기능이라고 할 수 있

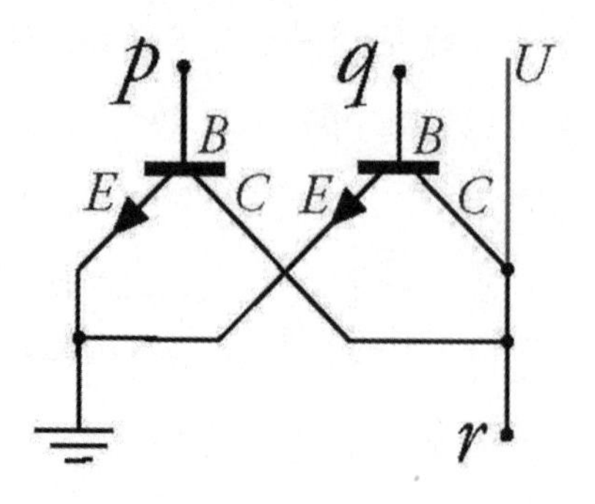

부정논리합 연산(NOR)회로의 원리: p = 0이고 q = 0일 때만 r = 1이 된다. 이때만 두 개의 트랜지스터는 베이스 전압 U 의 전류를 땅으로 보내지 않는다. 이 밖에 전류가 땅으로 흐르는 모든 경우에는 r = 0이 된다.

다. 프로그램의 진행을 따르고 명확하고 개별적인 상징 조작으로 이루어진 것, 이것을 수산기는 이해한다.

학습된 회의론과 튜링 테스트

기계는 인간의 '감정'을
흉내 낼 수 있을까

제퍼디 쇼에서 켄 제닝스와 브래드 러터를 이긴 왓슨이 바로 이런 형태의 수산기였다. 이 기계의 내부에는 엄청나게 긴 0과 1의 수열로 구성된 자료가 가득 담겨 있다. 전압이 있을 때 1로, 없을 때 0으로 전환된 이 수열이 왓슨에 담긴 모호한 '지식'의 원천이다. 이것을 기술상의 걸작이라고 할 수 있는 이유는 수산기가 실제로 생각을 할 수 있다는 환상을 불러일으킨다는 데 있다.

시사주간지 〈슈피겔(Der Spiegel)〉의 편집실에서는 왓슨에 매료된 나머지 수산기 분야에서 공인된 전문가를 만나 궁금증을 풀어보기로 했다. 슈피겔에서 인터뷰한 사람은 1983년에 동료인 니콜라스 카리에로(Nicolas Carriero)와 함께 무엇보다 평행구조의 수산기에 알맞은 프로그램 언어인 린다(LINDA)를 개발한 데이비드 젤렌터(David Gelernter)였다. 슈피겔과 젤렌터의 인터뷰 내용 중 핵심적인 것은 다음과 같다.

슈피겔: 젤렌터 씨, 개념 하나를 맞춰보시죠. 미국의 저널리스트인 앰브로즈 비어스(Ambrose Bierce)는 이것을 '결혼으로 치유되는 일시적인 정신병'이라고 표현했습니다. 혹시 이것이 뭘 말하는 건지 아십니까?"

젤렌터: 모르겠는데요.

슈피겔: 사랑입니다.

젤렌터: 아, 사랑이군요.

슈피겔: 그렇습니다. 이 질문은 텔레비전 퀴즈쇼 '제퍼디'에서 나온 거죠. IBM의 슈퍼컴퓨터인 왓슨은 간단하게 이 답을 맞혔습니다. 그렇다면 왓슨은 사랑이 뭔지 안다고 할 수 있지 않을까요?

젤렌터: 왓슨은 전혀 모릅니다. 인공지능 분야의 연구는 감정

에 관계된 것은 아직 시작도 못했어요. 문제는 사람이 오성만을 가지고 생각하는 게 아니라는 거죠. 생각은 신체를 갖춘 정신만이 할 수 있는 것입니다. 사랑과 같은 감정은 왓슨의 능력을 벗어나는 영역이에요.

슈피겔: 기계가 흉내 낼 수 없는 인간의 뇌가 지닌 특이점은 무엇일까요?

젤렌터: 사람의 뇌는 컴퓨터와는 완전히 다릅니다. 컴퓨터는 순전히 반도체와 그밖에 잡동사니로 구성된 전자 기계일 뿐입니다. 실제로 창의성이 있는 기계를 만드는 것은 가능하다고 봐요. 아마 환각을 불러일으킬 수도 있을 것입니다. 하지만 어떤 점에서도 그런 기계를 인간에 비교할 수는 없죠. 그것은 언제나 기만이고 허상에 불과합니다. 가령 '왓슨 2050' 같은 모델은 시(詩)를 놓고 벌이는 시합에서 얼마든지 이길 수는 있을 겁니다. 어쩌면 멋진 소네트를 써서 아름답고 감동적이라는 반응을 불러일으키고 세계적인 명성을 떨칠 수도 있겠죠. 그렇다고 해서 이것이 왓슨이 오성을 지녔거나 스스로 생각한다는 의미일까요? 당연히 아닙니다. 주인이 없기 때문이죠. 그 속에는 아무것도 들어 있지 않습니다.

이 같은 데이비드 젤렌터의 회의적인 태도는 조금은 블레즈 파스칼의 인식을 기억나게 한다. 파스칼은 인간이 형식적인 논리의 법칙뿐 아니라 무엇보다 '마음으로' 생각한다는 의미에서 "마음은 오성이 알지 못하는 자기만의 이유가 있다(Le coeur a ses raisons que la raison ne connaît pas)"라고 했다.

그런데 민스키나 모라백은 복잡한 구조로 된 수산기에서 뭔가 순수한 사고 같은 것을 찾을 수 있다고 생각한다. 이들의 생각은 옳은 것일까? 이 의문에 대한 답을 찾기 위해 영국의 수학자이자 논리학자인 앨런 튜링(Alan Turing)은 이미 1950년에 자신의 이름을 따 튜링 테스트라고 불린 한 가지 실험을 제안했다. 사람이 자판과 모니터 화면의 글자만을 사용해 얼굴도 보지 못하고 목소리도 듣지 못하는 두 상대와 대화를 하는 실험이었다. 대화상대 중 한쪽은 사람이고 다른 한쪽은 기계였다. 이 두 상대는 질문을 제기한 사람에게 자신이 생각하는 존재라고 믿게 하는 실험이었다. 질문자가 두 대화상대 중 어느 쪽이 기계인지 분명히 알지 못하면 기계는 튜링 테스트를 통과한 것이 된다.

1966년, 컴퓨터의 선구자라고 할 매사추세츠 공과대학의 조셉 바이젠바움(Joseph Weizenbaum)은 버나드 쇼의 『피그말리온(Pygmalion)』에 나오는 인물의 이름을 딴, 일라이자(ELIZA)라는 프로그램을 개발했다. 인간과 수산기 사이에 자연의 언어로 소통 가능성이 있음을 보여주는 프로그램이었다. 일라이자는 인간 상대의 진술을 질문으로 바꿔서 반응을 가장하는 식으로 작동된다. 심리치료사의 역할을 기계가 대신하도록 한 장치였다. 가령 환자가 "자동차에 문제가 생겼어요"라고 말하면 일라이자는 "왜 자동차에 문제가 생겼죠?"라고 대답한다. 환자가 "아버지와 문제가 생겼어요"라고 탄식하면 일라이자는 "가족에 대해서 좀 더 설명해 보세요"라는 말로 반응을 보인다. 이 두 번째 예에서 프로그램은 '아버지'를 '가족'으로 알아듣고 거기에 맞춰 '지능적'인 반응을 보이도록 해석과정을 거친 것이다.

바이젠바움이 일라이자를 심리치료사로 활용하기로 계획하게 된 계기는 이런 대화 상대에게 세상 지식이 없어도 신뢰성을 잃지 않도록 하자는 생각에서 나온 것이다. 바이젠바움은 그 근거를 분명하게 밝혔다. 사람이 "배를 타고 갔어요"라는 말을 문장으로 표현하면, 수산기는 "배에 대해서 설명 좀 해보세요"라고 대답한다. 그러면 사람은 대화 상대가 배에 대한 지식이 없다고 생각하지 않는다.

일라이자와 소통하는 실험에 참여한 사람들은 마치 사람과 대화하는 것처럼 보였다. 분명한 것은 대답하는 상대가 사람인지 기계인지는 이들에게 크게 상관이 없었으며, 질문과 대답이 인간적인 것처럼 보인다는 것이 중요했다. 실험 참여자들은 대부분 '대화 상대'가 실제로 그들의 문제에 이해를 드러냈다고 확신하기까지 했다. 심지어 그들이 '지능'이나 '오성', '감정이입 능력'이 없이 몇 가지 간단한 규칙에 기초해서 주어진 진술을 질문으로 바꾸는 기계와 '대화'를 했다는 사실이 드러났을 때도 이들은 이 사실을 받아들이지 않았다. 일부 참여자는 "기계가 인간 치료사보다 나를 더 잘 이해하는 걸요"라고 주장할 정도였다.

바이젠바움은 자신의 프로그램에 대한 반응에 충격을 받았다. 게다가 개업 중인 정신과 의사들이 진지하게 이 기계로 자동화된 형태의 심리치료가 가능할 것이라는 생각을 하자 한층 더 불안해졌다. 이후 바이젠바움은 이런 경험을 바탕으로 '인공지능'의 무분별한 기술에 대한 맹렬한 비판자로 돌아섰다.

그가 받은 충격은 말하자면 수산기가 인간 자체의 모습을 바꿀 수도 있다는 데서 온 것이다. 튜링 테스트에 담긴 불순한 의도는 수산기가 사람처럼 생각할 수 있는가라는 물음을 -어떤 점에서는 발명자의 의도에 맞춰 완벽하게 작동하는- "사람은 튜링 테스트를 이기는가?"라는 물음으로 바꿀 수도 있다는 데서 드러난다. 기계가 완벽하게 작동한다면 혹시 수산기의 요구에 응하지 않는 사람들, 또는 파스칼의 '마음의 생각(Raison du Cœur)'을 믿는 사람들이 사라지는 것은 아닐까? 과장이 아니다. 마빈 민스키나 한스 모라백처럼 '인공지능'의 예언자들마저도 이렇게 아찔한 시나리오를 진지하게 검토하고 있다. 예를 들어 민스키는 "운이 좋다면 로봇이 사람을 가축처럼 대하게 될 것이다"라는 말을 한 적이 있다. 농담으로 한 말이 아니다.

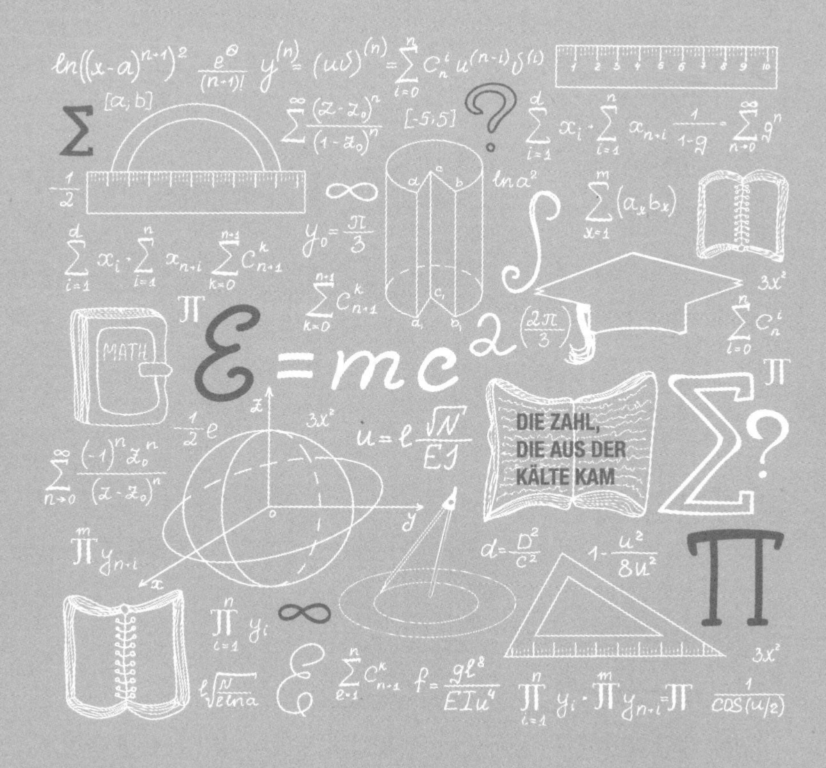

7 수학의 한계는 어디까지인가
: 전지성에 대한 요구

다비트 힐베르트는 다음과 같이 주장했다.

"우리는 오늘날 철학자의 얼굴을 하고 거만한 목소리로 문명의 몰락을 예언하며 이그노라비무스(Ignorabimus, 인간의 인식의 한계를 주장한 '우리는 모르고 앞으로도 모를 것이다(Ignoramus et ignorabimus)'라는 라틴어 표어에서 나온 말)에 빠진 사람들의 말을 믿어서는 안 될 것입니다. 우리에게 이그노라비무스는 없습니다. 내가 볼 때, 자연과학에도 없습니다. 한심한 이그노라비무스 대신 우리의 대안은 '우리는 알아야 하고 알게 될 것이다'라는 것입니다."

괴팅겐의 거인

수학은 논리이자
생각이다

수학이란 무엇인가?

쉽게 대답할 수 없는 물음이다. 생물학이 무엇이냐고 물으면 관찰과 실험을 통해 생명의 모든 형태를 연구하는 과학이라고 쉽게 대답할 수 있다. 수학도 과학이다. 그러면 수학의 방법은 무엇에 토대를 두고 있는가? 그리고 그 연구 대상은 무엇인가?

수학의 방법은 아주 분명해 보인다. 그것은 논리이다. 또는 생각이라고 할 수도 있다. 이 두 가지가 같다고 말하는 사람이 많다. 어쨌든 수학적 진술의 근거는 논리적으로 허점이 없어야 한다. 어떤 공식을 증명하는 논증의 고리에 사고의 오류나 완결되지 않는 빈틈이 숨어 있다면 그것은 증명으로서의 가치가 없다. 설사 수학의 대가(大家)가 제시한 논증이라고 해도 다를 것이 없다. 또 그 공식이 수많은 적용단계에서 입증이 되더라도 불완전하기는 마찬가지다.

수학의 역사에서 예를 살펴보면, 수학자들은 인간이 얼마나 논리에 의존하는지, 또 논리가 정말 사고를 포함하는지에 대하여 왜 결코 합의를 보지 못하는지 이해하기가 가장 쉬울 것이다. 이 말의 골자는 수학이 정말 무엇을 할 수 있는지가 궁극적으로 불분명하다는 것이다.

이 이야기는 이 책의 마지막 2개 장(章)에 해당하는 두 부분으로 이루어져 있다. 첫 번째 부분은 1900년 무렵 독일어권에서 가장 중요한 수학자인 다비트 힐베르트(David Hilbert)에 관한 것이다. 전체적인 스토리는 그가 내세운 주제를 중심으로 전개될 것이다. 두 번째 부분에서는 힐베르트의 좌우명을 따른 사람과 그렇지 않은 사람들에게 어떤 운명이 닥치는지를 알게 될 것이다.

1900년 무렵, 수학의 세계적인 중심지는 독일의 괴팅겐과 프랑스의 파리였다.

이 시기에 괴팅겐에서 가장 유명한 수학자는 다비트 힐베르트였다. 그는 수학의 전 분야에서 선구적인 업적을 남겼을 뿐 아니라 수학에 매혹된 전 세계의 젊은 인재들을 자신의 주변으로 불러 모으기도 했다. 파리에서 공부하다 온 러시아의 세르게이 베른슈타인(Sergej Bernstein), 시카고 대학에서 괴팅겐 대학으로 유학 온 미국의 앤 보스워스(Anne Bosworth), 훗날 부에노스아이레스 대학에서 근무한 이탈리아의 우고 나폴레오네 주세페 브로기(Ugo Napoleone Giuseppe Broggi), 체코슬로바키아에서 학업을 마치고 '제3제국'의 혹독한 시기를 거친 다음 빈 공과대학에서 가르친 오스트리아의 파울 게오르크 풍크(Paul Georg Funk), 훗날 상트페테르부르크로 이름이 다시 바뀐 레닌그라드에서 나치에 시달리다 굶주림에 희생된 러시아의 나제쉬다 게르네트(Nadjeschda Gernet), 이아시(Iaşi) 대학에서 가르치며 루마니아에 수학의 뿌리를 내린 루마니아의 알렉산드루 뮐러(Alexandru Myller), 훗날 르보프로 바뀐 렘베르크에서 지역 이름을 딴 폴란드 수학의 학파를 세운 폴란드의 후고 슈타인하우스(Hugo Steinhaus), 도쿄로 돌아가 연구와 교수활동을 통해 자신의 조국에 현대수학의 길을 연 일본의 다카기 데이지(高木貞治) 등이 대표적인 인물들이고 이들도 수많은 제자의 일부에 지나지 않는다.

누구보다 빼놓을 수 없는 사람이 바로 에미 뇌터(Emmy Noether)이다. 사실 에미는 힐베르트의 제자는 아니었고 부친인 막스 뇌터(Max

자연과학에는 한계가 없다고 주장한 다비트 힐베르트
〈출처:(CC)David Hilbert at wikipedia.org〉

Noether)가 수학교수로 재직하는 에를랑겐(Erlangen) 대학에서 파울 고르단(Paul Gordan) 지도하에 박사학위를 받았다. 그녀의 지도교수인 고르단은 구 학파의 수학자로서 추상적인 사고 대신 복잡한 계산이 중심이 된 학풍을 따랐다. 그의 전문분야인 이른바 불변성의 원리(Invariantentheorie)에서 아주 까다로운 계산 끝에 얻은 인식을 힐베르트가 완전히 추상적인 관점에서 아무런 계산의 근거도 없이 단숨에 도출해내었다는 것을 알았을 때, 고르단은 괴로운 나머지 "그건 수학이 아니라 신학이야"라고 투덜댔다고 한다.

이와 달리 에미 뇌터는 힐베르트의 사고에 새로운 방향을 제시하는 내용이 담겼음을 알고 힐베르트 쪽으로 생각이 기울었다. 힐베르트와 힐베르트 부친의 친구인 펠릭스 클라인(Felix Klein)은 그들이 재직하는 대학에 뇌터의 자리를 주선했다. 이에 따라 뇌터는 괴팅겐으로 거처를 옮겼다. 하지만 보수적인 교수들은 뇌터를 불신하고 받아들이기를 거부했으며 명백하게 실력이 뛰어났음에도 뇌터의 교수 활동은 길이 막혔다. 뇌터는 수년 동안 힐베르트의 이름으로만 강의 계획을 발표할 수밖에 없었다. 몇몇 교수들이 뇌터가 대학에서 활동하는 것을 저지하려고 할 때 -그녀가 무슨 잘못을 저질러서가 아니라 비슷한 남자들끼리 뭉치려는 의도 때문에- 힐베르트는 그만 화가 나서 "이봐요, 학부는 수영장이 아니에요"라고 소리쳤다는 일화가 전해진다.

20세기 수학자 중에 뛰어난 사상가인 헤르만 바일(Hermann Weyl)은 과거의 스승인 힐베르트를 위한 추도사에서 자신이 수학에 매혹된 과정을 묘사했다(바일은 1933년, 히틀러를 혐오하여 독일을 떠났다).

"지금도 수학의 세계로 오라고 유혹하는 힐베르트, 당신의 달콤한 목소리의 여운이 귓전을 맴돕니다. 당신과 만나는 사람은 누구나 수학의 마법에 빨려들지 않을 수가 없었죠. 그런 예를 묻는 사람에게 나는 내 자신의 이야기로 대답해줍니다.

나는 나이 열여덟에 시골에서 괴팅겐으로 왔습니다. 내가 괴팅겐 대학을 선택한 것은 오로지 내가 다닌 학교의 교장이 힐베르트 선생님의 사촌이라 그에게 보내는 추천서를 내게 써주었기 때문입니다. 나는 아무 생각도 없이 순진한 마음으로 힐베르트 선생님이 그 학기에 예고한 〈수의 개념과 원의 구적법〉이라는 강의에 감히 수강신청을 했지요. 강의 내용은 대부분 나에게는 수준이 높았습니다. 하지만 나는 그 시간에 새로운 세계로 나가는 문이 열렸다는 것을 깨달았습니다.

힐베르트 선생님에게 배운 기간은 길지 않습니다만, 그때 나는 이 분이 쓴 글은 무조건 읽고 배우겠다는 용감한 결심을 하게 되었죠. 1년이 지난 뒤, 나는 힐베르트 선생님의 『수론 보고서(Zahlbericht)』를 들고 집으로 돌아갔습니다. 그리고 여름방학 동안에 기초적인 정수론(Zahlentheorie)이나 갈루아의 이론(Galoistheorie)등 사전지식도 없이 그 책에 흠뻑 빠졌답니다. 그 몇 달 동안의 기간은 제 인생에서 가장 행복한 시기였습니다. 그때 큰 위로를 받아 지금까지 살면서 부딪히는 어떤 좌절이나 실망도 능히 극복할 수 있게 되었죠."

'이그노라비무스'는 없다

여기 문제가 있다,
찾아라

자부심이 강한 힐베르트가 확신하는 것은 자신의 학문에서 나오는 한없는 힘이었다. 1930년, 괴팅겐 대학의 교수직에서 퇴직할 무렵 그는 당시 막 등장한 라디오에 출연했다. 백발이 성성한 나이에 추밀고문관이 되어 동료 교수들로부터 존경을 받는 그가 마이크 앞에 앉았을 때, 수많은 청취자가 라디오 앞에 모여 그의 목소리가 나오기를 기다리는 모습이 눈에 선하다. 힐베르트는 동프로이센의 악센트로 또박또박 다음과 같은 연설을 했다.

"수학은 이론과 실제, 생각과 관찰을 중개하는 수단입니다. 수학은 다리를 건설하고 그 다리를 갈수록 튼튼하게 보강하고 있습니다. 그러므로 인간의 모든 현대 문명은, 그것이 자연 속으로 침투해 자연을 정복하는 과정에 근거를 두는 한, 수학에서 토대를 찾고 있습니다. 일찍이 갈릴레이는 자연이 우리에게 들려주는 언어와 상징을 아는 사람만이 자연을 이해할 수 있다고 말했습니다. 이 자연의 언어는 수학이며 자연의 상징은 수학적인 형태를 갖추고 있습니다.

'내가 볼 때, 특별한 자연과학은 모두 수학과의 연관성에 비례해서 진정한 과학 소리를 들을 수 있을 것이다'라고 칸트는 주장했습니다."

힐베르트는 수학의 의미를 되새기기 위해[26] 몇 가지 인용구를 더 소개한 다음, 다음과 같은 말로 라디오 연설을 끝냈다.

"우리는 오늘날 철학자의 얼굴을 하고 거만한 목소리로 문명의 몰락을 예언하며 이그노라비무스(Ignorabimus, 인간의 인식의 한계를 주장한 '우리는 모르고 앞으로도 모를 것이다(Ignoramus et ignorabimus)'라는 라틴어 표어에서 나온 말-옮긴이)에 빠진 사람들의 말을 믿어서는 안 될 것입니다. 우리에게 이그노라비무스는 없습니다. 내가 볼 때, 자연과학에도 없습니다. 한심한 이그노라비무스 대신 우리의 대안은 '우리는 알아야 하고 알게 될 것이다(Wir müssen wissen, wir werden wissen)'라는 것입니다."

오늘날의 우리에게 이 마지막 말은 이해하기가 힘들다. 힐베르트가 '이그노라비무스에 빠져' 문명의 몰락을 예언한다고 표현한 사람들은 누구를 가리키는 것일까?

이 의문에 답하기 위해서는 1872년으로 거슬러 올라가야 한다. 당시 유명한 생리학자인 에밀 하인리히 뒤 브와-레몽(Emil Heinrich du Bois-Reymond)은 학계를 경악과 충격에 빠트리는 주장을 했다. 뒤 브와-레몽은 자신이 진화론의 열렬한 옹호자라는 것을 고백하면서 자연과학은 '문화의 절대적인 기관'이라는 견해를 강력하게 제시했고 인간의 노력 중에 유일하게 진보하고 있다고 주장했다. 반대로 정치나 예술, 종교 등 다른 문화재는 궁극적으로 무가치하다는 것이었다. 자연과학을 찬양하고 자연과학의 역사에서 인간 본연의 역사를 찾으려는 바로 이 뒤 브와-레몽이 라이프치히에서 열린 '독일 자연과학자 및 의사 학회'의 모임에서 '자연인식의 한계'가 있다는 발언을 한 것이다. 그는 물질과 힘이 무엇인지 절대 모를 것이고 무의식적인 신경에서 의식적인 감각의 위치를 파악할 수 없으며 사고와 언어의 기원을 알 수 없고 선행을 의무로 생각하는 자유의지가 어디서 온 것인지 절대 파악할 수 없다고 했다. 그러면서 "이그노라무스 에트 이그노라비무스(Ignoramus et ignorabimus, 우리는 모르고 앞으로도 모를 것이다)"라는 라틴어 경구를 인용한 것이다.

이로부터 수십 년이 지난 뒤, 다비트 힐베르트는 '이그노라비무스'를 눈엣가시처럼 생각하는 사람들 중 한 명이 되었다. 그는 라디오 연설 초반에 뒤 브와-레몽의 회의론에 맞서는 태도를 분명히 했다. 수학에 종사하는 사람은 끝내 모든 '이그노라비무스'를 무너뜨

자연인식의 한계를 주장하며
"우리는 모르고 앞으로도 모를 것이다"라는
라틴어 경구를 인용한 에밀 하인리히 뒤 브와-레몽
〈출처:(CC)Emil DuBois-Reymond at wikipedia.org〉

리고 말 것이라는 강력한 메시지를 전한 것이다. 그러면서 갈릴레이 이후, 자연과학은 끊임없이 승승장구 해왔다고 말했다. 아이작 뉴턴이 등장하기 전, 사람들은 유성이 천사들의 날갯짓으로 하늘에서 떨어지는 것이라고 믿었다. 멋들어진 시적 상상력이라고 하지 않을 수 없다. 하지만 수학에 기반을 둔 뉴턴의 물리학이 이런 상상을 무너뜨렸다. 모든 천체의 운동은 일정한 방정식이 있다고 뉴턴은 말했다. 만일 우주 전체에서 단 두 개의 천체만이 있다면, 이 방정식의 해법은 갈릴레이와 동시대의 인물인 요하네스 케플러가 측정과 계산으로 이끌어낸 법칙으로 이어진다. 우주에 들어 있는 수많은 천체의 경우, 인간이든 계산기든 뉴턴의 방정식으로는 정확한 답을 이끌어낼 수가 없다. 그럼에도 수학만이 우주 현상의 기초를 이루고 있다고 천문학자들은 확신한다.

피에르 시몽 라플라스(Pierre Simon Laplace)는 이런 생각을 우주에 있는 모든 원자의 운동에 적용한다. 곤충의 날갯짓에서부터 베수비오 화산의 폭발을 거쳐 초신성(Supernova, 항성진화의 마지막 단계에 이른 별로 보통 신성보다 1만 배 이상의 빛을 내는 신성-옮긴이) 같은 별의 폭발에 이르기까지, 우주의 모든 현상은 방정식으로 규정된다는 것이다. 수학이 작용하지 않는 것은 하나도 없다는 것이다.

상대성이론이나 양자론이 뉴턴의 방정식을 수정하기는 했지만 이 경우에도 원칙적으로 이런 주장이 바뀌지는 않는다. 양자론에서는 원자든 DNS 분자구조든, 상자 속의 고양이(오스트리아의 물리학자 에르빈 슈뢰딩거 Erwin Schrödinger가 양자역학의 불완전함을 보이기 위해서 고안한 사고 실험-옮긴이)든 구름이든 막론하고 모든 물리적 체계는 신비의 그리스 문자 프시(ψ)로 표시된다. 이 부호는 이른바 체계의 상태를 상징한다. 이 프시에 체계 특유의 모든 정보가 담겨 있다. 그리고 이 프시는 수학 외에는 그 어떤 것에도 굴복하지 않는다. 프시는 에르빈 슈뢰딩거[27]의 이름을 따서 붙인 수학방정식에 순응하기 때문이다.

결국 수학이 파고들지 않는 것은 없다. 그리고 수학 자체는 뒤 브와-레몽의 주장을 반박한다고 수학의 천재 힐베르트는 굳게 믿었다. 힐베르트는 자신의 좌우명을 다음과 같이 격정적으로 표현했다.

"우리들 마음속에는 영원한 외침이 울리고 있다. '여기 문제가 있다. 그 해답을 찾아라! 그대는 순수한 생각을 통해 답을 찾을 것이다'라고. 수학에 '이그노라무스 에트 이그노라비무스'는 없기 때문이다."

기하학의 사고의 법칙

기하학은 인간이 '생각'할 수 있을 때 존재한다

이미 1900년 이전에 힐베르트는 어떻게 수학이 현실적 현상의 주인이 되는지 보여줌으로써 수학계를 놀라게 했다.

기원전 3세기에 에우클레이데스가 기하학 저술을 하고 이것이 힐베르트의 시대에도 상급학교 수학 교과서에 실린 19세기말까지 모든 학자들은 '점'이나 '선분' '원' '삼각형' '정사각형'을 입에 올릴 때는 뭔가 확고부동한 것을 말한다는 확신이 있었다. 그리고 이런 기하학의 대상을 작도하는 도구로서 컴퍼스와 자가 있다. 서로 다른 두 개의 점이 평면에 있을 때, 어떻게 이 점에 자를 대고 두 점을 잇는 직선을 그리는지는 분명하다. 또 두 개의 점 중 첫 번째 점에 컴퍼스를 고정하고 두 번째 점에 닿도록 벌린 다음, 첫 번째 점을 중심으로 두 번째 점을 지나는 원을 그리는 것도 마찬가지이다. 하지만 하나의 원이 주어졌을 때, 이 원과 면적이 같은 정사각형은 어떻게 그리는가? 이것이 그 유명한 '원적문제(Quadratur des Kreises, 주어진 원과 면적이 같은 정사각형을 자와 컴퍼스로 작도하는 문제-옮긴이)'에 대한 질문으로서 흔히 은유의 역할을 한다.

힐베르트는 이 문제를 두 가지 관점에서 바라보면서 원적문제를 '해결'한다.

첫째는 이용이 가능한 보조수단의 관점이다. 힐베르트는 과거 쾨니히스베르크 시절의 스승이며 1893년부터 뮌헨 대학의 교수로 근무한 페르디난트 폰 린데만(Ferdinand von Lindemann)의 논문에서 최종적으로 입증된 내용을 지적한다. 그것은 컴퍼스와 자만 가지고는 정확하게 원적문제를 해결할 수 없다는 결론이었다.

이 린데만의 결론은 비록 부정적인 진술이기는 하지만, 수학이 '이그노라비무스'를 받아들이지 않는다는 힐베르트의 해법에 전혀 모순되지 않는다. 오히려 이 문장은 우리에게 지식을 전달한다. 말하자면 뭔가 확실하게 불가능한 것에 대한 지식을 전해준다는 것이다. 5가 짝수라는 것만큼이나 확실하게 불가능한 것에 대한 지식을 알려준다.

다음으로 힐베르트는 '원'과 '정사각형'이라는 대상 그 자체의 관점에서 원적문제를 바라본다. 이렇게 볼 때, 모든 원과 면적이 같은 정사각형이 존재한다는 생각이 쉽게 떠오른다. 이미 1685년에 폴란드의 수학자인 아담 코한스키(Adam Kochanski)는 보조수단으로 컴퍼스와 자만 가지고 원과 면적이 거의 같은 정사각형을 그리는 세련된 작도법을 고안했다. 굵은 연필로 거친 종이에 그리면, 시력이 좋지 않은 사람의 눈으로는 코한스키가 그린 정사각형과 정확한 정사각형의 차이를 구분하지 못한다. 코한스키는 자신의 작도법으로 자신의 이상에 다가가면서 당연하게 그런 정사각형이 틀림없이 존재한다는 결론을 내린다. 물론 코한스키가 그린 것이 완벽하게 정확한 것은 아니지만 어쨌든 생각 속에서는 그런 정사각형이 존재하는 것이다.

바로 이것이 힐베르트의 마음을 움직인 결정적인 발상이다. 기하학의 대상은 감각적인 이해 속에는 존재하지 않으며 그 대상이 명백한 것은 우리가 그것을 생각할 수 있기 때문이라는 것이다. 제도용지에 그린 감각적인 형상은 반사된 것에 불과하다는 생각이다. 이미 플라톤도 이와 비슷한 생각을 했다. 종이에 그린 것이 아니라 생각 속에 형성된 삼각형이 '진정한' 삼각형이라는 것이다. 생각 속의 삼각형만이 삼각형의 이상과 일치한다는 이유에서이다.

마찬가지 이치로 평행하지 않은 두 개의 직선은 서로 교차하며 종이가 너무 작아서 교점을 그릴 수 없을 때도 이 사실은 변하지 않는다. 생각 속에 교점이 존재하기 때문이다. 그러면 평행하는 직선은 어떨까? 이 경우에도 교점이 있다고 할 수 있을까? 외관상 이 말은 확실히 맞지 않는다. 이때도 교점이 있다면 그것은 생각이 미치지 않는 무한대의 영역에 존재할 것이기 때문이다. 하지만 무한대 속에서 평행하는 직선의 교점이란 것을 생각할 수 있을까? 어떻게 무한을 생각할 수 있을까?

이런 식의 생각과 물음을 통해서 힐베르트는 기하학의 사고의 법칙(Denkgesetze)을 체계적으로 분류하기에 이르렀다. 그는 이때 2000년도 더 지난 에우클레이데스와 비슷한 방법을 사용했다. 그가 세운 기하학의 정점에는 힐베르트의 '공리계(Axiome)'라는 것이 있는데 이것은 기하학을 다룰 때, 무제한으로 받아들이는 주장을 말한다. 20개의 공리 중에 첫 번째는 "서로 다른 두 개의 점은 끊임없이 그 위를 지나는 직선을 만든다"이다. 그 다음 두 번째 공리는 "직선상에 있는 임의의 두 점이 이 직선을 만든다"이다. 힐베르트는 세 번째 공리에서 "직선에는 적어도 언제나 두 개의 점이 있으며 한 평면에는 언제나 같은 직선에 있지 않은 최소 세 개의 점이 있다"라고 주장한다.

힐베르트의 공리는 모두 외관상 진실한 구상을 보여주고 있다. 너무 진부한 것들이라 피상적인 내용을 굳이 언급할 필요가 있는가라는 의문을 품는 사람이 많다. 이런 의문에 대한 힐베르트의 대답은 "감각적인 인상에 유혹을 받아서는 안 되기 때문이라는 것"이다. 힐베르트가 볼 때, 기하학에서 명백한 감각적 인상은 부수적인 것일 뿐 결코 결정적인 역할을 하지 않는다. 기하학적인 주장은 증명이 유일한 것이며 오직 증명을 통해서만 그 주장은 논리적으로 앞에서 언급한 20개의 공리로 환원된다. 그 밖의 다른 것은 중요치 않다는 것이다.

그의 주장에 의문을 품은 사람이라면 힐베르트에게 "하지만 당신은 점과 직선과 평면을 있는 그대로 기술하고 있는데, 어떻게 당신의 눈에는 그것들이 중요치 않다는 겁니까?"라고 이의를 제기할 수 있을 것이다.

힐베르트는 이런 의문에 대하여 다음과 같이 대답할 것이다. "당신이 점과 직선과 평면을 내가 공리계에서 묘사한 것과 똑같이 느낀다면 상관없습니다. 하지만 나는 기하학을 연구하는 어느 누구에게도 점과 직선과 평면의 문제에 대하여 올바른 '감각'을 가지라고 요구하지 않습니다. 이 말들은 어떤 이국적인 분위기의 외국어로 대체할 수도 있을 것입니다.[28] 바꿔 말하면 점과 직선과 평면의 본질은 나에게 전혀 중요치 않다는 것입니다. 문제는 점과 직선과 평면이라고 불리는 이 모든 것이 내 공리에 따른다는 것입니다. 그거면 충분해요."

20개의 공리를 목록으로 분류하는 시도를 통해 힐베르트가 달성한 목표는 두 가지가 있다. 첫째, 그는 이 공리계가 '완벽하다'는 것을 입증할 수 있었다. 이것은 기하학의 진실한 정리는 모두 논리적으로 그의 20개 공리에서 도출될 수 있다는 말이다. 실제로 기하학에서 '이그노라비무스'는 없다. 알 수 있는 것은 이 공리로 추론할 수 있는 것과 일치하기 때문이다.

둘째, 그는 이 공리계에 "모순의 여지가 없다"는 것을 입증할 수 있었다. 만일 힐베르트의 공리계에 나오는 두 개의 기하학적 정리가 서로 모순된다면 치명타를 입었을 것이다. 그러면 마치 5가 짝수라는 주장처럼 되어 전체 공리계가 스스로 무너졌을 것이다.

힐베르트가 두 가지 목표를 달성한 것은 자신이 옳다는 것을 입증할 수 있었기 때문이다. 그의 기하학 공리계가 완벽하고 모순이 없는 것은 "완벽하고 모순이 없는 '무한' 10진수 계산이란 것이 발생"하기 때문이다.

하지만 완벽하고 모순이 없는 '무한' 10진수 계산이 발생한다는 것을 힐베르트가 장담할 수 있을까? 이때는 '평범한' 계산이 아니기 때문이다.

무한 10진수

계산할 수 없는 것의
계산

6 × 7 = 42라는 결과를 의심하는 사람과 토론하는 것은 의미가 없다. 헤르만 바일이 말하듯, 1, 2, 3…이라는 수로 하는 계산은 "아주 철저하게 규명된 증거에서 나온 자명한 확신의 성격"을 지닌다. 정수를 더하고 빼고 곱하는 것에 오해의 여지가 없다는 것을 조금이라도 의심하는 사람은 아무도 없다. 서로 다른 두 개의 수 중 어느 것이 더 큰가라는 결정은 언제나 명확하게 내릴 수 있다. 그리고 나눗셈도 유리처럼 투명한 규칙에 따른다.

우리 모두가 전자계산기에 거는 신뢰보다 더 확실한 것은 없다. 비록 사람이 아니라 계산기에 의존하기는 하지만, 인류의 역사에서 요즘처럼 그렇게 많은 계산을 한 적은 없다. 사람들은 갈수록 간단한 계산법조차 잊고 있으며 맹목적으로 계산기의 결과에 의존한다. 이렇게 자발적으로 기계에 예속되는 독특한 추세는 기계의 프로그램에 대한 통제력을 잃을 때는 위험해질 수도 있다.

아주 이상한 예를 하나 든다면. 우리가 정수의 계산을 얼마나 철석같이 믿는지 알 수 있다. 앞에서 우리는 직경과 원주의 비례를 말하는 파이의 값을 다루었다. 그 값을 소수점 이하 35자리까지 보면

$$\pi = 3.141\,592\,653\,589\,793\,238\,462\,643\,383\,279\,502\,88 \cdots$$

로 나온다. 1600년 무렵만 해도, 계산의 전문가인 뤼돌프 판 퀼렌은 이 결과를 얻기까지는 35년이라는 세월이 걸렸다. 오늘날 전자계산기를 사용하면 눈 깜빡할 사이에 파이의 값을 소수점 이하 1만 자리까지 구할 수 있다. 하지만 이것은 뤼돌프가 사용한 상세한 공식에 의거해 산출한 것이 아니라 누구보다 근대에 가장 뛰어난 수학자인 카를 프리드리히 가우스(Carl Friedrich Gauss)에게서 나온 효과적인 계산법에 따른 것이다. 어떤 방법을 사용해도 결국 두 수의 덧셈과 뺄셈, 곱셈, 그리고 크기의 비교로 끝난다. 그렇지 않으면 계산기의 프로그램을 짤 수 없기 때문이다.

지난 수십 년간, 가능하면 파이의 값에 대한 소수점 이하의 더 많은 자릿수를 찾으려는 노력이 본격적인 스포츠로 발전해왔다. 2009년 츠쿠바(筑波) 대학교의 다카하시 다이스케(高橋大介)는 고성능 컴퓨터를 이용해 신기록을 수립했다. 그는 파이의 소수점 이하의 값을 2 600 000 000 000자리, 즉 2조 6000억 자리까지 계산했다. 이 기

록은 2010년에 파리의 컴퓨터 과학자인 파브리스 벨라르(Fabrice Bellard)에 의해 깨졌다. 벨라르는 데이비드 추드노브스키(David Chudnovsky)의 공식을 응용해 자신의 개인용 컴퓨터로 131일 동안 계산한 끝에 소수점 이하 2 699 999 990 000자리, 즉 2조 7000억 자리까지 산출해냈다. 물론 그는 이 결과를 인쇄하지는 못했다. 왜냐하면 한 페이지에 숫자 5000개가 들어가고 이것을 한 권당 1000 페이지짜리 책에 싣는다면, 어지러운 숫자로 계속 이어진 페이지 전체를 책으로 인쇄할 때, 거대한 도서관이 있어야 한다는 의미이기 때문이다.

같은 해에 일본인 곤도 시게루(近藤茂)는 자신이 직접 조립한 컴퓨터와 미국인 동료 알렉산더 이(Alexander Yee)가 설치한 프로그램으로 90일 동안 매달린 끝에 소수점 이하 5조 자리까지 파이의 값을 계산해냈다. 이후 두 사람은 371일간 계산기에 매달린 끝에 2011년 10월에 소수점 이하 10조 자리까지 파이의 값을 계산했다. 이후에도 '경쟁'은 계속되었다. 끝없이 이어지는 자릿수가 계속 발견되기를 기다리고 있기 때문이다. 물론 그렇게 많은 파이의 소수점 이하의 값이 필요한 사람은 아무도 없다. 대부분 소수점 이하 두 자리까지의 계산인, 아르키메데스가 발견한 $\pi = 3.14\cdots$면 실용적인 계산으로는 충분하다.

이런 계산은 사용된 컴퓨터의 성능을 테스트하는 데 유용하다. 파이의 값을 소수점 이하 조 단위까지 계산하려면 서로 독립적인 두 대의 컴퓨터를 사용하기 때문이다. 그리고 산출된 숫자를 계속 비교해본다. 만일 서로 다른 값이 나온다면 컴퓨터의 하드웨어에 이상이 있다는 의미가 된다. 공식 자체는 오류가 없고 정수에 대한 산술도 착오가 있을 수 없기 때문이다.

π 는 흔히 무한 10진수라고 부르는 값을 지닌다. π 가 무한하기 때문이 아니다. 이 값은 분명히 무한하지는 않으며 3.142보다 작다. 그보다는 π 의 10진법 전개식이 중단되지 않는다는 것을 우리가 알기 때문이다. 문제는 특히 이것이 무한 10진수로서 이른바 '무리수(Irrationale)'라는 것이다. 끝없이 이어지는 10진법 전개식에서 순환마디(Periode, 순환 소수에서, 같은 차례로 되풀이되는 몇 개의 숫자의 마디-옮긴이)를 정할 수가 없기 때문이다.

사실 π 는 마치 수인 것처럼 보일 뿐이다. 하지만 엄격히 말해 이것은 수가 아니다. 모든 수를 동원해도 π 의 정확한 값을 계산할 수 없기 때문이다. 가령 반지름이 1미터인 원이 있다고 할 때, 이 원의 면적은 정확하게 π 제곱미터라는 값을 지닌다. 면적이 같은 정사각형의 변의 길이를 구하려면 π 의 제곱근을 계산해야 한다. 하지만 이 '원적문제'를 어떻게 해결한단 말인가?

양의 정수의 제곱근을 구하는 것은 간단하다. 컴퓨터에 수를 입력하고 근을 구하는 키를 치면 된다. 그러면 모니터에 즉시 결과가 나온다(이 무한 10진수는 대개 끝없이 이어지는 자릿수의 앞부분만 보인다).

이와 반대로 π 의 근을 구하는 것은 불가능하다. 컴퓨터에서 근을 구하는 키를 치기 전에 끝없이 이어지는 π 의 값을 입력해야 하기 때문이다. 이것은 할 수 없다. 무한이라는 문제가 이 방법을 가로막는 것이다.

물론 실용적인 용도를 생각하는 사람이라면 3.142를 입력하고 근을 구하는 키를 누르는 것으로 만족할 수 있다. 그런 다음 각각 3.1416과 3.14159를 입력하고 얻은 결과와 비교할 수 있을 것이다. 모든 결과에서 그 다음 계산에 필요한 자릿수가 충족된다면 실제로 이 정도면 충분할 것이다. 하지만 정확성을 따지는 수학자라면 이렇게 얻은 결과 중 어떤 것도 π 의 정확한 제곱근일 수 없다는 사실을 인정해야 한다. π 의 정확한 값을 입력할 수 없기 때문이다.

이런 딜레마는 조금은 코한스키의 근사치 방식을 생각나게 한다. 린데만의 정리는 컴퍼스와 자만 가지고는 원적문제를 정확하게 해결할 수 없다고 단언한다. 코한스키의 정사각형은 이상적인 정사각형에 아주 가깝기는 하지만 정확하게 일치하는 것은 아니다.

하지만 임의의 원의 넓이와 일치하는 이상적인 정사각형이 '존재'하는 것과 마찬가지로 -우리들의 생각 속에서- π 의 정확한 제곱근도 우리들의 생각 속에서만은 똑같이 '존재'할 수밖에 없다. 단 이와 달리 컴퓨터의 결과는 절대 기대해서 안 된다.

다비트 힐베르트도 이와 같은 확신이 있었다. 우리가 정수의 산술을 믿는 것과 마찬가지로 무한 10진수의 계산도 확실한 것이라고 생각해도 된다는 것이다.

힐베르트는 당연히 정수의 계산과 마찬가지로 '무한' 10진수를 계산할 수 있다고 생각한 '연산'의 발명자라고 할 뉴턴이나 라이프니츠와 이런 확신을 공유한다. 또 자신에 앞서 뉴턴과 라이프니츠의 '연산'을 확대발전시키고 여러 가지 방법으로 적용한 모든 수학자와도 이런 확신을 공유한다.

하지만 힐베르트는 확신만으론 확실한 근거를 제시할 수 없다는 것을 알았다. 그리고 무한대의 수를 마치 별 해로울 것 없는 개념으로 처리할 때의 독특한 현상도 실제로 존재한다. 무한대가 작용할 때, 논리는 무너지기 때문이다.

모순으로 가득 찬 호텔

무한을 생각에 담다

무한을 유한과 함께 생각에 담으려면 어떻게 계산해야 할까? 이때는 개념의 투사거리를 어떤 형상에 의존해서 측정하는 것이 가장 좋다. 세계 어디서나 흔히 보는 호텔을 예로 들어 객실이 유한하다고 가정해보자(여기서 말하는 호텔은 편의상 1인용 객실만 있는 것으로 한다). 객실이 유한한 호텔이라면 차례로 1호실부터 시작해서 임의의 번호까지, 가령 313호실까지 수를 셀 수 있다. 313이 끝이다. 이 호텔은 313개의 객실이 있고 더 이상 없다는 말이다. 313명의 손님이 투숙하면 만원이 된다. 누군가 만원이 된 호텔의 프런트로 와서 숙박을 청할 때, 빈방을 내어줄 수 있는 가능성은 없다.

이와 달리 '힐베르트 호텔'은 객실이 무한하다고 해보자. 하지만 이 호텔에서도 1부터 시작해서 차례로 수를 셀 수 있다. 다만 힐베르트 호텔에서 객실을 세는 것은 끝이 없다. 복도는 끝이 없고 모든 방 다음에는 그 다음 방이 끝없이 이어진다. 르네상스 화가들이 세련된 수법으로 사용한 원근법의 요령만 있다면 끝없이 긴 복도와 끝없이 많은 방문을 상상할 수 있을 것이다. 복도는 끝없이 이어지다가 소실점 속으로 사라지는 모습이다. 복도를 따라 난 방의 문도 점점 작아지며 처음에는 육안으로 보이다가 다음에는 확대경으로 봐야 할 정도가 되고 결국 현미경으로도 보이지 않게 되는 형태이다. 하지만 우리는 그것이 끝이 없다는 것을 안다. 어쩌면 원근법은, 나란히 직선으로 뻗어 있는 철로가 저 멀리 안개 속으로 사라지는 인상적인 모습을 통해 소실점 속에서 서로 만나는 것처럼 보여줌으로써 쉽게 무한의 형상을 받아들이도록 하는 기법인지도 모른다.

아무튼 이런 식으로 상상해보는 것이다. 힐베르트 호텔은 절대 손님을 거부하지 않는다. 설사 모든 방이 찼다고 해도 새로 온 손님이 프런트에서 숙박을 청하면 방을 내어줄 수 있기 때문이다. 프런트의 직원은 이미 방을 배정받은 모든 손님에게 그 다음 번호의 방과 바꾸도록 유도한다. 1호실의 손님은 2호실로, 2호실의 손님은 3호실로 바꾸는 식이다. 호텔 투숙객은 모두 쉽게 새로운 방을 찾아 간다. 먼저 방보다 번호가 1이 늘어난 방이기 때문이다. 이렇게 되면 1호실은 비게 되어 새 손님이 들어갈 수 있다.

하지만 바로 이것이 힐베르트 호텔에서 발생하는 모순의 시작이다. 호텔 객실이 만원이라고 해보자. 하지만 끝없이 많은 새 손님을 태운 버스가 호텔 앞에 멈춘다. 그리고 끝없이 많은 사람이 프런트 앞에 줄을 서서 방을 달라고 요구한다. 모든 방이 찼는데 어떻게 방을 내어준단 말인가? 프런트 직원은 해결방법이 있다. 이미 방을 배정받은 모든 손님이 번호가 두 배되는 방으로 옮기면 된다. 즉 1호실 손님은 2호실로, 2호실 손님은 4호실로, 3호실 손님은 6호실로 바꾸는 식이다. 이때도 모든 투숙객은 쉽게 방을 찾아간다. 방 번호가 두 배 되는 방만 찾으면 되기 때문이다. 결국 먼저 들어온 손님은 짝수 번호의 방에 묵는 것이다. 그러면 홀수 번호의 방을 버스에서 내리는 끝없이 많은 손님에게 내어줄 수 있다.

그러면 문제는 한층 더 복잡해진다. 갑자기 끝없이 많은 버스가 호텔의 거대한 주차장에 모습을 드러낸다고 쳐보자. 줄지어 늘어선 버스마다 끝없이 많은 사람이 타고 있다. 이렇게 끝없이 많은 사람이 호텔에서 자신의 방을 찾아 투숙해야 한다. 이미 힐베르트 호텔은 마지막 방까지 손님이 들었다. 영악한 프런트 직원은 수학적인 재능이 있기 때문에 상황에 대처한다. 이미 투숙한 손님들에게 짐을 들고 나가 큰 식당에서 각자 대기해달라고 부탁한다. 그리고 첫 번째 버스에서 내린 손님들에게는 2, 4, 8, 16, 32, 64…, 즉 번호가 2의 제곱으로 이어지는 방을 내어준다. 두 번째 버스 승객에게는 3, 9, 27, 81, 243…, 즉 번호가 3의 제곱으로 이어지는 방을 내어준다. 또 세 번째 버스에서 내린 손님들에게는 번호가 5의 제곱, 즉 5, 25, 125, 625…로 이어지는 방을 내어준다. 이런 식으로 체계적으로 계속된다. 그다음 버스의 승객들에게는 아직 사용이 가능한 그다음 소수 번호를 선택하고 번호가 그 소수의 제곱이 되는 방을 주면 되는 것이다. 그리고 소수는 끝이 없기 때문에 프런트 직원은 아무리 끝없이 이어지는 버스에서 끝없이 많은 손님이 내린다고 해도 이들 모두에게 방을 내어주는 데 문제가 없다. 또 이렇게 할 때 끝없이 많은 방은 비게 된다. 예컨대 번호가 1, 6, 10, 12, 14, 15…로 이어지는 방들이다. 1과 하나 이상의 소수로 나누어지는 수는 모두 여기에 포함된다. 이 번호의 방은 버스가 도착한 뒤, 처음에 배정받은 방을 나가 식당에서 대기하고 있는 손님들에게 내어준다.

힐베르트 호텔을 좀 더 다양한 모습으로 바꿔 '힐베르트 시간요금제 호텔(Stundenhotel, 흔히 러브호텔의 기능을 위해 시간 단위로 계산하는 호텔-옮긴이)'로 생각할 수도 있다. 정확하게 0시에 빈 호텔 앞에 끝없이 많은 승객을 태운 버스가 멈춘다. 첫 번째 손님이 호텔로 들어가 1호실을 배정받고 정확하게 1시간 후에 호텔에서 나와 다시 버스로 돌아간다. 이 시간, 즉 1시에 그 다음 두 명의 손님이 호텔로 들어가 -첫 번째 손님은 이미 떠났다- 1호실과 2호실을 각각 배정받는다. 하지만 이들은 30분만 머무르다가 버스로 돌아가고 동시에 4명의 버스 승객이 호텔로 들어간다. 이들은 이제 각각 1, 2, 3, 4호실을 배정받지만 15분밖에 머무르지 않는다. 정확하게 1시 45분에 이들은 도망치듯 버스로 돌아가고 이와 동시에 다음 8명의 승객이 호텔로 들어간다. 여기서 알다시피, 손님이 들고나는 속도는 갈수록 빨라진다. 그리고 손님이 방에 머무는 시간은 앞 사람의 절반으로 줄어들고 먼저 손님이 호텔에서 나가는 것과 동시에 두 배의 버스승객이 호텔로 들어간다. 그러면 2시에는 어떻게 될까? 머무르는 시간이 갈수록 짧아진 결과 이 시간에는 어떤 모습일까? 2시에 호텔은 끝없이 많은 손님으로 차 있을까? 계속해서 먼저보다 두 배의 손님이 들어갈까? 아니면 버스에서 내린 사람이 모두 돌아갔기 때문에 텅 비어 있을까?

아니면 이것이 핵심일 수도 있는데, 너무도 이상한 시나리오라 질문 자체가 의미가 없을까? 이 이야기는 의미를 넘어 무한의 영역으로 들어가는 것일까?

끝없는 문답게임

가산적인 무한과
초가산적인 무한

끝으로 모순을 하나 더 소개해야겠다. 우선 절대 모순으로 끝나지 않는 경우를 살펴보는 것이 가장 이해가 빠를 것이다. 여행사 대표가 힐베르트 호텔의 여사장에게 오늘 저녁 승객 A, B, C 3명의 여행자가 탄 버스가 도착할 것이라고 알린다. 그리고 승객들은 각자 힐베르트 호텔에 머물 것인지 아니면 버스를 타고 다음 목적지로 계속 갈 것인지 알아서 결정할 것이라고 한다. 성실한 여사장은 잠재적인 손님 A, B, C가 취할 태도를 생각하면서 일어날 수 있는 모든 가능성을 마음속으로 부지런히 타진한다. 첫 번째 가능성은, 여행자들이 모두 다음 목적지로 계속 가고 호텔에 투숙하지 않는 경우이다. 두 번째는, A 여행자만 숙박하고 나머지 두 명은 계속 가는 경우이다. 그리고 세 번째 혹은 네 번째는 각각 B 또는 C 여행자가 호텔에 들고 나머지 두 명은 계속 다음 목적지로 가는 경우라고 할 수 있다. 다섯 번째 혹은 여섯 번째나 일곱 번째 가능성은 이 반대로 생각할 수 있다. A는 다음 목적지로 가고 B, C가 숙박을 하거나 아니면 B는 가고 A와 C가 숙박을 하는 경우이다. 또는 C는 가고 A와 B가 숙박을 하는 경우다. 끝으로 여덟 번째 가능성은 여행자 3명이 모두 힐베르트 호텔에 숙박하기로 결정하는 경우라고 할 수 있다. 성실한 여사장은 지금까지 말한 여덟 가지 가능성을 모두 메모장의 쪽지 8장에 따로 기록하고 여행사 대표에게 승객들이 어떤 결정을 하든 상관없이 버스 도착에 대비하겠다고 알린다.

여기까지는 간단하다. 하지만 여행사 대표가 힐베르트 호텔의 여사장에게 와서 오늘 저녁 끝없이 많은 버스가 도착할 것이라고 알리는 경우를 가정해보자. 이때도 버스 승객은 모두 힐베르트 호텔에 머물 것인지, 버스를 타고 다음 목적지로 계속 갈 것인지 스스로 결정한다. 호텔 여사장은 다시 뒤로 물러나 끝없이 많은 쪽지가 붙은 메모장에 발생할 수 있는 모든 가능성을 적으려고 한다. 아주 오랜 시간이 지난 다음 여사장은 다시 여행사 대표에게 가서 모든 가능성을 적는 것은 자신의 능력을 벗어나는 일이고 어느 누구라도 힘들어서 못할 것이라고 설명한다. "별로 힘들지 않아요"라고 큰 소리를 치면서 여행사 대표는 끝없이 많은 쪽지가 붙어 있는 메모장을 여사장의 손에서 빼낸다. 그리고 열심히 모든 쪽지에 각각의 경우를 가득 적은 다음 기쁜 표정으로 여사장에게 돌아선다. "자, 이제 숙박하는 경우와 다음 목적지로 가는 경우에 대하여 가능한 모든 조합을 적었어요." 여사장은 단호한 목소리로 "그럴 리 없어요"라고 반박한다. 여행사 대표는 글씨가 적힌 모든 쪽지를 손에 든 채 어리둥절한 표정을 지으며 묻는다. "왜 안 되죠?"

이제 여사장은 자신의 손에 있던 쪽지 중에 한 장을 꺼내들면서 묻는다. "당신의 첫 번째 쪽지에는 첫 번째 여행자가 어떻게 한다고 되어 있죠?"

여사장은 "숙박하는 걸로요"라는 대답을 듣는다. 하지만 여사장은 첫 번째 여행자가 다음 목적지로 가는 것으로 적고 나서 다시 묻는다. "당신의 두 번째 쪽지에는 두 번째 여행자가 어떻게 한다고 되어 있죠?"

그리고 "다음 목적지로 가는 걸로요"라는 대답을 듣는다. 이제 여사장은 자신의 쪽지에 두 번째 여행자가 숙박하는 것으로 적고 다시 묻는다. "세 번째 쪽지에는 세 번째 여행자가 어떻게 한다고 되어 있죠?"

이런 식으로 문답게임이 끝없이 이어진다. 여사장은 계속 여행사 대표의 몇 번째 쪽지에 몇 번째 여행자가 어떻게 한다고 되어 있는지 묻고 -여기서 몇 번째라는 말은 차례로 1, 2, 3, …의 수를 상징한다- 자신의 쪽지에는 여행사 대표의 대답과 반대 경우를 적는다.

마침내 여사장은 말한다. "내가 적은 쪽지는 분명히 당신의 메모장에 없어요. 그것은 당신의 첫 번째 쪽지와 일치할 수 없기 때문이죠. 내가 적은 첫 번째 여행자는 당신이 적은 것과 다른 행동을 하니까 말이에요. 또 내가 적은 두 번째 여행자는 당신이 적은 것과 다르게 행동하니까 두 번째 쪽지도 당신의 것과 일치할 수 없어요. 그러니까 쪽지는 몇 번째 것이라고 해도 당신의 쪽지와 전혀 일치할 수 없어요. 쪽지와 번호가 같은 여행자는 누구든지 당신이 적은 것과 내가 적은 것에서 다른 행동을 하니까요."

여사장은 잠시 여행사 대표를 말없이 응시한다. 그러자 여행사 대표가 입을 연다. "좋아요, 그럼 당신이 적은 쪽지를 내 목록에 집어넣고 생각할 수 있는 모든 가능성을 하나하나 따져보죠."

"그것이 무의미하다는 것을 모르나요?"라고 묻는 여사장의 목소리는 나지막하지만 짜증이 배어 있다. "만일 당신이 내 쪽지를 가지고 가서 당신의 목록에 섞은 다음 다시 나에게 온다면 아마 나는 전과 똑같은 문답게임을 시작할 거예요. 그러면 나는 당신의 새 메모장에 분명히 들어 있지 않은 쪽지를 다시 만들겠죠. 끝없이 많은 여행자의 결정 하나하나에 대하여 생각할 수 있는 모든 조합으로 된 목록이란 있을 수 없단 말이에요."

마지막에 언급한 이 모순은 1873년에 이것을 발견한 독일의 수학자 게오르크 칸토르(Georg Cantor)로 거슬러 올라간다. 칸토르는 이때 무한의 매우 독특한 특징을 찾아냈다. 때로 무한을 '셀 수 있는

무한을 '셀 수 있다'고 말한 게오르그 칸토르
〈출처:(CC)Georg Cantor at wikipedia.org〉

(Abzählbar, 가산적可算的)' 것이라고 본 것이다. 무한을 1, 2, 3, 4, 5… 라는 수로 이어지는 순서에 집어넣을 수 있다는 말이다. 가령 숫자가 번호판으로 붙어 있는 힐베르트 호텔의 끝없이 많은 방을 예로 들 수 있다. 또는 엄청나게 많은 버스의 끝없이 많은 여행자를 예로 들 수도 있다. 호텔의 끝없이 넓은 주차장에 늘어선 끝없이 많은 버스도 마찬가지이다. 셀 수 있는 대상이 끝없이 많은 경우, 그 속에 포함된 개별적인 요소는 모두 언젠가 세어질 때가 온다. 하지만 마지막에 소개한 이야기는 무한이 우리 앞에 '초가산적(Überabzählbar)'인 것으로 드러날 수 있음을 보여준다. 그러므로 초가산적이고 무한한 대상의 경우, 그 요소 하나하나를 언젠가 파악될 것으로 분류하는 것이 불가능하다는 말이다. 끝없이 많은 여행자가 힐베르트 호텔에 묵을 것인지 아닌지 각자 스스로 결정하는 너무도 많은 가능성은 초가산적이고 무한한 대상의 혼돈스러운 요소의 예를 보여준다.

가산적인 무한과 초가산적인 무한의 차이는 두 가지 그림을 통해서 설명하는 것이 가장 확실하다. 가산적인 무한은 런던의 버스 정거장 앞에서 버스를 기다리며 장사진을 이룬 사람들에 비유할 수 있다. 영국인들은 줄 서는 일에 단련된 것으로 유명하니 말이다. 다만 이 정거장에 줄을 서면서 '힐베르트 버스 정거장'에 끝없이 많은 사람이 줄을 서 있는 것으로 생각하면 된다. 하지만 여기서도 첫 번째, 두 번째, 세 번째 하는 식으로 순서는 있다. 줄을 선 사람들은 모두 번호로서 숫자를 가지고 있는 셈이며 이들은 자신보다 작은 번호를 가진 사람이 모두 버스에 오르면 그 다음이 자신의 차례라는 것을 안다.

초가산적인 무한은 이와 달리 빈 뮤직홀에서 필하모니 관현악단의 공연이 끝났을 때, 옷 보관소 앞으로 몰려드는 청중에 비유할 수 있다. 모든 청중이 –'힐베르트 옷 보관소'의 경우에는 끝없이 많은 청중이– 보관증을 손에 들고 맡긴 외투를 되찾기 위해 보관소 담당자 앞으로 물밀듯이 밀어닥친다. 이것은 해결이 어려운 절망적인 혼돈상태를 보여준다. 불쌍한 담당자는 완전히 절망에 빠진다. 이런 혼돈 속에서 그는 어떤 방법으로도 옷을 질서 있게 내어줄 수가 없다. 갈수록 청중들은 자신의 외투를 돌려받지 못해 자신을 무시한다는 느낌을 받을 것이다.

힐베르트의 프로그램

수학에는 한계가
없는가

비록 '힐베르트 호텔'이나 '힐베르트 버스 정거장', '힐베르트 옷 보관소'라는 시나리오가 이상하기는 해도, 힐베르트에게는 이런 시나리오를 통해 분명한 것을 보여주는 것이 중요했다. 이 이야기 속에서는 무한 10진수에 대한 계산이 반영되고 있기 때문이다. 우리가 기억하기로 파이의 값

$$\pi = 3.141\ 592\ 653\ 589\ 793\ 238\ 462\ 643\ 383\ 279\ 502\ 88 \cdots$$

은 전체적인 크기를 대표하는 것으로 통용된다. π 를 이렇게 표현할 때, 마법적인 요소는 소수점 이하 35자리 다음에 나오는 3개의 점이다. 이것을 우리는 어떻게 이해해야 할까? 쉽게 떠오르는 대답은 다음과 같다. "π 는 35개가 아니라 그보다 끝없이 많은 소수점 이하의 자릿수가 있다. 위에 적은 것은 처음에 나오는 35자리일 뿐이다. 나머지 자릿수는 모두 -이것은 끝없이 많다!- 3개의 점이 상징하고 있다."

이렇게 설명하면 회의론자가 끼어들며 다음과 같이 말할지도 모른다. "그렇다면 가령 소수점 이하의 첫 35자리에서 단 한 번 나오는 0이라는 숫자가 끝없는 10진수로 이어지는 π 의 전개식에서 무한하게 나타나는지 아닌지 의문이 생길 수 있어요."

이런 이의제기에 힐베르트라면 다음과 같이 대답할 것이다. "옳은 말이오. 지금까지 π 를 계산한 바에 따르면 0은 다른 숫자와 같은 빈도로 나타납니다. 대체로 볼 때, π 의 소수점 이하 100자리까지 0은 중간에 10번 나오고 1000자리까지는 100번, 소수점 이하 1만 자리까지는 1000번 정도 나오는 형태를 보입니다."

그러자 회의론자는 다시 이의를 제기한다. "'지금까지 계산한 바에 따르면'이라고 얘기하셨는데, 아직 계산되지 않은 나머지 소수점 이하의 경우 -이것은 대부분을 차지하는 끝없이 많은 수인데- 당신은 모를 텐데요."

"인정해요. 끝없이 많은 소수점 이하의 모든 자릿수에 대해서 지금으로선 모릅니다. 하지만 내가 확신하는 것은 π 의 10진수 전개식에서 무한한 0이 나온다는 정리가 분명히 맞을 수도 있고 아니면 π

의 10진수 전개식에서 유한한 0만 나온다는 정리가 분명히 맞을 수도 있다는 것입니다."

"그러면 그 두 개의 정리 중에 어느 것이 맞다는 건가요?"

"분명히 그중 하나겠지요." 힐베르트는 회의론자의 끈질긴 질문에 이미 짜증이 나 있다. "하지만 분명히 말하는데, 이렇게 π 의 10진수 전개식의 0에 매달리는 하찮은 일보다 내게는 훨씬 중요한 문제가 있어요."

"기본적으로 이 물음에 대한 답을 해달라는 겁니다."

"알아요. 제기할 수 있는 질문은 모두 -나로서는 전혀 관심 없는 당신의 질문도 마찬가지지만- 틀림없이 답이 있습니다. 수학에는 '이그노라비무스'가 없기 때문이죠."

"왜 그렇게 확신합니까? 무슨 근거로 그렇게 말하는 거죠?"

물론 이런 힐베르트와의 대화는 가정해본 것이기는 하지만, 회의론자의 마지막 질문은 힐베르트가 1925년 6월 4일 뮌스터에서 열린 '수학자 대회'의 강연에 의거한 프로그램을 개발하는 계기가 되었다. 당시 강연 주제는 '무한에 대하여(Über das Unendliche)'였다. 이 프로그램의 목표는 "무한의 논리적 결론을 유한한 과정으로 대체하는 것이다. 이 과정은 똑같은 성과를 내는 것으로, 다시 말해 공식과 정리를 구하는 것과 증명과정이 똑같은 방법을 가능하게 해준다"라는 것이다. 이것이 무슨 말인가?

힐베르트는 다음과 같은 10진수 전개식

$$\pi = 3.141\ 592\ 653\ 589\ 793\ 238\ 462\ 643\ 383\ 279\ 502\ 88 \cdots$$

에 0이 얼마나 나오는가라는 질문에 대처하는 세 가지 대응방식을 안다. 첫째, '힐베르트 호텔'의 프런트 직원에게서 나올 법한 순진한 제안이다. π 의 끝없는 소수점 이하의 수열이 늘어선 길을 계속 달리면서 눈에 들어오는 0을 세어본다고 상상하는 것이다. 이런 방법이면 즉시 답을 찾을 것이라는 말이다.

하지만 이것은 정말 어리석은 방법이다. 끝없이 늘어선 소수점 이하의 수열을 마치 경찰관이 범죄자 파일을 뒤지듯 할 수는 없는 노릇이다. 다행히 범죄자는 유한하지만, π 의 소수점 이하의 수열은 끝이 없기 때문이다. 이미 가우스도 1837년 7월 12일자로 친구인 한스 크리스티안 슈마허(Hans Christian Schumacher)에게 보낸 편지에서 '무한한 크기를 완성된 것으로 이용하는 것'에 반대한 적이 있다. '수학에서는 결코 있을 수 없는' 방법이라는 이유에서였다. 그리고 힐베르트는 수학을 문학에 비유할 때, "대부분 무한에 발목이 잡혀 운율도 맞지 않고 경솔하기만 한 방법에 흠뻑 젖어 있다"라는 글을 씀으로써 가우스의 반대 시각에 합류한다.

둘째, 신중하게 물러서는 태도이다. π 의 소수점 이하 수열이 무한한지 또 거기 나오는 0이 유한한지 하는 질문은 당연히 제기할 수 있다. 다만 우리는 결코 이 물음에 답할 수 없지만 이때의 무력감은 얼마든지 극복할 수 있다. 그런 물음을 제기할 수 있다고 해도 그것은 충분히 설득력이 있는 것도 아니고 한 치의 관심도 불러일으킬 수 없는 질문이기 때문이다.

그런데 힐베르트는 이런 유보적인 태도에 만족하지 않았다. 그가 볼 때, 원칙적으로 '이그노라비무스'는 없기 때문이다. 이런 원칙은

중요하지 않은 의문의 경우에도 마찬가지다.[29]

π 의 소수점 이하의 10진수 전개식에서 0이 무한하게 등장하는지 아닌지는 -그의 확신에 따르면- 적어도 "그 형태는 그렇다 또는 아니다"라는 식으로(어쩌면 나도 이런 결정을 할 수 없을 것이라고 해도) 기본적으로 확실해야 한다"[30]는 것이다.

셋째, 힐베르트가 프로그램으로 나타낸 최선의 방책이다. 그는 여기서 다시 가우스가 슈마허에게 보낸 편지에 의존하는데 거기에는 "무한은 상투적으로 늘어놓는 소리(Facon de parler)에 지나지 않는다"라는 말이 들어 있다. 허튼소리라는 것이다. 이와 마찬가지로 힐베르트는 1900년 직전에 전체적인 기하학을 '점'과 '직선', '평면' 따위의 공허한 개념을 가지고 노는 게임으로 보고 -이런 게임의 규칙은 그의 20개 공리계에 요약되어 있다- 완벽하고 모순이 없는 이론으로서 기하학의 토대를 세웠다. 무한 10진수나 무한에 대한 시각도 전적으로 똑같다는 것이다.

힐베르트의 눈에는 무한의 계산도 거창한 게임으로 보인다. 일종의 거대한 체스 같은 것이다. 체스 게임에서 일정한 규칙에 따라 움직이는 말이 있듯이, 수학에서도 일정한 규칙에 따라 계산하는 수라는 것이 있다. 체스 게임에서 상대 킹의 체크메이트(외통수) 상태에 대하여 명백한 규칙이 있듯이, 수학에서도 원칙적으로는 모든 공식에 의거해서 옳고 그른 것을 검증할 수 있다고 생각한다.

수학의 체스 게임에서 '무한'이라는 개념은 체스 판의 말과 같다. 체스에서 킹이 자신의 영토와 국민을 다스리지도 않고 역사도 기록하지 않은 채, 단순히 게임자의 손에 들려 있는 나무토막에 불과하듯이, 힐베르트의 규칙놀이에서 무한은 커다란 힘이나 압도적인 무게라고는 없는 공허한 개념에 지나지 않는다. '무한'은 주어진 규칙에 따라 처리하는 개념에 지나지 않는다. 그러므로 엄격한 규칙체계에 따라 '무한'을 보통 체스 게임의 킹과 똑같은 말처럼 짜 넣고 단순하게 유한에 대한 산술법칙, 즉 낯익은 '유한' 수의 계산 법칙에 따르는 수학적 '체스 게임'은 다음의 내용을 충족한다는 것을 보여줄 필요가 있다. 우선 이 계산에 나오는 모든 공식은 맞거나 틀린 것으로 드러나며 다른 한편으로는 역설로 -놀라운 현상이기는 하지만 모순과는 전혀 다른- 즉 논리적인 막다른 길로 이어진다는 것이다.

힐베르트의 협력 연구자들, 특히 그중에서도 파울 베르나이스(Paul Bernays)와 빌헬름 아커만(Wilhelm Ackermann), 자크 에르브랑(Jacques Herbrand), 존 폰 노이만(John von Neumann)은 그들의 멘토가 개발한 이 프로그램을 실현하는 과제를 즉시 떠맡았다. 이 주역들에 대하여 몇 가지 더 소개할 것이 있다.

런던 태생으로 취리히 시민이 된 파울 베르나이스는 청소년기를 파리와 베를린에서 보내고 괴팅겐으로 왔다. 그는 취리히에서 잠시 머문 뒤에 1933년까지 괴팅겐에서 공부했다. 유대인으로 독일에서 추방된 그는 스위스로 옮겨가 취리히 국립공과대학(ETH)에서 말년을 보냈다. 베르나이스는 존 폰 노이만과 함께 공리계가 들어 있는 세련된 규칙체계의 틀을 짰는데, 수뿐만 아니라 수학적인 '게임'에서 '체스 판의 말' 노릇을 하는 무한도 이 체계를 따른다. 이 공리계의 체계는 완벽하고 모순의 여지가 없음이 입증된 것으로 간주되었다.

빌헬름 아커만은 힐베르트의 제자 중에 매우 성실한 학생에 속했고 스승의 프로그램을 위해 지칠 줄 모르고 끝까지 최선을 다했음에도 대학에서 교수활동을 시작하는 것은 거절을 당하고 말았다. 그는 김나지움(Gymnasium, 독일의 인문계 중고등학교-옮긴이) 교사 자리를 구해 세상을 떠나기 직전까지 모범적인 근무를 했다. 그의 결혼 때문에 힐베르트가 대학의 자리를 주선해주지 않았다는 소문이 파다했다. 아커만의 결혼 소식을 들은 힐베르트는 "아, 그거 잘되었군. 아주 반가운 소식이야. 이 친구가 결혼해서 아이를 낳으려고 할 만큼 미쳤다면 나로서는 그를 위해서 해주어야 할 모든 의무에서 해방된 것이니 말이야"라고 외쳤다고 한다.[31)]

1925년에 파리의 명문대학인 에콜 노르말 쉬페리외르(École Normale Supérieure)를 수석으로 졸업한 자크 에르브랑은 이후 괴팅겐으로 가서 존 폰 노이만과 에미 뇌터의 지도를 받았다. 그는 힐베르트의 프로그램을 잘 알았고 장래가 촉망될 만큼 훌륭한 업적을 쌓기도 했지만 아깝게도 스물셋의 나이에 알프스 등반 중 사고를 당해 목숨을 잃고 말았다.

존 폰 노이만은 1903년 당시 황왕(Kaiserlich-königlich, 오스트리아 황제가 헝가리 국왕을 겸임하던 특수한 역사적 상황에서 오스트리아-헝가리 제국을 일컫던 표현-옮긴이) 제국의 부다페스트에서 부유한 은행가 집안에서 태어났다. 본명은 노이만 야노시(Neumann János)였다. 존 폰 노이만은 어릴 때부터 다방면에 뛰어난 재능을 보였다. 10여 개 국어를 구사했는데 그중 몇 개 국어는 모국어로 사용하는 사람보다 더 빨랐다. 또 부다페스트와 취리히 시절에 화학과 수학에 두각을 나타낸 그는 한때 힐베르트가 기하학을 대하듯, 양자물리학을 위해 공리계라는 응집시스템을 개발했다. 프로그램 작동이 가능한 계산기를 토대로 하는 '건축'의 고안은 그의 공로였다. 존 폰 노이만은 오스카 모르겐슈테른(Oskar Morgenstern)과 함께 수학적 게임이론을 개발했고 말년에는 미국의 외교 및 국방정책의 전략을 자문하기도 했다. 활동적인 성격과 믿을 수 없을 정도로 탁월한 이해력, 빠른 사고능력, 댄디한 분위기를 두루 갖춘 그는 과학의 팔방미인으로 통했다. 그 말고 누가 힐베르트의 프로그램을 불과 몇 년 만에 실현하겠는가.

실제로 힐베르트의 프로그램에 매달리던 초기 시절부터 부분적으로 고무적인 성과가 잇따랐다. 힐베르트 주변의 학자들은 뒤 브와-레몽의 '이그노라비무스'를 수학에서 추방한다는 목표에 거의 다 가간 것처럼 보였다. 하지만 힐베르트는 1925년 프로그램 개발을 선언하면서 옛날 '이그노라비무스'의 창안자를 더 이상 마음에 두지 않았다. 뒤 브와-레몽은 그 당시에 이미 죽은 지 30년 가까이 되었기 때문이다. 이렇게 그가 발전하도록 만든 것은 꽤나 전설적이면서도 실질적인 두 사람의 적대관계였다. 이런 관계는 힐베르트가 자신의 프로그램으로 방어하려던 무한 10진수의 부담 없는 계산에 대한 비판적인 회의론자이자 힐베르트의 제자 중에 가장 우수했던 헤르만 바일에게도 꽤나 고통스러운 것이었다.

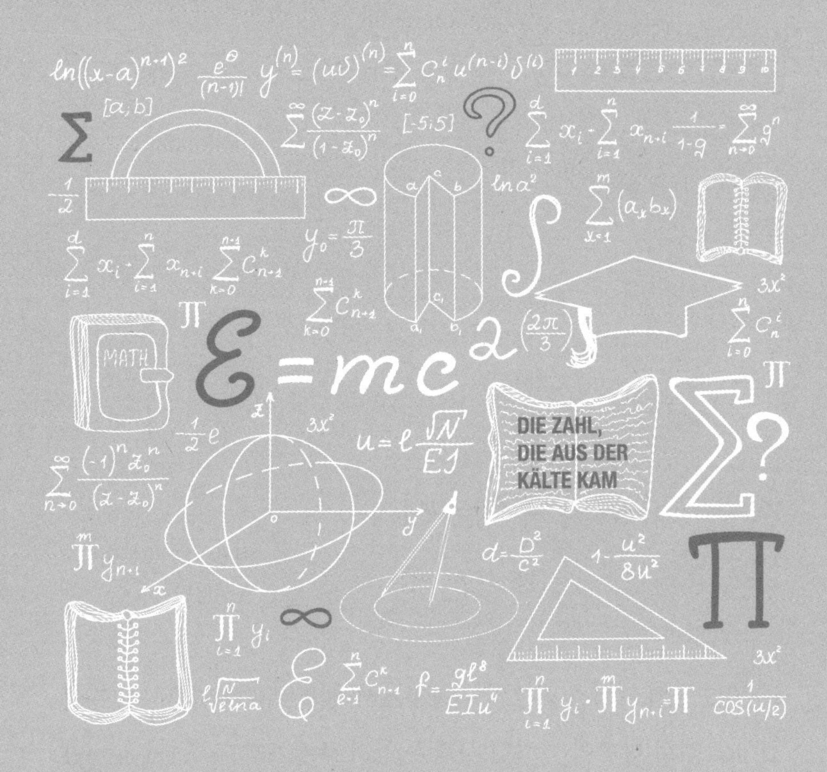

8 수학은 무한에 대한 과학이다
: 전지 대신 전능

인간의 성찰이나 합리적인 능력은 어떻게 될까? 이때 요구되는 것이 수학이다. 1, 2, 3…으로 이어지는 수는 무한으로 올라가는 사다리의 디딤판이자 동시에 모든 생각의 기본요소라고 할 수 있다. 우리 인간은 생각으로 이 사다리를 오른다. 하지만 무한 자체는 수가 아니다. 그것은 수의 배경으로서 그것이 없이는 셈 자체를 생각할 수 없을 것이다. 이런 의미에서 수학이 무엇인가라는 물음에 헤르만 바일은 최선의 답을 내놓는다.
"수학은 무한에 대한 과학이다."

직관의 수학자 푸앵카레

직관이 논리에
앞선다면

1900년 무렵 프랑스 최고의 수학자로서, 힐베르트와 위상이 대등하면서도 전혀 방향이 달랐던 사람은 앙리 푸앵카레(Henri Poincaré)였다. 훗날 프랑스 대통령이 된 레몽 푸앵카레(Raymond Poincaré)의 사촌형이다. 헝가리의 심리학자인 러요쉬 세케이(Lajos Székely)는 20세기 초에 천재들이 어떻게 깨달음을 얻었는지 조사했다. 그가 앙리 푸앵카레에게 어떻게 천재적인 발견을 했는지 물었을 때는 '전차에 올라탔을 때'라는 어이없는 대답을 들었다.

다른 자리에서 푸앵카레는 좀 더 자세한 설명을 했다. "나는 내가 푹스 함수(Fuchssche Funktionen, 푸앵카레가 독일 수학자 라차루스 푹스 Lazarus Fuchs의 이름을 따서 붙인 일종의 미분방정식-옮긴이)라고 부른 함수가 존재할 수 없다는 것을 증명하려고 15일 동안 매달렸습니다. 당시 나는 정말 무지했어요. 매일 한두 시간씩 책상에 앉아 수도 없는 조합을 맞춰봤지만 아무런 성과가 없었죠. 어느 날 밤 평소 습관과는 달리 블랙커피를 마셨는데 잠을 이룰 수가 없었어요. 수많은 생각이 떠올랐습니다. 생각의 조각들이 충돌하다가 마침내 서로 짝을 짓는 겁니다. 말하자면 안정적인 조합을 이뤄 하나가 된 거죠. 나는 이튿날 아침까지 푹스 함수에서 한 항목의 존재를 확인했습니다. 그 결과를 적는 데는 한두 시간밖에 걸리지 않았습니다."

이 설명은 버스를 타고 가다가 원자의 화학적 결합을 떠올렸다는 화학자 아우구스트 케쿨레(August Kekulé)의 말을 연상시킨다. "나는 공상으로 빠져들었다. 눈앞에서는 원자들이 아른거렸다. 원자는, 그 미세한 존재는 끊임없이 움직였지만 그들의 운동방식을 엿들을 수는 없었다. 요즘에 와서 나는 좀 더 작은 원자가 다양하게 짝을 짓는 것이나 조금 더 큰 것들이 두 개의 작은 원자를 끌어안는 것, 이보다 더 큰 것들이 3개나 4개까지 작은 원자들을 붙드는 것, 또 모든 원자가 원무를 추듯 빙빙 돈다는 것도 알게 되었다. 나는 큰 원자들이 열을 짓고 배열 끝에서만 더 작은 것들을 끌고 다닌다는 것을 알았다… 당시 버스에 타고 있었는데, 안내원이 '클래펌 로드!'라고 외치는 소리를 듣고 공상에서 깨어났다."

힐베르트와 달리 푸앵카레는 그를 따르는 학생들과 자신의 통찰을 공유하는 일에는 별 관심이 없었다. 그는 은둔한 채 조용히 파묻혀 지내는 생활을 했다. 수학 전공으로 박사학위 논문을 쓴 사람들의 정보를 알려주는 이른바 '수학계보 프로젝트(Mathematics Genealogy Project)'를 보면 다비트 힐베르트의 지도하에 박사학위 논문을 쓴 사람은 75명이나 되는 데 비해 앙리 푸앵카레의 경우에는 5

명에 지나지 않는다.

그리고 힐베르트와 달리 푸앵카레는 공리계라는 형식논리적인 게임으로 수학을 이해할 수 있다는 확신이 없었다. 푸앵카레는 수학적인 사고에서 논리보다 직관에 우위를 두었다. 이것은 방해를 받지 않고 대상의 본질을 보는 시각, 즉 통찰력이라고 할 수 있었다.

푸앵카레가 볼 때 본질적인 것은 수학의 실상을 구성하는 흔들림 없는 확증이었다. 그에게 논리는 단지 스스로 얻은 인식을 다른 모든 사람에게 의심할 여지가 없는 것으로 알려주는 데 기여할 뿐이었다.

직관의 수학자 앙리 푸앵카레
〈출처:(CC)Henri Poincaré at wikipedia.org〉

우리는 이런 인식으로 셈과 계산에 확신을 갖는다. $6 \times 7 = 42$가 사실이라는 것보다 더 알기 쉬운 것은 없다. 우리는 또 1, 2, 3, 4, 5… 로 이어지는 수가 끝없이 많다는 것을 확신한다. 하지만 이것은 우리가 어떤 수도 마지막은 없다는 것을 확신하는 의미에서 그렇다. 모든 수는 아무리 커도(어쨌든 생각 속에서는) 거기에 1을 더함으로써 더 큰 수를 만들 수 있다. 하지만 무한에서는 더 이상 이끌어낼 수가 없다. 형식적인 공리로도 마찬가지다.

힐베르트와 푸앵카레의 이해의 차이는

$$\pi = 3.141\,592\,653\,589\,793\,238\,462\,643\,383\,279\,502\,88 \cdots$$

이라는 무한한 10진수 전개식을 토대로 할 때, 가장 잘 드러난다. 이 긴 수열의 끝에 붙은 3개의 점은 무슨 의미일까? 힐베르트라면 다음과 같이 대답할 것이다.

"이것은 π 의 10진수 전개식이다. 정수 3 뒤에는 끝없이 많은 10진법의 자릿수가 이어진다. 맨 앞의 35자리만 썼지만 그 뒤로도 수없이 많은 다음 수가 계속 이어진다는 말이다. 물론 그것을 다 쓰는 것은 불가능하다. 하지만 내 공리계는 그 모든 수가 나와 있는 것으로 생각하도록 허용한다. 내 말의 의미는 다음과 같다. "π 의 10진수에 대한 모든 주장에 대하여 내 공리로 어쨌든 이것이 맞는지, 틀리는지를 결정할 수 있다는 말이다."

푸앵카레라면 훨씬 조심스럽게 대답할 것이다.

"이것은 π 의 10진수 전개식이다. 여기서는 정수 3 뒤로 35자릿수가 이어진다. 하지만 10진수 전개식이 여기서 끝나는 것은 아니다. 마음만 먹으면 소수점 이하 350자리나 3500자리까지 얼마든지 π 의 10진수 전개식을 계산하는 방법이 있다. '얼마든지'라고 말하지만 사실 그것은 아무리 많아도 유한할 뿐이다! π 의 10진수 전개식에 대한 모든 주장이 옳은지, 옳지 않은지 구분하는 공리계가 있다는 상상은 무한의 본질과 완전히 배치된다."

힐베르트는 1943년까지 생존했지만 푸앵카레는 제1차 세계대전 직전에 58세의 나이로 세상을 떠났다. 이런 배경은 1920년대에 파리의 수학이 괴팅겐처럼 꽃을 피우지 못한 결정적인 원인이 되었다. 게다가 전쟁은 수많은 수학 인재를 희생시켰고 양 세계대전 사이에 수학에 몰두하던 소수의 프랑스 지식층은 의지할 곳이 없었다. 나이 든 대학교수들은 앙리 푸앵카레의 활약에 별 관심이 없었다. 이들은 여전히 낡은 강의방식에 치중하며 그들이 사용하는 교재를 오래되고 귀중한 것으로 생각했지만 그것은 19세기 중반에 나온 것으로 시대에 뒤진 것이었다.[32)]

모래 위에 세운 과학

힐베르트에 반기를 든
두 수학자

이런 배경에서 세계적인 권위를 지닌 두 명의 수학자가 앙리 푸앵카레의 흔적을 추적한 것은 파리가 아니라 취리히와 암스테르담이었다. 암스테르담에는 라위천 에흐베르투스 얀 브라우어르(Luitzen Egbertus Jan Brouwer)가 있었다. 브라우어르는 이미 1907년에 《수학의 기초(Über die Grundlagen der Mathematik)》라는 박사학위 논문을 썼고 그 이듬해에는 형식적인 공리에만 의존하는 수학의 타당성에 의문을 품고 자신감에 찬 어조로 〈논리적 원리에 대한 불신(Die Unverlässlichkeit der Logischen Prinzipien)〉이라는 글을 발표했다. 그리고 취리히에는 헤르만 바일이 있었다. 바일이 1908년에 쓴 책의 머리말은 다음과 같은 구절로 시작된다. "이 글에서는 해석의 건물이 세워진 '탄탄한 바위'를 형식주의의 의미에서 목재 무대로 치장하고 독자나 저자 자신에게 이것이 본래의 기초라고 믿게 하는 것이 목적이 아니다. 여기서는 그런 집이 본질적으로 모래 위에 세워졌다는 견해를 제시할 것이다."

바일에 따르면, 뉴턴이나 라이프니츠, 일단의 수학자들이나 자연과학자들, 기사들이 맹목적으로 믿었던 무한 10진수의 계산이라고 할 '해석'은 기우뚱거리는 배처럼, 어디 구멍이나 뚫린 것이 아닌지 걱정해야 할 정도라는 것이다. 이 같은 우려는 13년 뒤에 한층 더 심각해졌다.

제1차 세계대전이 끝나고 얼마 지나지 않은 1920년대 초, 곳곳에서 도시가 파괴되고 전쟁 후유증으로 인간의 정신마저 피폐해지고 폭동과 반란, 경제위기, 극심한 인플레이션에 시달리던 시절, 헤르만 바일은 전쟁의 피해를 입지 않은 취리히에서 주목을 끄는 화려한 필치로 《수학 토대의 새로운 위기(Über die Neue Grundlagenkrise der Mathematik)》라는 논문을 발표했다. 이 글에서 바일은 열광적으로 푸앵카레의 편을 들며 스승인 힐베르트에 반대되는 입장을 취했다.

수학에는 '내적인 토대의 불안정성'이 도사리고 있다는 것이 바일의 주장이다. 비록 수학의 토대라는 말을 하고는 있지만 논문 곳곳에서 확인되는, 위기로 가득 찬 시대의 정치경제적 영역에서 인용한 표현은 매혹적이기까지 하다. 예를 들어 "정치적, 철학적 사고에서 자주 부딪히듯이, 절반에서 4분의 3 정도만 정직하다고 할 자기기만을 시도한다"라는 구절은 자연스럽게 무한을 다루는 대표적인 학자들에 대한 비판적인 분석이라고 할 수 있다. 또 세상과 동떨어진 형식적 논리 앞에서는 그 논리구조 속에서 '수학이 흉측한 종이경제'로 발전하고 있다고 주장한다. 당시는 사람들이 정말 말 그대로 난방을 위해 땔감으로 쓸 만큼 지폐가 휴지조각으로 변하는 것을 눈앞에서 보던 시절이었다. 다만 네덜란드의 동료학자인 브라우어르의 제안에서만큼은 토대의 위기에서 수학을 구원할 희망이 있다고 보고 격정적인 어조로(믿을 만한 과학지에서!) "브라우어르 -이것은 혁명!"이라는 선언을 한다.

바일이 볼 때, 브라우어르의 수학은 대립적인 프로젝트이다. 그 속에서는 무한 10진수를 평범한 '유한적'인 수처럼 취급하지 않고 있으며 공리적인 수학적 '체스 게임'의 '말'처럼 보지도 않는다. 그보다 무한은 영원히 사고의 포착에서 벗어나는 한계개념(Grenzbegriff)이라는 것이다. 그러므로 브라우어르와 바일의 관점으로 볼 때, 무한에 대한 지나치게 순진한 시각에서 기인한 많은 수학공리는 내버려야 한다는 것이다. 이와 마찬가지로 '힐베르트 호텔'이라는 비유도, 맨 마지막에 무한의 다양한 측면을 '가산적'인 것과

'초가산적'인 것으로 본 관점을 제외하곤 근거도 없고 의미도 없는 사변적인 논리라는 것이다. '가산'과 '초가산'이라는 칸토르의 통찰에는, 브라우어르와 바일이 볼 때, 비록 칸토르가 이해하지 못했다고 해도 진정한 핵심이 들어 있었다.

바일은 수학의 토대가 모래 위에 세워졌다는 말을 하던 1908년에 다음과 같이 썼다. "나는 흔들리는 토대를 믿음직한 탄탄한 버팀목으로 대체할 수 있다고 본다. 그렇다고 이 버팀목이 현재 전반적으로 안전하다고 할 모든 요소를 갖춘 것은 아니다. 나는 그 나머지를 포기할 것이다. 다른 도리가 없기 때문이다."

힐베르트는 격분했다.[33] 《수학의 재정립(Neubegründung der Mathematik)》이라는 논문에서 그는 다음과 같이 냉정한 어조로 시작했다. "명망이 높고 많은 업적을 이룬 수학자 바일과 브라우어르는 내가 볼 때, 잘못된 방법으로 문제의 해결을 -수학 전체의 안정이라는 의미에서- 시도하고 있다." 하지만 2페이지 뒤에서는 원한에 찬 분노를 쏟아내고 있다. 그는 바일과 브라우어르가 "그들에게 불편한 현상은 모두 내던지고 독재자가 금지령을 내리는 방법으로 수학의 토대를 세우려고 한다"라고 썼다. 분노의 표현은 이 뒤로도 계속 이어진다. "이것은 과학을 조각내고 훼손하는 짓이며 이런 개혁가의 주장을 따를 때, 우리들의 매우 소중한 자산 대부분을 잃을 위험이 있다는 말이다." 그리고 자신의 제자인 바일을 직접 빗댄 말도 나온다. "그렇지 않다. 바일이 주장하는 것과 달리, 브라우어르의 이론은 혁명이 아니라 낡은 수법으로 시도하는 거듭된 반란일 뿐이다."

힐베르트가 자신의 프로그램을 선언했을 때, 염두에 둔 사람은 오래전에 사망한 뒤 브와-레몽이 아니라 두 명의 '쿠데타 선동자'인 브라우어르와 바일이었다. 브라우어르는 힐베르트의 프로그램을 무너뜨리지는 못했다. 사실 완벽하고 모순의 여지가 없는 공리계가 힐베르트의 수학에 안정적인 토대를 마련한다고 해도, 브라우어르가 볼 때 직관적으로 접근한 무한의 현실과 맹목적인 개념이 담긴 게임은 서로 아무 상관이 없는 것이었다. 이와 달리 명망이 높은 스승에 대한 존경심이 없지 않던 헤르만 바일은 주저하는 태도를 보였다. 그는 수학을 자연과학이나 기사들의 분야에 적용할 때, 평범한 수와 무한 10진수의 기본적인 차이는 중요하지 않으며 이 분야의 전공자들이 수학에서 뜨겁게 달아오르는 논쟁을 결코 이해하지도 못한다는 것을 알았다.[34] 그리고 그는 힐베르트의 프로그램에서 묘사된 지적인 주장에 일찍이 들어보지 못한 매력적인 과제가 담겨 있는 것을 분명히 알았다. 이 프로그램이 성공을 거두는 날에는 아마 푸앵카레와 브라우어르 편에 선 자신의 태도는 의문시될지도 모르는 일이었다. 하지만 역사는 전혀 다른 방향으로 치달았다.

20세기 최고의 논리학자 괴델

> 맞는지 틀리는지 결정할 수 없는
> 명제가 있다

괴팅겐과 파리, 암스테르담, 취리히에 이어 그 다음으로 수학의 무대가 된 곳으로 눈을 돌려보자. 제1차 세계대전이 끝난 뒤, 빈은 과거 강대국이었던 제국의 중심이자 수도로서 근근이 명맥만 유지하는 도나우 강변의 도시였다. 브륀의 부유한 가문 출신인 쿠르트 괴델(Kurt Gödel)은 1920년대 후반, 수학에서 아주 뛰어난 인재들과 루트비히 비트겐슈타인(Ludwig Wittgenstein)의 『논리-철학 논고(Tractatus Logico-philosophicus)』에 영감을 준 사상가들이 '빈 학파(Wiener Kreis)'를 이루고 있던 빈 대학에서 공부했다.

괴델은 처음엔 물리학을 전공할 생각이었다. 어렸을 때 류마티스열을 앓은 뒤로 질병과 죽음에 대한 공포 속에서 살던 그는 수학자 필립 푸르트뱅글러(Philipp Furtwängler)가 휠체어에 앉아 강의하는 모습을 보고 수학을 공부하기로 결심했다. 아마 내심으로는, 수학이 병자도 -우울증 환자인 괴델과 달리 푸르트뱅글러는 분명히 건강이 좋지 않았다- 평생 종사할 수 있는 분야라는 판단이 작용했을 것이다. 비록 이상해보이기는 해도 괴델이 행하는 일에는 모두 논리적인 근거가 있었다.

대학생활을 하며 괴델이 매주 기다린 것은 목요일마다 슈투르들호프가세(Strudlhofgasse)에 있는 커다란 연구소 건물 1층의 작은 강의실에서 열리는 빈 학파의 모임이었다. 수학자인 한스 한(Hans Hahn)은 철학자 모리츠 슐리크(Moritz Schlick)가 영감을 불어넣으며 이끄는 교수와 강사들의 모임에 재능이 뛰어난 학생들을 초대했다. 비록 루트비히 비트겐슈타인은 빈 학파의 일원이 아니었고 소극적이나마 반대 입장을 취하기는 했지만, 처음에 그가 내세운 명제는 토론의 중점적인 주제였다. 이후 대화는 학문의 정확한 논리적 토대로 옮겨갔다. 토론자들의 관점에서 힐베르트가 제안한 프로그램은 전혀 다른 분야의 방향을 가리키는 것으로 보였다. 그리고 이들은 모두 이 프로그램이 머지않아 수학의 문제를 해결할 것이며 수십 년이 지나면 이 프로그램의 다양한 모델이 나와 물리학과 생물학, 또 나아가 심리학과 사회학을 포함해 전반적인 인식론에 성공적으로 적용될 것이라고 확신했다.

괴델은 이 모임에 여러 번 참석했지만 한 번도 자신의 의견을 밝히지는 않았다. 그에게서는 단 한 번의 발언신청도 나오지 않았다. 논리적인 분석에 뛰어난 능력이 있었음에도 그는 빈 학파의 대표적 인물 중 두드러진 역할을 하는 루돌프 카르나프(Rudolf Carnap)의 표현, 즉 "언어의 논리적인 분석으로 형이상학을 극복한다"는 말을 믿지 않았기 때문이다. 그의 교수자격 취득논문(Habilitationsschrift)에는 힐베르트가 자신의 프로그램으로 세우려던 것을 무너뜨린 괴델의 인식이 들어가 있었다.

괴델은 자신이 창안한 천재적인 방법[35]으로 다음의 진술을 증명했는데 이 방법은 오로지 수의 산술에만 기반을 둔, 또 6 × 7 = 42라는 사실처럼 확실한 것이었다. 즉 수의 산술에 담긴, 논리적으로 모순의 여지가 없는 모든 체계에는 "그것이 맞는지 틀리는지 원칙적으로 결정할 수 없는" 명제가 있다는 것이다. 여기서 중요한 것은 모든 체계의 명제에 대한 증명이나 반박은 오직 체계 내부에서만 가능한 수단으로 수행해야 한다는 것이다.

요컨대 괴델은 힐베르트의 형식적인 수학에는 언제나 "이그노라무스 에트 이그노라비무스"가 잠재하고 있음을 보여준 것이다.

힐베르트의 프로그램이 수난을 당한 것은 여기에 그치지 않는다. 괴델은 계속해서 다음의 명제를 제시했다. '외부적'으로만, 다시 말해 형식적 체계의 외부에 존재하는 관점으로만 그 체계가 논리적으로 모순이 없다는 것을 확인할 수 있다는 것이다. "형식적 체계는 논리적으로 모순의 여지가 없다"라는 명제는, -체계 내부에서는- 그것이 참인지 거짓인지 결정할 수 없는 명제의 하나이기 때문이라는 것이다.

힐베르트 문하에서 공부한 프랑스의 수학자로서, 철학자이자 신비론자인 시몬 베유(Simone Weil)의 오빠이기도 한 앙드레 베유(André Weil)는 괴델의 인식을 정확하게 꿰뚫어보며 수사적인 표현을 했다. "신이 존재하는 것은 수학에 모순의 여지가 없기 때문이다. 그리고 악마가 존재하는 것은 우리가 증명할 수 없기 때문이다."

게다가 괴델은 이런 인식을 공공연한 자리에서 드러내 주목을 끌었다. 1930년 9월 5일부터 7일까지 칸트의 도시이자 힐베르트의 고향이기도 한 쾨니히스베르크에서 제6차 '독일 물리학자 및 수학자 학회'가 열렸다. 이 자리에서 빈 학파의 대표인 루돌프 카르나프, 브라우어르의 제자인 아렌트 하이팅(Arend Heyting), 다비트 힐베르트의 프로그램을 대표하는 존 폰 노이만 등이 강연을 했다. 주최 측에서는 젊은 수학자들이 발언을 하도록 애를 썼다. 그 이유는 회의에 참석한 브라우어르의 지지자들과 힐베르트 지지자들 사이에 예상되는 논쟁을 적어도 공개적인 자리에서만큼은 피하자는 의도도 있었기 때문이다. 각각 자신의 학파를 대표하는 젊은 학자들은 부드럽고 절제된 어조로 발언했다. 괴델도 이 학회에 참석해 자신의 박사학위논문[36]을 주제로 강연하고 큰 호응을 얻었다. 회의가 끝날 때쯤 마무리 토론을 할 때, 괴델은 발언신청을 하고 자신의 교수자격 취득논문에 실을 최신의 인식을 공개했다. 수의 산술을 담고 있는 형식적인 체계는 필연적으로 불완전하다는 이론이었다.

이 발언은 그 내용을 이해한 참석자들에게 폭탄 같은 충격을 주었다. 이날 힐베르트는 이 토론에 참석하지 않았다. "우리는 알 수 있고 알게 될 것이다!"라는 자신의 명제를 선언하기 위해 라디오 연설을 하러 가는 길이었기 때문이다. 하지만 토론에 참석한 베르나이스와 존 폰 노이만은 이 발언의 무게를 알았다. 그것은 힐베르트의 프로그램이, 창안자의 생각과는 달리 절망적으로 무너질 수밖에 없다는 선고를 내린 것이나 다름없었다. "우리는 알 수 있고 알게 될 것이다!"라는 명제는 완전히 틀렸다는 선고였다. 힐베르트가 분노할 것이 무척이나 두려웠던 이들은 몇 달이 지나서야 스승이자 수학의 대가인 힐베르트에게 이 사실을 전했다.

세상을 떠나는 마지막 순간까지 힐베르트는 자신의 영향권 안에서는 괴델의 불완전성 정리(Unvollständigkeitssatz)를 용납하지 않았다.

프린스턴의 유령

> 모순의 여지가 없는 모든 것이
> 실제로 있을까

괴델은 자신의 인식을 무척 고무적인 것으로 생각했다. 그는 무한

10진수의 계산을 허용하는 영역을 포함해 수학이 모순의 여지가 없는 것이라고 철석같이 믿었다. 이런 관점으로 볼 때, 힐베르트의 프로그램은 불필요하게 공을 들이는 노력이나 다름없었다. 그리고 이런 노력이 실현 불가능하다는 것이 알려졌을 때, 그로서는 별로 잃을 것이 없었다.

대신 얻는 것은 많았다. 어떤 논리적 체계 안에서 표현된 진술이 그 체계 안에서 증명할 수도 없고 반박할 수도 없을 때, 그 진술은 새롭게 이용할 수 있는 공리를 가능하게 해주기 때문이다. 이것은 곧 구속력이 있는 기준이 주어질 때, 그 진술에 타당성이 있다고 설명할 수 있다는 뜻이며, 이 과정을 통해 이 진술을 둘러싼 지금까지의 체계는 풍요로워진다. 그러면 이 진술에서 확장된 체계도 모순의 여지가 없는 것이다. 하지만 이 진술에 대한 부정이 옳다고 규정될 수도 있다. 이때는 지금까지의 체계에서 확대된 또 다른 체계가 모순이 없는 것이 된다.[37)]

결국 표현된 논리적 체계 안에서 증명할 수도 없고 반박할 수도 없는 진술 때문에 곤란을 겪게 된다. 이런 진술은 수도 없이 많으며 적어도 제각기 풍요로워진 체계 안에서 볼 때는 이전처럼 많다. 끝없이 많다.

그러므로 괴델은 수학을 수행하는 가지각색의 가능성이 수없이 많다는 인식을 하게 되었다. 다양한 형태의 타당성을 지닌 산술의 확고부동한 핵심을 제외하면, 수학의 한 가지 적용 형태에서는 통하는 진술이 다른 형태에서는 틀린 것이 되고 그 반대의 경우도 성립된다. 하지만 수학의 다양한 해석 하나하나는 모순의 여지가 없는 것이다. 각각의 변형은 완전히 자유롭게 선택할 수 있다. 이미 칸토르는 이것을 알았기 때문에 '수학의 본질은 자유'라는 인상적인 말을 한 것이다.

전능에 대한 감각을 일깨워주는 것은 자유이다.

괴델을 짓누른 것은 전능에 대한 생각이었다. 그는 모순의 여지가 없는 모든 것이 실제로 있으며 그것도 아주 분명하게 존재한다고 확신했기 때문이다. 단순히 생각 속에서 추상적으로 존재하는 것이 아니라 손에 잡힐 듯한 현실 속에서 구체적으로 존재한다고 본 것이다. 모순으로부터 자유로운 '세계'가 셀 수 없이 많이 있으며 지극히 사변적인 우주론보다 훨씬 더 다양하게 여러 가지 모습을 한 '다중우주(Multiversum)'가 존재한다고 믿었다. 모순의 여지가 없는 끝없이 많은 수학적 체계가 각각 이런 세계를 하나씩 다스리고 있다는 것이다. 그리고 괴델은 무수하게 많은 이 세계를 모두 알았기 때문에 그의 의식 속에서 이 세계는 서로 교차된 형태로 존재한다. 우리가 그 속에서 움직일 때, 그 세계는 하나하나 존재하는 것이고 다른 세계로 바꿀 때 그것은 사라진다. 마치 유령 같은 것이다.

그리고 20세기 최고의 논리학자인 괴델은 이 유령을 진실로 믿었다.

이런 사고형태 속에서 그의 삶은 기이하게 전개되었다. 그는 허약한 심장이 갑자기 멎을 수도 있고 일상적으로 먹는 음식이 자신을 해칠 수도 있으며 신경이 마비될지도 모른다는 불안에 끊임없이 시달렸다. 또 논리적으로 일관성이 없는 의사들의 진단을 절대 믿지 않았다. 아무리 더워도 따뜻하게 옷을 입는 데 신경을 썼다. 갑자기 생길 수도 있는 열병이 늘 머리 위에 떠 있는 다모클레스의 칼(Damoklesschwert, 로마의 다모클레스가 머리카락 한 올로 묶은 큰 칼 아래에서 제대로 식사를 즐길 수 없었다는 고사에서 나온 표현으로 '신변에 늘 따라다니는 위험'이라는 뜻-옮긴이)처럼 자신을 따라다닌다고 생각했기 때문이다. 게다가 정신이상 증세와 우울증까지 있었다. 괴델이 존경하는 교수인 모리츠 슐리크가 대학 한복판에 있는 건물에서 피살된 사건은 최초의 신경쇠약을 불러일으켰다. 괴델은 자신의 생존을 보장할 수 있는 곳은 어디에도 없을 것이라고 생각했다.

하지만 괴델이 인생에서 유일하게 올바른 결정이라고 할 만큼 미래의 아내를 선택한 선견지명도 놀랍기는 마찬가지이다. 물론 그의 부모는 충격을 받았다. 괴델이 사랑에 빠진 아델레 포르케르트(Adele Porkert)는 싸구려 나이트클럽 옷 보관소에서 옷 관리를 하는 여자였기 때문이다. 그보다 일곱 살이나 많은데다가 집안도 보잘 것 없었고 더구나 이혼녀였다. 괴델은 아버지가 세상을 떠난 후에야 충격을 받은 어머니로부터 아델레와 결혼해도 좋다는 승낙을 겨우 받을 수 있었다. 그의 결정이 얼마나 옳았는가는 이후 아델레가 세상 적응능력이 없는 남편 '쿠르치(Kurtsi, 괴델의 애칭-옮긴이)'를 여러 차례 결정적인 위험에서 구해준 것만 봐도 알 수 있다. 예를 들어, 히틀러의 군대가 빈에 입성한 뒤에, 나치 돌격대원(SA)이 남편을 유대인이라고 모욕할 때, 아델레는 우산을 흔들며 뻔뻔한 무리들을 물리쳤다. 이들 부부가 볼 때 더 이상 빈에서 살 수 없다는 것은 분명했다. 유대인이 아닌 괴델은 현역 입영 대상자로 분류되었다. 국방군에 징집되면 몸도 가냘프고 행동도 날렵하지 못한 왜소한 남자로서 분명히 죽음을 면치 못할 것이라는 생각이 든 건 당연했다. 이미 프린스턴 고등연구소(Institute for Advanced Study in Princeton)에서 근무하는 존 폰 노이만이 괴델을 미국으로 초대했기 때문에 아델레는 이런 위기에서 남편을 구할 수 있었다. 하지만 전쟁 중이라 서방으로 직접 나가는 통로가 차단되자 아델레는 남편을 설득해 소련으로 가서 시베리아 횡단열차를 타고 아시아의 태평양 연안까지 간 다음, 다시 바다를 건너 캘리포니아로 갔고 거기서 다시 미국 대륙을 가로질러 프린스턴까지 긴 여행을 할 수밖에 없었다. 이들이 마침내 미국 동해안에 도착했을 때, 괴델의 우울증은 걷잡을 수 없이 심해졌다. 그는 자신이 독살될 것이라는 불안에 시달렸다. 아내는 모든 음식을 그가 보는 앞에서 준비해야 했고 그가 먹기 전에 안전하다는 것을 보여주기 위해 먼저 시식을 해야 했다.

프린스턴 생활은 지적인 교류라고는 해본 적이 없는 아델레 괴델에게는 악몽 같았다. 오로지 남편을 돌보는 것만이 그녀에게는 삶의 전부였다. 하지만 남편은 거의 모든 동료들 사이에서 스스로 고립된 생활을 했다. 그의 방에는 아무도 출입할 수 없었고 방안에서 홀로 수학 세계에 빠져 지내며 자신에게 오는 편지에 답장을 썼다. 하지만 답장을 쓰기만 할 뿐 보내지 않고 책상에 쌓아두었다. 그 편지가 존재하는 것만 해도 고마운 일이다.

다만 괴델은 알베르트 아인슈타인(Albert Einstein)과는 허물없이 지냈다. 두 학자는 절친하게 지내며 1955년 아인슈타인이 사망할 때까지 두터운 교분을 나누었다. 두 사람이 산책을 하며 무슨 대화를 나눴는지는 알려지지 않았다. 다만 아인슈타인이 괴델에게, 인지

하는 주제와 무관한 외부세계를 믿는 기질이 있다는 것을 알고 기뻐한 것은 분명하다. 더구나 괴델은 생각할 수 있는 다양한 형태의 외부세계가 있다고 믿었고 이 모든 다양성 속에서 실현되는 세계가 있다고 믿었다. 아인슈타인은 괴델의 이런 특징을 알고 기뻐한 것이다. 반면에 아인슈타인은 친구인 괴델이 양자론에 매달리는 것만큼은 막았을 것이라고 물리학자인 존 아치볼드 휠러(John Archibald Wheeler)는 추정한다. 아인슈타인은 죽을 때까지 양자론에 여전히 모순이 숨어 있다고 의심했기 때문에 괴델에게 손대지 못하게 할 이유는 충분했다. 여러 정황으로 볼 때, 당시의 장면이 생생하게 떠오른다. 남편을 정성껏 돌보는 아델레 괴델이 괴팍스러운 남편에게 외

상대성이론을 발견한 20세기 최고의 과학자 알베르트 아인슈타인
〈출처:(CC)Albert Einstein at wikipedia.org〉

투를 여러 겹 입힌 다음 출입문까지 배웅하고 말한다. “쿠르치, 이제 네거리까지 올라가야 해요. 거기서 알베르트가 당신을 기다리고 있을 거예요.”

일반상대성이론의 토대에서 미래뿐 아니라 과거로 가는 시간여행도 불가능하지 않다는 인식은 아인슈타인과 괴델 사이에 나눈 오랜 대화의 결실이었다. 이것은 기발한 논리학자가 볼 때는 아리스토텔레스나 라이프니츠가 여전히 ‘존재한다’는 -마치 저 멀리 유럽에 빈이 ‘존재’하듯이- 또 하나의 암시였다. 아리스토텔레스와 라이프니츠는 괴델이 보는 위치에서, ‘저기’ 어딘가에 있다. 이들은 유령으로서 그의 부근 어딘가에 존재한다고 본 것이다.

아인슈타인이 세상을 떠난 뒤, 괴델은 더욱 괴팍스러워졌다. 자주 괴델을 찾은 것으로 보이는 오스카 모르겐슈테른은 어느 날 괴델의 집에 갔다가 그를 만나지 못해 여기저기 찾고 있었다. 그러다가 지하실에 내려갔을 때 그는 괴델이 외투를 여러 겹 껴입은 채 난방용 보일러 뒤에 숨어 있는 것을 보았다. 괴델은 죽은 자들의 유령이 집 안에 떠돌고 있다고 추측한 것이다.

훨씬 더 놀라운 것은 괴델이 1978년 1월 14일에 굶어죽었다는 사실이다. 독살된다는 불안에 시달린 나머지 모든 음식을 거부했기 때문이다. 『세계를 측정하다(Vermessung der Welt)』라는 작품에서 카를 프리드리히 가우스를 환상적인 모습으로 그린 다니엘 켈만(Daniel Kehlmann)은 희곡 『프린스턴의 유령(Geister in Princeton)』에서 괴델과 그의 세계를 놀라운 필치로 묘사하고 있다. 괴델에 대하여 더 많은 것을 알고 싶은 사람에게는 강력히 추천할 만한 작품이라는 평이다.

프린스턴 고등연구소에 있는 다른 수학자들이 괴델을 교수로 임명하기를 거부한 것은 이상할 것이 없다. 그의 업적을 높이 평가하지 않았기 때문이 아니다. 사실 1933년에 괴팅겐에서 프린스턴으로 이주한 헤르만 바일을 필두로 이들은 그의 업적이 뛰어나다고 보았다. 다만 괴델의 기이한 모습을 보고 당황했기 때문이다. 마찬가지로 나치에 대한 반발심으로 독일에서 이주해온 정수론 이론가인 카를 루트비히 지겔(Carl Ludwig Siegel)은 "미치광이를 프린스턴 수학교수로 받아들이는 일은 이제 그만 하죠. 한 명으로 충분하니까요"라고 말했다. 지겔이 말한 '한 명'이란 바로 그 자신이었다.

무한의 자리매김

> 수학은 무한에 대한
> 과학이다

괴델의 망상은 그 자신이 모순으로부터 자유롭다고 확신했기 때문에 믿은 세계의 존재에 지나치게 몰두한 것과 관계가 있을 것이라는 추측을 할 수 있다. 하지만 사실 그런 세계는 존재하지 않는다. 겉으로는 공리로 제어되는 것처럼 보여도, 무한이 논리적으로 파악할 수 있는 개념으로 존재하는 세계란 단 하나도 없다.

형식적이고 자의적인 공리로 안전장치가 마련된 수학의 전능이란 것은 단지 환상에 대한 전능에 지나지 않는다.

수학을 푸앵카레의 의미에서 다루며, 하찮은 것이든 아니든, 많은 의문이 영원히 미해결 상태로 남아 있는 현실과 더불어 살아가는 방식과, 전능이라는 환상을 부여한 공허한 공리에 기반을 둔 게임의 의미에서 수학을 다루는 두 가지 대안을 놓고 수학세계에 몸담고 있는 절대 다수는 두 번째의 노선, 즉 현실에 반대되는 길을 선택했다. "칸토르가 우리에게 마련해준 낙원에서 아무도 우리를 쫓아내지 못할 것"이라고 힐베르트가 말했기 때문이다. 이 낙원이 망령들이 득실거리는 유령의 성이라고 해도 거기서 쫓아내지는 못한다는 것이다.

다음과 같은 의미라면 지극히 독특하면서도 단 하나밖에 없는 선택이라고 할 수 있다. 멀리 떨어진 심우주에 사는 외계의 지적인 존재와 무전으로 접촉이 이루어진다고 가정해보자. '우리'와 '이들' 사이에 소통이 이루어진다면 그것은 오직 수학으로만 가능하다는 것은 분명하다. 수학은, 그리고 오직 수학만이 우주 전체에서 같기 때문이다. 이런 전제에서 다음의 판단을 놓고 내기가 이루어질 수 있다.[38] 외계인들이 적어도 우리와 같은 수준으로 수학을 발전시켰다면, 이 외계인들은 무한에 대하여 힐베르트의 논리적 추상이 아니라 푸앵카레의 직관적 상상에 적합한 시각을 가지고 있을 것이라는 판단에 대해서 말이다.

문제는 무한에 대한 올바른 시각이다. 푸앵카레의 의미에서 수학을 대하는 사람이라면, 즉 사물의 본질에 대한 명확한 시각을 논리보다 우위에 두는 관점이라고 할 직관의 수학적 사고로 수학을 대하는 사람은 세계 어디에도 무한이 존재하지 않는다는 생각에서 출발할 수밖에 없다. 호텔에도 버스에도 무한은 존재하지 않는다. 버스 정거장이나 옷 보관소에도 존재하지 않는다.

또 드넓은 우주 어디에도 무한은 존재하지 않는다. 우주에 존재하는 사건지평선이 아무리 거대해도 그것은 유한한 것이며 그 너머에서는 어떤 신호도 볼 수 없고 그 너머는 우리에게 영원히 감춰져 있기 때문이다. 배후에 이런 지평선이 있는 세계의 존재에 대하여 꼬치꼬치 따지는 것은 무의미한 것이다. 세세한 것을 따지는 것도 의미가 없다. 무수하게 많은 점으로 이루어진 선을 분석하는 것은 양자론의 법칙과 모순되기 때문이다. 컴퓨터조차도 무한을 알지 못하며 인터넷도 마찬가지이다. 모든 컴퓨터의 처리방식은 아무리 많아도 유한한 단계가 끝나면 멈춘다. 설사 루프(Loop, 조건이 성립할 때까지 반복 실행되는 명령의 집합-옮긴이)를 수행하는 경우에도 마찬가지이다. 언젠가는 전기가 차단되기 때문이다. 컴퓨터에 아무리 많은 수의 영역이 들어가 있다고 해도 그것은 유한한 것이며 모니터의 픽셀이나 해상도도 유한하다. 무한은 오로지 우리의 생각 속에, 우리의 상상 속에 들어 있을 뿐이다. 그것은 구체적으로 주어진 뭔가가 아니라 단지 능력에 끝이 없다는 생각으로 존재할 뿐이다.

꿈속에서 뭔가를 잡으려고 할 때, 팔은 잡으려고 하는 대상에 조금 못 미친다. 조바심이 나서 몸을 앞으로 더 뻗어보지만 잡고 싶은 그 대상은 끝까지 거리가 좁혀지지 않는다. 욕구가 강해질수록 잡으려는 대상은 손가락을 보면 뒤로 물러난다. 잠에서 깨어날 때까지 이런 상태가 계속 유지된다. 비록 꿈 연구가들은 꿈의 지속시간이 불과 몇 초에 불과하다고 하지만 잠자는 사람들에게는 그 시간이 끝없이 긴 것으로 보인다.

시스티나 성당에 있는 미켈란젤로의 천지창조 프레스코화를 보면 이 영원한 소망에 이르려는 욕구가 멈추지 않는 것을 알 수 있다. 이런 끝없는 동경은 전능한 창조주의 오른손 집게손가락과 아담의 왼손의 집게손가락을 떼어놓은 극적인 거리 속에서 포착된다. 인간의 완성을 위해서는 아담의 손가락을 조금만 더 내뻗게 하는 것으로 충분할 것이다. 하지만 바로 이것이 미켈란젤로의 메시지이다. 우리 인간은 지상에서 인간의 구원을 위한 동작을 끝없이 기다려야 한다는 것이다.

우리가 원하는 행복의 순간은 끝이 없다. 사랑이 싹틀 때는 그것이 영원히 유지되기를 바라는 희망이 생긴다. 그리고 비록 냉혹한 현실을 아무리 확실하게 깨닫는다고 해도, 멈추지 않는 행복에 대한 이렇게 순진한 욕구가 존재한다. 니체는 조금은 비감한 어조로 시적 표현을 했다. "고통은 말한다. 사라지라고. 하지만 모든 쾌락은 영원을 갈망한다. 깊고 깊은 영원을!"(프리드리히 니체의 『차라투스트라』에 나오는 시 구절-옮긴이)

카프카의 단편들 중에서는 『황제의 밀사(Kaiserliche Botschaft)』에서 가장 인상 깊게 묘사된다. 이 짤막한 이야기에서는 임종의 자리에서 황제가 마지막으로 내린 메시지를 "황제라는 태양에서 가장 멀리 떨어진 변방으로 밀려난 그림자로서 불쌍한 신하인 그대 개인에게" 급히 전하려는 밀사가 등장한다. 밀사는 밖으로 나가기 위해 먼저 여러 궁과 계단, 뜰을 통과해야 한다. 하지만 황제의 영역에 겹겹이 들어 찬 궁과 계단, 뜰은 끝없이 많다. 이것은 마치 가산적인 무한의 형상을 닮았다. 카프카는 밀사가 차례로 이것을 통과하려고 하지만 결코 지나갈 수 없다는 것을 너무도 분명하게 알려주기 때문이다. 설사 밀사가 이곳을 통과하고 "마침내 맨 바깥에 있는 성문을 빠져나간다고 해도 -하지만 절대로 불가능한- 다시 그의 앞에는 온갖 인간의 침전물이 높이 쌓인 세계의 중심으로서 수도가 가로막을 것이다. 이곳은 아무도 뚫고 갈 수 없고 특히 죽어가는 황제의 소식을 전하려는 자에게는 절대 불가능하다"라고 묘사하는 카프카의 목소리가 들린다. 이렇게 거대한 혼돈의 도시는 초가산적인 무한의 형상으로 우리에게 다가온다.

카프카는 "하지만 그대는 창가에 앉아서 저녁이 될 때 수도를 꿈꾼다"라는 말로 황제의 밀사에 대한 이야기를 마친다. 카프카는 "우리 인간은 적어도 꿈과 감각, 예감 속에서 무한과 마주칠 수 있다는 것"을 말하려는 것이 아닐까?

인간의 성찰이나 합리적인 능력은 어떻게 될까? 이때 요구되는 것이 수학이다. 1, 2, 3…으로 이어지는 수는 무한으로 올라가는 사다리의 디딤판이자 동시에 모든 생각의 기본요소라고 할 수 있다. 우리 인간은 생각으로 이 사다리를 오른다. 하지만 무한 자체는 수가 아니다. 그것은 수의 배경으로서 그것이 없이는 셈 자체를 생각할 수 없을 것이다. 이런 의미에서 수학이 무엇인가라는 물음에 헤르만 바일은 최선의 답을 내놓는다.

"수학은 무한에 대한 과학이다."

매혹적인 수의 세계

'수학은 첫 키스처럼 자극적이다'라는 어느 서평의 제목처럼 이 책은 수의 세계를 주제로 얼마든지 흥미진진한 이야기를 들려줄 수 있다는 것을 보여준다. 저자는 일상적으로 따분하고 골치 아프게 여기는 수학이 아니라 매혹적인 수의 문화사, 수의 세계사를 탐험하는 여행으로 우리를 안내한다. 이 책을 읽다 보면, 수의 마법에 빠지면 문외한이라도 그 유혹을 떨칠 수 없다는 주장이 과장이 아님을 알게 된다. 누구나 학교생활을 시작하며 배우는 기본연산 그 너머에는 오묘한 수의 세계가 끝없이 펼쳐져 있다.

루돌프 타슈너(Rudolf Taschner)의 『보통 사람들을 위한 특별한 수학책(원제:냉정에서 나온 수 Die Zahl Die Aus Der Kälte Kam)』은 수학의 세계가 인류의 역사와 긴밀하게 맞물려 있으며 수를 다스리는 자가 권력을 장악했다는 사실을 설득력 있게 고증하고 있다. 예컨대 이집트와 메소포타미아, 중국을 비롯한 고대국가에서 수를 다스린 고문관이나 제관이 권력층이 될 수밖에 없었던 배경을 보면 이해가 된다.

그 옛날 수학으로 로마 함대를 물리친 아르키메데스에서부터 퀴즈쇼 제퍼디에서 퀴즈 왕들을 물리친 왓슨과 체스 게임에서 세계챔피언을 누른 딥블루에 이르기까지 그 밑바닥에는 수를 둘러싼 인간의 끈질긴 노력이 토대를 이루고 있다. 목욕을 하다 부력을 통해 왕관의 수수께끼를 푸는 아르키메데스, 17세기에 계산기를 발명한 블레즈 파스칼, 미적분의 발견을 놓고 대립하는 아이작 뉴턴과 라이프니츠, 무한의 개념을 수학에 포함시킨 힐베르트, 파이의 소수점 이하의 값을 놓고 기록경쟁을 벌이는 수학의 천재들, 007이라는 숫자에 집착한 영국 정보부의 암호화 작업, 수의 전능을 믿은 쿠르트 괴델…. 수를 둘러싼 인간의 역사는 끝이 없으며 그중에 대표적인 것을 골라 소개한다는 점에서 이 책이 "스릴러물처럼 읽힌다"는 슈피겔지의 주장은 납득이 된다.

이 책은 수학의 문화를 장려하고 전파하는 오스트리아의 'Math.space'(저자 부부가 이끄는)에서 소개된 이야기를 포함해 '수보다 더 냉정한 것은 없다'는 주제로 보통 사람들도 수학의 신비로운 영역을 어렵지 않게 이해하도록 풀어쓴 내용이다. 단순한 계산이나 복잡한 수학의 공식이 아니라 마법적인 수의 미로를 탐험하게 하는 흡인력에서 수를 주제로 한 저술은 설득력을 지닌다. 왜 자연과학의 영역에서 궁극적으로 수학이 그 이론을 완성시켜주는지, 왜 논리와 수학이 불가분의 관계에 있고 그 논리에 따라 인간이 진화를 거듭했는지 또 왜 문명의 진보와 수 개념의 발달이 비례관계에 있는지를 이 책은 흥미로운 일화와 더불어 풀어나간다. 특히 냉전시대 각국 비밀정보부의 암호를 둘러싼 두뇌싸움은 수학적인 흥미를 더해줄 것이다.

역사적인 수학자들의 삶을 추적하는 과정과 그들의 논문, 저서, 비평을 소개하는 백과사전식 자료는 비단 일반 독자들뿐 아니라 수학자들이나 수학에 관심을 갖는 전문가들에게 충실한 참고문헌의 기능을 할 것으로 보인다. 특히 '이그노라비무스(Ignorabimus)'와 20개 공리라는 관점에서 무한의 개념을 둘러싸고 힐베르트와 뒤 브와-레몽, 앙리 푸앵카레, 브라우어르, 헤르만 바일, 쿠르트 괴델 사이에서 전개되는 길고 긴 논쟁은 현대수학이 정립되기까지 불가피했던 치열한 논리적 대립의 역사를 증언한다는 점에서 전문 문헌으로서의 가치를 지닌다. 수학적인 관심이 있는 독자라면 부록으로 실린 주석을 참고할 수 있을 것이다.

'매혹적인 수의 세계'라고 저자가 강조하는 이 말은 단순한 홍보용 수사가 아니라 "수치를 놓고 말하자"라고 할 때 이의를 제기하지 못하는 것과 마찬가지로 호소력을 지닌 것으로 보인다.

1 근대에 들어와서는 1789년의 프랑스 대혁명 이후 프랑스 국민의회 대표들이 1년을 균등하게 분할할 것을 제안했다. 그 결과 1792년 11월 22일 이후에는 새로운 달력을 적용하기로 결정했다. 1년은 12달로 이루어지고 매달은 각 3순(1순=10일)으로 짜였다. 혁명력에서 추수 이후에 시작되는 연말에는 각 5일씩, 그리고 4년마다 6일씩 축제일을 두기로 하고 각각 선행절(Jour de la Vertu), 재능절(Jour du Génie), 노동절(Jour du Travail), 의견절(Jour de l'Opinion), 보상절(Jour des Récompenses), 그리고 윤년에는 혁명절(Jour de la Révolution)이라는 예쁜 이름을 붙였다. 또 달 이름도 시적으로 짓고 계절에 맞췄다. 가을은 포도 수확을 연상시키는 포도의 달(Vendémiaire), 안개가 많은 안개의 달(Brumaire), 서리가 내리는 서리의 달(Frimaire)로 불렀다. 겨울은 눈의 달(Nivôse), 비의 달(Pluviôse), 바람의 달(Ventôse)로 부르고 봄은 각각 새싹의 달(Germinal), 꽃의 달(Floréal), 풀의 달(Prairial)로, 여름은 보리 수확을 뜻하는 수확의 달(Messidor), 더위의 달(Thermidor), 열매의 달(Fructidor)이라고 불렀다. 모두 예쁜 이름이었지만 혁명력은 별로 인기가 없었다. 7일마다 휴일을 둔 유대력이나 훗날 다시 사용한 기독교력과 달리 겨우 10일에 한 번씩 휴일을 두었기 때문이다. 1806년이 되자 프랑스는 나폴레옹의 명령으로 기독교력으로 되돌아갔다.

2 오늘날까지 우리는 로마의 계산 전문가들이 이런 계산에 어떻게 대처했는지 정확하게는 모른다. 일반적으로 이집트의 학자들에게 알려진 방식을 사용하지 않

았을까 추정할 뿐이다. LVII(57)과 LXXV(75)의 예를 통해 접근해보자. 먼저 두 수를 나란히 쓴다.

LVII LXXV

이어 첫 번째의 절반을 그 밑에 쓰고 다시 그것의 절반을 또 쓰고 I이 될 때까지 계속 절반으로 줄인다. 홀수를 절반으로 줄여야 할 때는 해당 수보다 1이 작은 수의 절반을 쓴다.

이 과정을 LVII의 예를 통해 자세히 살펴보자. 먼저 이 수를 XXXXX V II로 풀어서 쓴다. 이어 이것을 계속 XXXX VVV II로, 다시 XXXX VV IIIIIII로 풀어서 쓴다. 이제 이것을 반으로 줄이면 XX V III가 된다. 맨 끝에 있는 7개의 I 을 반으로 줄여야 하지만, 7번째는 무시하고 6개만 반으로 줄인 것이다. 그러면 이 형태는 다음과 같이 될 것이다.

LVII LXXV
XXVIII

XXVIII이란 수의 절반을 쓰기 위해서 이것을 XX IIIIIIII로 바꾸고 이것을 절반으로 줄이면 X IIII이 된다. 그러면 이 형태는 다음과 같을 것이다.

LVII LXXV
XXVIII
XIIII

XIIII는 VV IIII로 풀어 쓸 수 있기 때문에 그 절반은 V II이 된다. 다시 이것을 반으로 줄이기 위해 IIIIIII로 풀어 쓸 수 있고 여기서 1을 뺀 수, IIIIII을 반으로 줄이면 III이 된다. 다시 III 대신 1이 적은 II를 절반으로 줄이면 I 이 된다. 따라서 계속 절반으로 줄인 형태를 보면 다음과 같이 된다.

LVII LXXV
XXVIII
XIIII
VII
III
I

이제 오른쪽의 LXXV 밑에는 각각 위에 적힌 수보다 두 배가 되는 수를 적는다. 우선 첫 번째 두 배가 되는 수는 LL XXXX VV가 된다. 이것을 바꿔서 쓰면 C

XXXX X가 되고 이것은 간단히 CL로 쓸 수 있다. 이어 CL을 두 배로 늘리면 CC LL이 되고 이것을 간단히 표시하면 CCC가 된다. 따라서 두 배로 늘린 형태까지 합쳐 적게 되면 다음과 같이 될 것이다.

LVII	LXXV
XXVIII	CL
XIIII	CCC
VII	
III	
I	

두 배로 늘리는 것도 절반으로 줄인 것처럼 계속하려면 3번을 더 배로 늘려야 한다. 그러면 CCC의 두 배는 CCCCCC가 되고 이것은 간단하게 DC로 적을 수 있다. DC의 두 배는 DD CC가 되고 이것은 MCC로 간단하게 쓸 수 있다. 그리고 MCC의 두 배는 MMCCCC가 된다.

LVII	LXXV
XXVIII	CL
XIIII	CCC
VII	DC
III	MCC
I	MMCCCC

이것으로 곱셈의 뼈대는 갖춰졌다. 이제는 두 단계만 더 처리하면 된다. 고대 이집트 학자들의 기이한 비밀규칙에 따르면 홀수는 '좋은' 수, 짝수는 '나쁜' 수라고 부른다. 왼쪽에서 짝수, 즉 '나쁜' 수가 있는 줄은 지우고 '좋은' 수만 남기면 다음과 같이 된다.

LVII	LXXV
~~XXVIII~~	~~CL~~
~~XIIII~~	~~CCC~~
VII	DC
III	MCC
I	MMCCCC

XXVIII(28)과 XIIII(14)는 '나쁜' 수이고 나머지 왼쪽의 수는 모두 홀수, 즉 '좋은' 수이기 때문이다. 마지막 단계는 오른쪽에 지워지지 않고 남은 수, 즉 왼쪽

'좋은' 수의 줄에 있는 수를 모두 더한다. 이것을 부호대로 나열하면 우선 다음과 같이 된다.

MM M D CCCC CC C L XX V.

이것을 간단하게 표시하면 MMM DD CC L XX V가 되고 한 번 더 간단하게 표시하면 MMMMCCLXXV가 된다. 이것을 오늘날의 숫자로 표기하면 4275가 되고 실제로 57과 75의 곱수에 해당한다.

3 때로 사람들은 수학의 두드러진 특징은 모든 결과가 정확하게 계산되는 데 있다고 생각한다. 하지만 이것은 결코 옳은 생각이 아니다. 대강의 결과만 알아도 충분할 때가 많다. 앞에서 본 대로, 계산기도 없고 장시간 계산을 위해 애쓸 필요도 없이 간단한 생각만으로, 적어도 체스 판에 놓이게 될 쌀의 규모를 가늠하는 방법은 꽤나 인상적이니 말이다.

하지만 더 정확한 결과를 알려고 하는 사람이라면 다음과 같은 생각을 할 수 있다. 우리가 정확한 결과인 1024를 계산의 편의를 위해 $1000 = 10^3$으로 바꾸면 2.4퍼센트의 오차가 난다. 쌀의 양으로 볼 때, 이 오차는 11번째 칸과 21번째 칸, 31번째 칸, 41번째 칸, 51번째 칸, 61번째 칸 등에서 총 6번 발생한다. 따라서 실제로 체스 판에 놓일 쌀알과 어림계산에서 나온 1600경의 쌀알 사이에는 총 $6 \times 2.4\,\% = 14.4\%$, 즉 약 15퍼센트의 오차가 나게 된다. 16의 15퍼센트는 2.4이기 때문에 1600경의 쌀알에 240경을 더해야 한다는 말이다. 그러므로 체스 판에 들어갈 쌀알의 총량은 정확하게 1840경이다.

고성능 계산기가 있다면 1부터 시작해서 계속 앞 수의 두 배로 늘어나는 64개의 수를 더하는 방법으로 정확한 결과를 힘들게 산출할 수 있다. 이 결과는

18 446 744 073 709 551 615

즉 1844경 6744조 737억 955만 1615개의 쌀알이다. 덧붙여 말하면, 이렇게 정확한 결과에 이르는 더 간단한 방법도 있다. 각 줄마다 맨 마지막 수의 두 배에서 1을 빼면 앞의 수의 총합이 된다는 것이다. 첫 줄의 쌀알을 예로 들면,

$$1 + 2 + 4 + 8 + 16 + 32 + 64 + 128 = 2 \times 128 - 1 = 256 - 1 = 255$$

가 된다는 말이다. 따라서 체스 판 전체에 들어갈 쌀알의 총합을 산출하려면 2를 64번 제곱한 결과인

18 446 744 073 709 551 616

에서 1을 빼면 된다.

4 우리가 얼마나 착각에 빠지기 쉬운지는 다음의 예가 보여준다. 지구가 정확하게 적도 둘레 4만 킬로미터로 된 구형이라고 가정해보자. 이 적도를 4만 킬로미터 길이의 끈으로 팽팽하게 둘러싼다. 그런 다음 끈의 길이를 10센티미터 늘려서 조금 느슨하게 만든다고 상상한다. 만일 이 늘어난 길이가 적도 전체에 골고루 적용된다면 끈은 지표면으로부터 얼마나 떨어질까? 직경이 100분의 1 밀리미터인 모래알이라면 그 사이로 빠져나갈 수 있을까? 대답을 들으면 놀랄 수밖에 없다. 두께가 1센티미터가 넘는 손가락도 얼마든지 끈 밑으로 통과할 수 있다는 것이다. 지구 어느 지점이든 똑같다.

5 히파르코스는 지구의 그림자가 원통이 아니라 원뿔 형태라는 것을 고려했다. 히파르코스는 태양원반의 크기에서, 거리가 멀어지면서 동시에 그림자의 직경이 짧아지는 것을 보여주는 이 원뿔 열림각(Öffnungswinkel)을 산출할 수 있었다. 그는 당시 그리스 수학자들에게 잘 알려진 3각법을 기술적으로 활용해서 달의 거리를 측정하고 계산했다. 이때 그가 산출한 결과는 불과 1퍼센트의 오차밖에 나지 않았다.

6 '미적분'의 발견자들이 내세우는 주장을 다음처럼 옹호할 수 있을지도 모른다. 즉 '끝없이' 1을 빼는 것이 '끝없이' 지속되거나 다른 한편으로 '끝없는' 두 배가 '끝없이' 이어지는 것은 '무한' 특징을 가지고 있다는 것이다. 따라서

$$1 + 2 + 4 + 8 + 16 + \cdots$$

의 합은 '무한'일 수도 있다. 그리고 이것은 명백히 의미가 있는 결과이다. 다만 이렇게 무한을 주장하는 것은 근거가 터무니없을 뿐이다.
첫째, '무한'을 수처럼 단순하게 계산할 수 없다는 것은 분명하다. 가령 '무한'에서 '무한'을 빼면 뭐가 남는가? 즉시 0이라고 대답할지 모른다. 하지만 위에서 말한 대로 두 번째 '무한'이 '끝없이' 1을 뺀 것이라면, 1의 차이를 보일 수밖에 없을 것이다. 첫 번째 '끝없이'라고 쓴 것보다 두 번째 '끝없이'는 계속 1씩 줄어들기 때문이다. 하지만 또 다른 누군가, 첫 번째 '무한'의 차이가 위에서 말한 '끝없는' 두 배의 차이라고 주장하면 이 차이는 '끝없는' 것일 수밖에 없을 것이다. '끝없는' 두 배에서 한 번씩 '끝없이' 줄어들기 때문이다. 모순이 모순을 낳는다.
둘째, 우자트의 눈의 조각을 총합할 때도 그 결과는 '무한'일 수도 있다. '미적분'의 발견자들을 옹호하는 사람에게는 '무한'이라는 특징이 있다고 볼 때, '끝없

이' 2분의 1로 줄어드는 현상이 '끝없이' 이어지고 다른 한편으로 '끝없는' 절반이 다시 '끝없이' 이어지기 때문이다. 하지만 끝없는 총합이라는 이 예에서 우리는 왜 총합이 '무한'이 아니라 1이 옳은 답이라고 믿는단 말인가?

7 이 수수께끼를 자세하게 알고 싶은 사람은 다음을 보면 된다. 섬세한 유머를 섞어 이것을 놀라운 독일어 시로 옮긴 알렉산더 멜만(Alexander Mehlmann)은 시를 쓰면서 빈 공과대학에서 수학을 가르치고 있다.

> 벗이여, 그대에게 능력이 있다면,
> 짐승이 몇 마리나 될지 맞춰보게나-
> 뿔이 난 네 발 짐승 중에
> 소만 말하는 걸세-
> 그 옛날 이랴와 워 소리를 들으며
> 태양의 신 헬리오스에게 속했던
> 시칠리아의 푸른 초원에 있는 소들 말일세.
>
> 첫 번째 무리는 하얀 소떼고,
> 두 번째 검은색 무리는 새까만 색이라네,
> 갈색 무리는 세 번째, 얼룩무늬로
> 치장한 암소와 황소가
> 무리 중에 네 번째라네.
>
> 새하얀 황소의 수는
> 순수한 갈색 황소의 수에
> 검은 황소의 반을 더하고
> 다시 3분의 1을 더하여
> 열심히 세면 알 수 있는데
> 검은 황소의 수는 -이들의 운명!-
> 모든 갈색 황소의 수와
> (벗이여, 그대가 중얼거리는 소리가 벌써 들리는군)
> 얼룩이 황소의 4분의 1과 5분의 1을 더하면
> (그 수가) 같고, 얼룩이 황소는
> 갈색 황소와 흰색 황소의 6분의 1과 7분의 1을 더하면
> 답이 나오네.

하지만 무슨 일이 있어도
태양신의 암소를 잊지 말게나.
흰색 암소 전체를 셀 때는
공연히 힘을 들이지 말고
검은 무리의 수에서 3분의 1과 4분의 1만
특별히 더한 다음
허리띠를 졸라매게.
검은 암소의 수도
힘들이지 않고 알 수 있네.
얼룩소의 수를 4로 나누고
다시 5로 나눈 다음 이 둘을 더하게!
트리나크리아(시칠리아)의 초원에 있는
갈색 소와 30 : 11의 비율이
얼룩 암소의 수라네.
아직도 답은 수수께끼 같겠지,
갈색 암소의 수는
(명칭은 중요치 않네)
제 송아지와 똑같이 하얀 소들로 나누어지니 말일세.
여기서 하얀 소 6분의 1과 이것의 7분의 1을 더하면
갈색 소의 전체 정보가 나온다네.

이제 나에게-암수별로 또 털 색깔별로-
초원에 있는 숫자 전체를 말해보게!
그대야말로 진정 수학의 대가(피사의 수석)일 걸세!
그리고 두 번째 문제도
재빨리 맞춘다면
나는 그대를 최고 중의 최고
수학자라고 부르겠네.

새까만 소와 새하얀 소 등,
황소 전체를
하나로 모으면
사각형을 이룬다네.

나머지 황소는 나란히 쌓되,
한 줄 바뀔 때마다
뿔 두 개가 적게 정렬하면,
황소 한 마리만 있어도(단 한 마리만)
꼭짓점이 생기고
그러면 이 소떼는
삼각형을 이룬다네.

(출처: A. Mehlmann: 『수학의 탈선: 수학과 문학 사이의 마법의 나라로 떠나는 홀가분한 나들이(Mathematische Seitensprünge: Ein Unbeschwerter Ausflug in das Wunderland Zwischen Mathematik und Literatur)』, Vieweg, 2007).

이 시의 제1연에서는 문제가 제시된다. '뿔이 난 네 발 짐승'의 수, 즉 '시칠리아의 초원에서' 풀을 뜯는 소의 숫자를 계산해보라는 것이다. 제2연에서는 하얀 황소(그 수를 w라고 하자)와 하얀 암소(그 수는 W), 검은 황소(그 수는 s) 및 검은 암소(그 수는 S), 갈색 황소(그 수는 b) 및 갈색 암소(그 수는 B), 얼룩이 황소(그 수는 g) 및 얼룩이 암소(그 수는 G)가 있다고 소개된다. 제3연에서는 황소만 나온다. 여기서 아르키메데스는 다음과 같은 방정식을 보여준다.

$$w = b + (1/2 + 1/3)s$$
$$s = b + (1/4 + 1/5)g$$
$$g = b + (1/6 + 1/7)w$$

제4연에서는 방정식을 말로 바꿔 표현하는데 이에 따르면 암소의 수는 다음과 같이 계산된다.

$$W = (1/3 + 1/4)(s + S)$$
$$S = (1/4 + 1/5)(g + G)$$
$$G = (1/5 + 1/6)(b + B)$$
$$B = (1/6 + 1/7)(w + W)$$

(알렉산더 멜만의 번역에서 $1/5 + 1/6$은 30 : 11로 계산된다).

제5연에서 아르키메데스는 전체 수만을 답으로 인정하는 8개의 알려지지 않은 이른바 '디오판토스 방정식(Diophantische Gleichungen, 정수로 된 해만을 허용하는 부정 다항 방정식-옮긴이)'에서 위의 7개 방정식은 첫 번째 문제에 나와 있음을 암시한다. 그리고 이 방정식을 풀 수 있는 사람은 '수학의 대가'이지만 -이 인재를 피사의 수석으로 표현함으로써 은근히 세계의 남녀학생이 힘들어하는 피사 테스트(PISA-Tests, 경제협력개발기구OECD가 2000년부터 회원 국가들을 대상으로 만 15세 청소년의 독해, 수학, 과학 등의 학력을 평가하는 시험-옮긴이)를 연상시킨다- 아직 진정한 수학의 최고봉은 아니라는 것을 말한다.

제6연에서 아르키메데스는 $s + w$의 합이 제곱수를 이룬다고 알린다. 즉 검은 황소와 하얀 황소를 대열을 맞춰 줄을 세우면 사각형을 형성한다는 것이다. 제7연에서 아르키메데스는 $b + g$의 수에 해당하는 나머지 황소를 줄이 바뀔 때마다 한 마리씩 줄어드는 형태로 쌓으면('뿔 두 개가 적게'라는 말로 바꿔서 표현) 맨 꼭대기에는 단 한 마리의 황소(단 한 마리만)만 남게 된다고 말한다. 수학적인 표현으로 $b + g$는 삼각수(Dreieckszahl, 일정한 물건으로 삼각형 모양을 만들어 늘어놓았을 때, 그 삼각형을 만들기 위해 사용된 물건의 총 수가 되는 수-옮긴이) 라는 것이다. 삼각수는 $\frac{1}{2} \cdot (n^2 + n)$ 의 형태를 지니고 장방수는 m^2의 공식으로 표현되기 때문에 아르키메데스의 두 번째 수수께끼는 이차 '디오판토스 방정식'으로 이루어진 것을 알 수 있다.

8 산출해야 할 두 수 사이의 '복잡한 관계'는 그 옛날 피타고라스의 문제로 거슬러 올라간다. 피타고라스는 세계 만물의 전체 수는 분자와 분모로 된(분모가 0이 아닌) 분수로 나타낼 수 있다고 생각했다. 하지만 기하학에서는 이런 생각이 틀렸다는 것을 보여준다.

예를 들어 정사각형의 대각선 위에 이 대각선을 변으로 하는 두 번째 정사각형을 그리면 이 제2의 정사각형은 면적이 첫 번째 정사각형의 두 배가 된다. 첫 번째 정사각형의 변의 길이가 x라는 단위로 되어 있다고 쳐보자. 여기서 단위를 미터로 하든, 밀리미터로 하든 아니면 원자의 직경으로 하든 이 관계에서는 아무런 상관이 없다. 정사각형의 면적은 면적의 단위에 맞춰서(제곱미터든 제곱밀리미터든 어떤 단위를 쓰든 상관없이) x의 제곱으로 산출된다. 이 결과를 그 단위에 맞춰 '제곱x'로 부르며 부호로는 x^2라고 표시한다. 가령 $x = 12$라면 $x^2 = 144$가 된다. $y = 17$이라면 $y^2 = 289$이다. 우연하게도 289는 144의 두 배인 288과 거의 일치한다. 바꿔 말하면 변의 길이가 12센티미터인 정사각형의 대각선은 길이가 17센티미터보다 극미하게 짧다는 것이다. 그러므로 정사각형의 변과 대각선의 길이의 비례는 분수 $17/12$보다 아주 조금 작다는 말이다. 그리고 그리스인들은 이 비율을 y/x로 표시할 수 있지 않을까라는 생각을 했다.

그럴 수 있다면 변의 길이가 x인 정사각형은 y라는 길이의 대각선을 갖는 것이다. 이에 따라 대각선을 변으로 하여 그린 정사각형의 면적 y^2은 첫 번째 정사각형의 면적 x^2의 두 배가 되는 것이다. 이것은 $y^2 = 2 \cdot x^2$ 이라는 공식으로 표시된다.

그리스의 위대한 철학자 아리스토텔레스는 $y^2 = 2 \cdot x^2$에 해당하는 x와 y라는 수는 없다는 것을 다음과 같은 근거로 발견했다고 한다.

하지만 그런 수가 있다고 가정해보자. 아리스토텔레스는 먼저 y라는 수가 홀수인 경우를 살펴보았다. 그러면 y를 제곱한 $y^2 = 2 \cdot x^2$은 맞을 수가 없다. $2 \cdot x^2$은 분명히 2로 나누어지는 수, 즉 짝수이기 때문이다.

그러면 y는 짝수여야 한다. 그리고 y를 제곱한 y^2은 4로도 나누어져야 할 것이다. 결국 x는 홀수일 수가 없다고 아리스토텔레스는 결론을 내렸다. x가 홀수면 x를 제곱한 x^2도 홀수가 되기 때문이라는 것이다. $2 \cdot x^2$라는 수가 2로 나누어진다고 해도 4로는 나누어지지 않을 것이다. 그렇다면 $y^2 = 2 \cdot x^2$이라는 공식은 y가 짝수일 때 맞아야 한다.

이런 생각 끝에 아리스토텔레스는 다음과 같은 결론을 내렸다. 즉 $y^2 = 2 \cdot x^2$에 해당하는 x와 y라는 수가 있다면 둘 중 어느 것도 홀수여서는 안 된다. x와 y는 모두 짝수여야 한다는 것이다.

앞에서 언급한 정사각형의 변의 길이는 이에 따라 짝수여야 하고 대각선의 길이도 짝수여야 한다. 하지만 아리스토텔레스는 변과 대각선의 길이가 절반에 해당하는 사각형이 있을 수 있다는 생각에서 출발한다. 하지만 이때도 변과 대각선의 길이는 각각 짝수여야 한다. 이 정사각형을 1 : 2의 비율로 줄일 수도 있을 것이다. 그리고 이 줄어든 정사각형에서도 변과 대각선의 길이는 각각 짝수여야 한다는 말이다.

그리고 이렇게 절반으로 축소된 것이 끝없이 이어질 수 있다. 하지만 그때마다 줄어든 정사각형을 변과 대각선의 길이가 각각 짝수인 상태에서 계속 절반으로 줄일 수 있을 것이다.

궁극적으로 정사각형의 변과 대각선이 정배수가 되고 마음대로 줄여서는 안 되는 결과가 되기 때문에 이것은 이치에 어긋난다. 그러므로 $y^2 = 2 \cdot x^2$에 해당하는 x와 y라는 수는 없다는 것이 아리스토텔레스의 주장이다(오늘날이라면 $x = 0$, $y = 0$일 경우에도 공식이 성립하기 때문에 이런 주장에 반발할 것이다. 하지만 영리했던 그리스인들은 0은 수로 보지 않고 양의 정수인 1, 2, 3, 4, 5, …만 수로 생각했다). 그리고 이 때문에 정사각형의 변에 대한 대각선의 비례는 분명히 분수가 아니다.

수학에 매혹을 느끼는 사람이라면 지금까지 나온 결과에 만족하지 못할 것이다. 이들은 좀 더 포괄적인 인식에 도달하기 위해 계속 의문을 품을 것이다.

여기서도 마찬가지이다. $y^2 = 2 \cdot x^2$에 해당하는 x와 y라는 수가 없다면 $y^2 = 2 \cdot x^2 + 1$이라는 공식에 들어갈 x와 y라는 수는 있을 것이다. '1'이라는 미세한 변화만으로 아리스토텔레스가 제기한 주장은 완전히 무너진다. 그리고 가령 앞에서 말한 $x = 12$, $y = 17$은, 이 미세한 변화만으로 실제로 새로운 방정식의 해가 존재한다는 것이 증명된다. 증명할 수 있는 방법은 수도 없이 많다.
이것을 자신의 논문에서 부수적으로 언급한 사람은 앞에서 '미적분'의 공동발견자로 언급한 프랑스의 아마추어 수학자인 피에르 드 페르마였다. 페르마는 $y^2 = 2 \cdot x^2 + 1$이라는 공식에서 x^2 앞의 인수 2를, 제곱수가 아닌 경우에 한해서, 다른 수로 대체해도 된다는 주장을 하기도 했다. 따라서 $y^2 = 3 \cdot x^2 + 1$의 경우나 $y^2 = 5 \cdot x^2 + 1$의 경우처럼 여기에 해당하는 x와 y도 끝없이 많다는 것이다. 여기에 맞는 수를 찾자면 한이 없다. 예컨대 $y^2 = 991 \cdot x^2 + 1$이라는 공식을 가정할 때, x는 엄청 작은 수일 것이고 이 방정식에 맞는 y는 거대한 수가 될 것이다.

$$x = 12\ 055\ 735\ 790\ 331\ 359\ 447\ 442\ 538\ 767$$

이고

$$y = 379\ 516\ 400\ 906\ 811\ 930\ 638\ 014\ 896\ 080$$

이다. 페르마가 어떻게 이런 확신을 하게 되었는지 우리는 알지 못한다. 이로부터 100년쯤 지나서 유난히 끈질긴 스위스의 수학자 레온하르트 오일러가 그 말이 옳다는 것을 증명했다.
하지만 아르키메데스는 피에르 드 페르마가 믿고 레온하르트 오일러가 증명한 것을 이미 천 몇 백 년 전에 알고 있었다. 태양신의 소에 대한 두 번째 수수께끼는 다음의 방정식을 충족하는 x와 y 두 수를 찾아내면 해결되는 것이기 때문이다.

$$y^2 = 410\ 286\ 423\ 278\ 424 \cdot x^2 + 1$$

보다시피, 문제는 다음의 방정식과 같은 유형이다. $y^2 = 2 \cdot x^2 + 1$, $y^2 = 3 \cdot x^2 + 1$, $y^2 = 5 \cdot x^2 + 1$ 또는 $y^2 = 991 \cdot x^2 + 1$. 다만 여기서는 x^2 앞에 거대한 인수가 나온다.

9 아는 사람들이 볼 때, 70이라는 값이 작용하는 것은 100분의 70, 즉 0.7이 2의 자연로그 (Natural Logarithm, e를 밑으로 하는 로그를 뜻한다. 즉, $e^x = y$일 때, $\ln y = x$-옮긴이)와 거의 정확하게 일치하기 때문이다.

10 하지만 이 정도는 수학에서 거대한 수를 취급하는 시작에 불과하다.
3↑↑↑3을 초라하게 만드는 그야말로 전설적이라고 할 거대한 수의 예는, 영국의 수학자 루벤 루이스 굿스타인(Reuben Louis Goodstein)이 1944년에 얻은

인식의 토대에서 찾아볼 수 있다. 하지만 이것을 이해하기 위해서는 먼저 알아두어야 할 것이 있다.
먼저 '기저에 대한'이 무슨 뜻인지 알아보자. 기저(Basis)는 1과 다른 수이다. 예를 들어 가장 작은 기저 2와 42라는 수를 보자. 이 수는 기저로 나누어진다. 여기서 42를 2로 나눈 몫 21과 나머지 0이 나오는 것을 다음과 같이 쓴다.

$$42 = 21 \times 2 + 0$$

이제 이 몫을 기저로 나누면, 여기서는 21 ÷ 2가 되고 몫은 10, 나머지는 1이 된다.

$$21 = 10 \times 2 + 1$$

이것을 몫이 0이 될 때까지 계속해보자. 차례로 나누다보면 그 결과는 다음과 같다.

$$42 = 21 \times 2 + 0$$
$$21 = 10 \times 2 + 1$$
$$10 = 5 \times 2 + 0$$
$$5 = 2 \times 2 + 1$$
$$2 = 1 \times 2 + 0$$
$$1 = 0 \times 2 + 1$$

이제 이 결과를 서로 뒤섞어서 표시해보자.

$$\begin{aligned} 42 &= 21 \times 2 + 0 \\ &= (10 \times 2 + 1) \times 2 + 0 = 10 \times 2^2 + 1 \times 2 + 0 \\ &= (5 \times 2 + 0) \times 2^2 + 1 \times 2 + 0 = 5 \times 2^3 + 0 \times 2^2 + 1 \times 2 + 0 \\ &= (2 \times 2 + 1) \times 2^3 + 0 \times 2^2 + 1 \times 2 + 0 = 2 \times 2^4 + 1 \times 2^3 + 0 \times 2^2 + 1 \times 2 + 0 \\ &= (1 \times 2 + 0) \times 2^4 + 1 \times 2^3 + 0 \times 2^2 + 1 \times 2 + 0 = \\ &1 \times 2^5 + 0 \times 2^4 + 1 \times 2^3 + 0 \times 2^2 + 1 \times 2 + 0 \end{aligned}$$

다음의 결과

$$42 = 1 \times 2^5 + 0 \times 2^4 + 1 \times 2^3 + 0 \times 2^2 + 1 \times 2 + 0$$

에서 42라는 수는 기저 2로 표시된다. 2의 제곱수 앞에 나온 수 1, 0, 1, 0, 1과 맨 끝에 쓴 0(이것은 제곱수 2^0의 인수로서 1과 같다. 모든 수가 0제곱일 때는 1과 같다고 보기 때문이다)을 기저 2에 대한 42라는 수의 '숫자'라고 부른다. 위에서 묘사한 기저 2에 대한 42는 흔히$(1\ 0\ 1\ 0\ 1\ 0)_2$로 줄여서 쓰며 자세하게 풀이하면 다음과 같다.

$$42 = 1 \times 2^5 + 0 \times 2^4 + 1 \times 2^3 + 0 \times 2^2 + 1 \times 2 + 0 = (1\,0\,1\,0\,1\,0)_2$$

물론 42를 기저 5로 나타낼 수도 있다. 여기서 그 나눗셈은 다음과 같다.

$$42 = 8 \times 5 + 2$$
$$8 = 1 \times 5 + 3$$
$$1 = 0 \times 5 + 1$$

이제 결과를 뒤섞어서 나타내보면

$$42 = 8 \times 5 + 2$$
$$= (1 \times 5 + 3) \times 5 + 2 = 1 \times 5^2 + 3 \times 5 + 2$$

즉

$$42 = 1 \times 5^2 + 3 \times 5 + 2 = (1\,3\,2)_5$$

가 된다. 좀 더 간단하게 42를 기저 7에 대한 수로 묘사할 수도 있다. 나눗셈은 두 번밖에 없다.

$$42 = 6 \times 7 + 0$$
$$6 = 0 \times 7 + 6$$

여기서 직접

$$42 = 6 \times 7 + 0 = (6\,0)_7$$

의 결과가 나온다. 기저 10에 대한 42도 간단하게 나타낼 수 있다. 여기서도 나눗셈은 두 번밖에 없다.

$$42 = 4 \times 10 + 2$$
$$4 = 0 \times 10 + 4$$

여기서 다음과 같은 결과가 나온다.

$$42 = 4 \times 10 + 2 = (4\,2)_{10}$$

어떤 수를 기저 10으로 묘사하는 방식은 아담 리스 이래로 잘 알려진 것으로 통상적인 10진법의 표기 방식이다. 하지만 다음의 경우에는 서로 다른 기저가 중요하다. 이래야만 굿스타인이 어떤 수의 '팽창(Aufblähen)'이라고 부르는 것이 무엇인지 이해할 수 있기 때문이다. 즉 '기저 5에 대한 42라는 수가 기저 6에 대한 것으로 팽창'할 때, 다음의 표현

$$42 = 1 \times 5^2 + 3 \times 5 + 2$$

에서 5는 모두 5+1 = 6으로 대체하고 이것을 환산하면 다음의 수가 나온다.

$$1 \times 6^2 + 3 \times 6 + 2 = 36 + 18 + 2 = 56$$

기저 5에서 기저 6으로 팽창할 때, 42보다 큰 수인 56이 나온다. 마찬가지로 기저 7에 대한 42를 기저 8로 팽창시킬 수도 있다. 7은 7 + 1 = 8로 대체되기 때문에 42 = 6 × 7 + 0을 6 × 8 + 0 = 48로 바꿀 수 있다. 이때 42에서 48이라는 수가 생긴다. 그리고 42라는 수가 기저 10에서 기저 11로 팽창할 때, 10 + 1 = 11로 대체하면 4 × 11 + 2가 된다. 여기서 팽창된 수인 46이 생긴다. 42라는 수를 기저 2에서 기저 3으로 팽창시키기 전에, 굿스타인이 팽창에서 제기하는 또 하나의 주장을 고려해야 한다. 알다시피 기저 2에 대한 42는

$$42 = 1 \times 2^5 + 0 \times 2^4 + 1 \times 2^3 + 0 \times 2^2 + 1 \times 2 + 0$$

으로 표시된다.

여기서 똑같이 기저 2로 묘사할 수도 있는 지수가 다음과 같이 나온다.

$$5 = 1 \times 2^2 + 0 \times 2 + 1,\ 4 = 1 \times 2^2 + 0 \times 2 + 0,$$
$$3 = 1 \times 2 + 1,\ \text{그리고}\ 2 = 1 \times 2 + 0$$

지수의 묘사를 위의 공식에 삽입하면 지수를 포함해 어디에서도 2보다 큰 수가 없는 42가 생긴다. 즉

$$42 = 1 \times 2^{1 \times 2^2 + 0 \times 2 + 1} + 0 \times 2^{1 \times 2^3 + 0 \times 2 + 0} + 1 \times 2^{1 \times 2 + 1} + 0 \times 2^{1 \times 2 + 0} + 1 \times 2 + 0$$

편의상 42를 $_2(42)$로 묘사하고 인수 0이 나오는 모든 가수(加數)를 지워버리면

$$_2(42) = 1 \times 2^{1 \times 2^2 + 1} + 1 \times 2^{1 \times 2 + 1} + 1 \times 2$$

이 된다. 여기서 굿스타인은 기저 2에 대한 42라는 수를 기저 3에 대한 것으로 대체하면서 여기 나오는 2를 모두 2+1 = 3으로 바꾼다. 그러면

$$1 \times 3^{1 \times 3^3 + 1} + 1 \times 3^{1 \times 3 + 1} + 1 \times 3 = 3^{3^3 + 1} + 3^{3+1} + 3 = 3^{28} + 3^4 + 3$$
$$= 22\ 876\ 792\ 455\ 045$$

가 나온다.

즉 그가 말하는 팽창이 이 속에 포함된 것이다.

이때 팽창을 위한 기호를 도입하면 유용하다. a라는 수를 기저 b로 묘사할 때, 우

리는 이것을 $_b(a)$로 쓴다. 여기에는 모든 지수가 포함되고 필요할 경우 지수의 지수도 나오기 때문에 이런 묘사 어디에서도 b보다 더 큰 수는 나오지 않는다. 이제 이 묘사에 나오는 모든 b를 1이 더 큰 $b+1$로 대체하면 기저 b에 대한 a라는 수는 기저 b에서 기저 $b+1$로 팽창된다. 굿스타인이 이 팽창으로 얻는 수열을 우리는 $_{b+1}\Omega_b(a)$라고 부른다. 이것은 $_6\Omega_5(42) = 56$, $_8\Omega_7(42) = 48$, $_{11}\Omega_{10}(42) = 46$, 그리고 $_3\Omega_2(42) = 22\,876\,792\,455\,045$ 같은 형태가 된다.

여기서 보듯, 어떤 수의 팽창은 기저 b가 기껏해야, 팽창되어야 할 수 a만큼 클 경우에만 효과를 발휘한다. 그러므로 가령 기저 43에 대해 묘사된 42는 42 자체와 다를 바 없다. 그리고 43을 44로 바꾸어도 전혀 달라질 것이 없다. 따라서 $_{44}\Omega_{43}(42) = 42$이다. 물론 $_{100}\Omega_{99}(42) = 42$로서 42보다 큰 모든 기저 b에 대해서는 $_{b+1}\Omega_b(42) = 42$가 적용된다. 하지만 기저 b가 a라는 수보다 훨씬 작을 때, $_{b+1}\Omega_b(a)$는 본격적으로 팽창한다.

이제 우리는 왜 굿스타인이 팽창의 개념을 만들어냈는지 그 핵심에 이르게 된다. 굿스타인은 임의의 a_1이라는 수에서 출발한다. 먼저 그는 a_1을 기저 2에 대한 수로, 즉 $_2(a_1)$로 묘사하고 이 수를 기저 2에서 기저 3으로 팽창시킨 $_3\Omega_2(a_1)$로 환산한다. 그리고 여기서 얻은 수에서 1을 빼고 그 결과를 a_2라고 부른다. 즉 $a_2 = {_3\Omega_2}(a_1) - 1$의 형태이다. 굿스타인은 이 수 a_2를 기저 3으로 묘사하고 이 수를 기저 3에서 기저 4에 대한 수로 팽창시킨 $_4\Omega_3(a_2)$로 환산한다. 이 결과에서 1을 빼면 그 다음 수인 a_3를 얻고 그 결과는 $a_3 = {_4\Omega_3}(a_2) - 1$이 된다. 이제 굿스타인은 a_3를 기저 4에 대한 수로 묘사하고 기저 4를 기저 5로 팽창시키면 이것은 $_5\Omega_4(a_3)$가 된다. 여기서 a_4라는 수를 얻기 위해 다시 1을 빼면 $a_4 = {_5\Omega_4}(a_3) - 1$이 된다. 그는 이런 식으로 계속한다. 그러면 그 수열은

$$a_1,\ a_2 = {_3\Omega_2}(a_1) - 1,\ a_3 = {_4\Omega_3}(a_2) - 1,\ a_4 = {_5\Omega_4}(a_3) - 1,\ a_5 = {_6\Omega_5}(a_4) - 1, \cdots,$$

전체적으로: $a_n = {_{n+1}\Omega_n}(a_{n-1}) - 1$이 된다.

예를 들어 $a_1 = 3$이라는 굿스타인의 수열을 보자. 이것은 $_2(3) = 1 \times 2 + 1$, 즉 $_3\Omega_2(3) = 1 \times 3 + 1 = 4$, 이에 따라 $a_2 = {_3\Omega_2}(3) - 1 = 4 - 1 = 3$이다. 그러면 $_3(3) = 1 \times 3$, 즉 $_4\Omega_3(3) = 1 \times 4 = 4$, 그리고 $a_3 = {_4\Omega_3}(3) - 1 = 4 - 1 = 3$이다. 그 다음으로 $_4(3) = 3$일 때, 여기서 팽창으로 달라지는 것은 없다. 즉 $_5\Omega_4(3) = 3$이다. 그러므로 $a_4 = 3 - 1 = 2$이다. 또 $_6\Omega_5(2) = 2$, 즉 $a_5 = 2 - 1 = 1$, 또 $_7\Omega_6(1) = 1$, 즉 $a_6 = 1 - 1 = 0$이다. 이후로 굿스타인의 수열은 계속 0이다.

굿스타인의 수열이 $a_1 = 4$가 되면 강력한 팽창이 일어난다. 이것은 $_2(4) = 1 \times 2^2$, 즉 $_3\Omega_2(4) = 1 \times 3^3 = 27$, 이에 따라 $a_2 = {_3\Omega_2}(3) - 1 = 27 - 1 = 26$이다. 이

제 $_3(26) = 2 \times 3^2 + 2 \times 3 + 2$, 즉 $_4\Omega_3(26) = 2 \times 4^2 + 2 \times 4 + 2 = 42$가 되고 따라서 $a_3 = {}_4\Omega_3(26) - 1 = 42 - 1 = 41$이다. 그 다음에 이어지는 수열에서 $a_4 = 60$, $a_5 = 83$, $a_6 = 109$, $a_7 = 139$가 된다. 겉으로 보기에 수열마디는 갈수록 커진다. 이 증가가 멈추기까지는 실제로 아주 오래 기다려야 한다. 그런 다음 수열은 오랫동안 변치 않다가 결국 기저가 해당 수열마디보다 커지기 때문에 차츰 줄어든다. 수열마디가 $3 \times 2^{402\,653\,211}$이라는 수를 지닐 때(이것은 1억 2100만 자리가 넘는 수) 마침내 0에 이르게 된다.

a_1이라는 수에 대한 굿스타인의 수열을 보자. 이 수열에 n이라는 수를 지닌 수열마디 다음에 0이 나오면, 즉 $a_n = 1$, 그리고 $a_{n+1} = 0$이면, 이 n을 $n = \theta(a_1)$로 표시한다. 그러면 이것은 가령 $\theta(1) = 1$, $\theta(2) = 3$, $\theta(3) = 5$ 그리고 $\theta(4) = 3 \times 2^{402\,653\,211}$이 된다.

예컨대 굿스타인의 수열은 $a_1 = 19$에서 믿을 수 없을 만큼 급격히 확대된다(19라는 수는 이 과정을 이해하는 데 적합하다. 여기서 적어도 그 다음 수열마디의 쌍을 거듭제곱수로 쓸 수 있기 때문이다). 두 번째 수열마디 a_2는

$$a_1 = {}_2(19) = 2^{2^2} + 2 + 1$$

로 산출되므로

$$_3\Omega_2(19) = 3^{3^3} + 3 + 1,\ a_2 = 3^{3^3} + 3$$

이 된다. 이것은 이미 아주 거대한 수가 된다. 즉 $a_2 = 7\,625\,597\,484\,990$이다. 세 번째 수열마디 a_3는

$$_4\Omega_3(3^{3^3} + 3) = 4^{4^4} + 4,\ a_3 = 4^{4^4} + 3$$

에서 나온다.

이 수열마디는 13…으로 시작하는 155의 자릿수를 갖는 수이다. 네 번째 수열마디 a_4는

$$_5\Omega_4(4^{4^4} + 3) = 5^{5^5} + 3,\ a_4 = 5^{5^5} + 2$$

에서 나온다. 이 수열마디는 18…로 시작하는 2185의 자릿수를 갖는다. 다섯 번째 수열마디 a_5는

$$_6\Omega_5(5^{5^5} + 2) = 6^{6^6} + 2,\ a_5 = 6^{6^6} + 1$$

에서 나오고 이 수열마디는 26…으로 시작하는 36306의 자릿수를 갖는다. 끝

으로 여섯 번째 수열마디 a_6는

$$ {}_7\Omega_6(6^{6^6} + 1) = 7^{7^7} + 1, \ a_6 = 7^{7^7} $$

이라는 계산에서 나오고 이 수열마디는 38…로 시작하는 659 974의 자릿수를 갖는다. a = 19로 시작하는 굿스타인의 수열마디는 측정 불가능한 규모로 확대되는 것처럼 보인다.

하지만 굿스타인은 이 수열도 언젠가는 0으로 끝나게 된다고 주장한다. 하지만 그때까지 얼마나 기다려야 하는지는 지극히 불확실하고 굿스타인도 전혀 예측하지 못한다. 다만 언젠가 그렇게 된다는 결론을 내릴 뿐이다. 이것을 평가할 수 있는 모든 상상력과 가능성을 넘어서 어마어마하게 큰 수열마디가 언젠가는 나오고 그 언젠가는 $n = \theta(19)$, $a_{n+1} = 0$이 된다는 것이다. 굿스타인은 더욱이 그 자신이 조합한 다음의 수열

$$ a_1, \ a_2 = {}_3\Omega_2(a_1) - 1, \ a_3 = {}_4\Omega_3(a_2) - 1, \ a_4 = {}_5\Omega_4(a_3) - 1, $$
$$ a_5 = {}_6\Omega_5(a_4) - 1, \cdots $$

은 a_1이 어떤 수로 시작하든가와 전혀 상관없이 언제나 0에서 끝날 수밖에 없다고 주장한다. 이것은 어이없을 정도로 끔찍한 발언이다. a_1 = 19도 상상이 안 되는 마당에 굿스타인은 $a_1 = 3\uparrow\uparrow\uparrow 3$이라는 괴물 같은 수에 대해서도 이 정리가 맞다고 말한다. 그 다음의 수열마디 $a_2 = {}_3\Omega_2(3\uparrow\uparrow\uparrow 3) - 1$이 상상할 수 없이 아득히 먼 곳에 있기 때문에 ${}_2(3\uparrow\uparrow\uparrow 3)$을 표현할 수 없는데도 그렇게 주장한다. 언젠가는 각 수열마디마다 1씩 증가하는 식으로 사용된 기저가 거대한 폭발을 부르는 수열마디를 갖는 경우가 생긴다고 굿스타인은 확신한다. 하지만 이것의 근거를 제시하려면 굿스타인은 파열하는 수열마디가 지향하는 무한을 수학적으로 의미가 있는 개념으로 파악해야 한다. 마지막 장에서는 이 부분을 언급할 것이다. 하지만 무한이라는 그의 수학적 모델이 이 개념의 본질에 합당한지 여부는 여전히 의문으로 남는다. 아마 이것은 영원히 풀리지 않는 의문으로 남을 것이다.

굿스타인이 사용한 무한의 수학적 개념을 진지하게 받아들인다면 굿스타인의 말은 사실 옳다고 볼 수 있다. $\theta(1)$, $\theta(2)$, $\theta(3)$, 그리고 $\theta(4)$라는 수뿐만 아니라 $\theta(19)$도 있다. 또 머리를 어지럽게 하는 $\theta(3\uparrow\uparrow\uparrow 3)$도 있을 수밖에 없다.

11 이것은 10, 100, 1000, …이라는 수를 3으로 나눌 때, 늘 나머지 1이 생기는 것으로 알 수 있다. 어떤 수를, 가령 4281을 3으로 나눈다고 할 때, 앞에서 말한 나

머지 1을 기준으로 보면, 4000을 3으로 나눌 때는 1000의 나머지에 4를 곱한 4 × 1 = 4로 표시하고 200을 3으로 나눌 때는 100의 나머지에 2를 곱한 2 × 1 = 2로, 80을 3으로 나눌 때는 10의 나머지에 8을 곱한 8 × 1 = 8로, 마지막 1을 3으로 나눌 때는 나머지 1 × 1 = 1로 표시할 수 있다. 그러면 4281을 3으로 나눈 나머지는 4 +2 + 8 +1 = 15가 되고 이 수는 3으로 나누어지기 때문에 나머지를 최소화한 0으로 처리할 수 있다.

12 이 예에서 메르센이 보여준 것은 언제나 맞다. 예컨대 인수 a와 b를 합성한 수 $a \times b$를 보면 a와 b가 모두 1보다 클 때,

$$2^{a\times b}-1 = (2^a-1) \times (1 + 2^a + 2^{2a} + \cdots + 2^{(b-1)\times a})$$

는 합성수이다.

13 페르마는 이 수를 거듭제곱으로 썼다. 이 수는 동시에 다음과 같이

$$2^{2^0}+1=2+1=3,\ 2^{2^1}+1=4+1=5,\ 2^{2^2}+1=16+1=17,\ 2^{2^3}+1=256+1=257$$

로 묘사된다.

14 원칙적으로 4 294 967 297을 차례차례 아주 길고 완벽한 소수표에 나오는 소수로 나눠보고 이 나눗셈이 나머지가 없는지 조사할 수도 있을 것이다. 하지만 이것은 유난히 시간이 걸릴 뿐만 아니라 한심할 정도로 원시적이다. 오일러는 확실한 다른 방법을 사용했다. 아마 그는 $641 = 5^4 + 2^4$이고 동시에 $641 = 5 \times 2^7 + 1$이라는 것을 확인했을 것이다. 제1공식에 따르면 641은 $(5^4 + 2^4) \times 2^{28}$이라는 수를 나누고 제2공식에 따르면 641은 $5^4 \times (2^{28} -1)$이라는 수를 나눈다. 이 두 번째 인수를

$$2^{28} - 1 = (2^7 + 1) \times (2^{21} - 2^{14} + 2^7 - 1)$$

로 분해할 수 있기 때문이다. 641이 $(5^4 + 2^4) \times 2^{28}$이라는 수와 $5^4 \times (2^{28} - 1)$이라는 수를 나눈다면 그 차인

$$(5^4 + 2^4) \times 2^{28} - 5^4 \times (2^{28} - 1) = 2^4 \times 2^{28} + 1 = 2^{32} + 1 = 4\ 294\ 967\ 297$$

이라는 값도 나눈다.

15 그 이유를 추적해보자. 암호화와 암호해제의 작업은 어떻게 독자적인 기능을 할

수 있는 것일까? 이 물음에 답하려면 옛날로 돌아가 바로크 시대의 명석한 법학자로서 여가 시간에 수의 연구에 몰두한 피에르 드 페르마에 대하여 자세하게 알 필요가 있다.

페르마는 계산에 미친 사람으로 보면 될 것이다. 그는 수에 얽힌 비밀을 푸는 일에 병적으로 매달렸다. 예를 들면 모든 수의 5제곱은 끝자리 수가 바로 그 수가 된다는 것을 주목했다. 즉 $0^5 = 0$에서 0으로 끝나고 $1^5 = 1$에서는 1로, $2^5 = 32$에서는 2로, $3^5 = 243$에서는 3으로, $4^5 = 1024$에서는 4로, $5^5 = 3125$에서는 5로, $6^5 = 7776$에서는 6으로, $7^5 = 16\,807$에서는 7로, $8^5 = 32\,768$에서는 8로, 그리고 $9^5 = 59\,049$에서는 9로 끝난다는 말이다. 그러면 세제곱은 어떻게 될까? 이때는 다르다. 가령 $2^3 = 8$로서 이 수와 같은 2로 끝나지 않는다. 하지만 페르마는 $2^3 - 2$, 즉 $8 - 2 = 6$이 제곱수인 3으로 나누어진다는 사실을 확인한다. 그가 여기서 확인한 특이점은 모든 수의 5제곱에서 그 수를 뺀 값은 5로 나누어진다는 것이다. 페르마의 계산은 이어진다. $3^3 - 3$, 즉 $27 - 3 = 24$에서 이 값은 3으로 나누어진다. 또 $4^3 - 4$, 즉 $64 - 4 = 60$도 3으로 나누어지고 $5^3 - 5$, 즉 $125 - 5 = 120$도 3으로 나누어진다. $6^3 - 6$, 즉 $216 - 6 = 210$도, $7^3 - 7$, 즉 $343 - 7 = 336$도, $8^3 - 8$, 즉 $512 - 8 = 504$도 3으로 나누어지고 $9^3 - 9$, 즉 $729 - 9 = 720$도 3으로 나누어진다. 뿐만 아니라 $10^3 - 10$, 즉 $1000 - 10 = 990$도 3으로 나누어지며 $11^3 - 11$, 즉 $1331 - 11 = 1320$도 3으로 나누어진다는 것이다.

이것은 우연이 아니다! 아니면 정말 우연일까? 네제곱수는 어떨까? 가령 $3^4 = 81$이다. 하지만 $3^4 - 3$, 즉 $81 - 3 = 78$은 4로 나누어지지 않는다. 그러면 7제곱수는 어떨까? $2^7 = 128$에서는 이 현상이 다시 나타난다. $2^7 - 2$, 즉 $128 - 2 = 126$은 7로 나누어진다. 그리고 $3^7 = 2187$도 마찬가지이다. $3^7 - 3$, 즉 $2187 - 3 = 2184$는 7로 나누어진다는 말이다.

네제곱수에서는 이 현상이 나타나지 않지만 페르마는 제곱수가 5, 3 또는 7일 때는 이 현상이 생기는 것을 확인한다. 그리고 3, 5, 7은 소수지만 4는 소수가 아니라는 것에 생각이 미친다. 혹시 여기에 원인이 있을까?

페르마는 이 생각에서 벗어날 수 없었다. 소수를 p로 표시하고 모든 수를 a로 표시할 때, $a^p - a$의 값은 소수인 p로 나누어진다는 것이다. 그가 자신과 동시대인이자 서신을 교환한 친구 블레즈 파스칼이 정교하게 발전시킨 생각을 접하면서 이런 확신은 굳어진다.

페르마는 a의 p번째 제곱, 즉 a^p대신 그 다음 수의 p제곱, 즉 $(a + 1)^p$의 값은 어떨지가 궁금했다. 이것을 자세히 풀어보면 다음과 같을 것이다.

$$(a + 1)^p = (a + 1)\,(a + 1)\,(a + 1)\cdots(a + 1),$$

바꿔 말해, $(a+1)$을 p번 제곱하는 것이다. 이것을 계산하는 것은 무척이나 힘든 일이고 특히 p가 큰 수라면 더 말할 나위도 없다. 하지만 몇 가지는 이 계산으로 어렵지 않게 확인할 수 있다.
가령 소수 $p=5$인 경우를 보자. 이 결과는 다음과 같다.

$$(a+1)^5=(a+1)(a+1)(a+1)(a+1)(a+1)=a^5+1+5a^4+10a^3+10a^2+5a$$

어떻게 이런 계산이 나오는가? 첫 번째 가수 a^5는 분명하다. 처음에 합해지는 괄호 속의 a는 모두 서로 곱하는 것이다. 두 번째 가수 1도 분명하다. 두 번째 가수인 괄호속의 1도 모두 서로 곱한다. 세 번째 가수인 $5a^4$은 괄호 속의 첫 번째 가수 a 4개와 두 번째 가수 1을 곱한 것인데 이 선택은 정확하게 5가지 방법이 있기 때문에 제곱수 a^4 앞에 인수 5가 붙은 것이다. 마지막의 가수 $5a$도 이런 식으로 설명할 수 있다. 네 번째 가수 $10a^3$은 괄호 속의 첫 번째 가수인 a 3개와 두 번째 가수 1을 곱해서 나온 것이다. 이 선택은 몇 가지나 있을까? 두 번째 가수 1 하나에는 5가지 가능성이 있고 또 다른 두 번째 가수 1에는 4가지 가능성이 있다. 1이라는 수에서 하나는 앞의 가수 1에 선택되었기 때문이다. 이것은 가능한 선택이 $5 \times 4 = 20$가지라는 의미이다. 하지만 유념해야 할 것은, 이 선택 중 2가지는 각각 같은 결과에 이른다는 것이다. 선택된 2개의 1은 선택된 가수 중에 '첫 번째'와 '두 번째'에 해당하는 것으로 중요치 않기 때문이다. 선택된 두 개의 수를 섞는 방법은 $1 \times 2 = 2$가지가 있다. 이 2라는 수로 20을 나눠야 하고 여기서 제곱수 a^3 앞에 인수 10이 나온 것이다. 끝으로 다섯 번째 가수 $10a^2$은 괄호 속의 첫 번째 가수 a 3개와 두 번째 가수 3개를 곱한 것이다. 이 선택에는 몇 가지 방법이 있을까? 두 번째 가수 1 하나에는 5가지 가능성이 있고 그 다음의 두 번째 가수 1에는 4가지, 마지막의 두 번째 가수 1에는 3가지 가능성이 있다. 이 말은 $5 \times 4 \times 3 = 60$가지의 방법이 있다는 의미이다. 여기서 유념해야 할 것은, 이 선택 중 각각 6가지는 같은 결과에 이른다는 것이다. 선택된 3개의 수 중에서 선택된 가수 1의 '첫 번째'와 '두 번째', '세 번째'는 중요치 않기 때문이다. 선택된 3개의 수를 뒤섞는 방법은 $1 \times 2 \times 3 = 6$가지가 된다. 이 수 6으로 60을 나눠야 하고 여기서 제곱수 a^2 앞의 인수 10이 나오는 것이다.
또 주목해야 할 것은, 인수 5와 10, 10과 5가 5로 나누어진다는 것이다. 이것은 5가 소수이기 때문이다.
전체적으로 이것을 정리해서

$$(a+1)^p=(a+1)\ (a+1)\ (a+1)\cdots\ (a+1)$$

을 산출해보면,

우선 첫 번째 가수 a는 모두 제곱해야 한다. 이 결과가 a^p다. 또 한편으로 뒤에 나오는 가수 1도 모두 제곱해야 한다. 이 결과가 $1^p = 1$이다. 따라서

$$(a+1)^p = (a+1)(a+1)(a+1)\cdots(a+1) = a^p + 1 + \cdots$$

이 된다. 여기서 조심스럽게 3개의 점이 상징하는 것은 나머지 전체로서 이것은 곱셈전개를 위해 추가된 것이다. 이것은 제곱수 a^{p-1}, a^{p-2}, a^{p-3} 등등으로 나타난다. 여기서 의문이 하나 생긴다. 이런 제곱수는 얼마나 자주 등장할까? 가령 제곱수 a^{p-1}은 첫 번째 가수 a의 $p-1$과 두 번째 가수 1을 곱해서 생긴다. 전개식에서 이렇게 하는 방법은 총 p가지가 있다. 따라서 3개의 점에서 제곱수 a^{p-1}는 pa^{p-1} 가지가 나온다. 가령 제곱수 a^{p-2}는 첫 번째 가수 a의 $p-2$와 두 번째 가수 1을 곱해서 생긴다. 전개식에서 이런 경우는 얼마나 자주 등장할까? 두 번째 가수 1 두 개 중 하나에는 p가지 선택이 있고 나머지에는 $p-1$가지의 선택이 있다. 이 결과는 $p \times (p-1)$이 된다. 하지만 이 수를 다시 1×2로 나누어야 한다. 두 개의 가수 1의 첫 번째와 두 번째를 선택하는 것은 중요치 않기 때문이다. 따라서 3개의 점에 포함될 제곱수 a^{p-2}는

$$\frac{p \times (p-1)}{1 \times 2}\, a^{p-2}$$

로 나타낼 수 있다. 전체적으로 제곱수 a^{p-n}은 첫 번째 가수 a의 $p-n$을 두 번째 가수 1의 n과 곱해서 나온다. 전개식에서 이런 경우는 얼마나 자주 등장할까? 첫 번째 가수 1의 n에 대해서는 p가지의 방법이 있고 두 번째 가수에 대해서는 $p-1$가지의 방법이 있다. 이런 형태는 n번째 가수 1에 대하여 $p-n+1$가지의 방법이 있을 때까지 계속된다. 이 결과는 $p \times (p-1) \times \cdots \times (p-n+1)$이 된다. 하지만 이 수를 $1 \times 2 \times \cdots \times n$으로 나누어야 한다. 가수 1의 n에서 첫 번째, 두 번째 $\cdots$, n번째 선택한 것은 중요치 않기 때문이다. 따라서 3개의 점에 포함될 제곱수 a^{p-n}은

$$\frac{p \times (p-1) \times \cdots \times (p-n+1)}{1 \times 2 \times \cdots \times n}\, a^{p-n}$$

으로 나타낼 수 있다. a의 제곱수 앞에 있는 인수는 분수처럼 보이지만 사실 이것은 정수다. 바꿔 말해, 위 공식의 분모는 분명히 분자의 약수들이다. 이것은 앞에 나오는 소수 p를 나눌 수 없다. 이것은 소수의 특징에 근거를 둔다. 그러므로 a^{p-1}로 시작해서 $a = a^1$으로 끝나는 제곱수 a 앞의 인수는 정수일 뿐만 아니라 소수 p로 나누어지는 정수들이다.

이것을 간단히 말하면

$$(a+1)^p = a^p + 1 + \cdots,$$

가 되고 3개의 점 속에 숨어 있는 모든 수는 소수 p로 나누어진다.
페르마는 $a^p - a$가 p로 나누어진다는 것을 안다는 전제하에서 주장을 계속 이어 간다. 즉 다음의 계산

$$(a+1)^p - (a+1) = a^p + 1 + \cdots - (a+1) = a^p + 1 + \cdots - a - 1 = a^p - a + \cdots$$

과 3개의 점에 숨어 있는 모든 수가 p로 나누어진다는 사실에서 $(a+1)^p - (a+1)$의 값도 p로 나누어진다는 것이다.
이것으로 페르마는 자신이 증명하려던 것을 보여주었다. $1^p - 1$은 분명히 p로 나누어진다. 이런 생각은 $2^p - 2$도 p로 나누어진다는 것을 보여준다. 이 생각을 다시 증명에 적용하면 $3^p - 3$도 p로 나눠진다는 것을 알 수 있다. 또 계속해서 $4^p - 4$도 p로 나누어진다는 것이 증명된다. 그리고 모든 수 a에 대해서 $a^p - a$가 p로 나누어지고 그 다음 수 $a+1$로 확대할 때도 $(a+1)^p - (a+1)$ 의 값이 p로 나누어진다는 것이 증명된다.
여기서 입증된 인식을 '페르마의 정리(Satz von Fermat)'라고 부른다. 하지만 이것은 사이먼 싱(Simon Singh)이 자신의 명저 『페르마의 마지막 정리(Fermats letzter Satz)』에서 설명한 '페르마의 대정리'가 아니라 이른바 '페르마의 소정리'를 말한다. '소정리'라고는 하지만 훨씬 더 중요한 것이다. 덧붙여 말하자면, 페르마는 자신이 어떻게 '소정리'에 이르게 되었는지 밝히지 않았다. 이후 100년이 지나 레온하르트 오일러가 왜 이 정리가 맞는지 밝혀냈다. $a^p - a = a(a^{p-1} - 1)$이 소수 p로 나누어지고 a라는 수 자체는 p로 나누어지지 않는다는 것을 알면, a^{p-1}을 p로 나눌 때, 나머지 1이 생길 수밖에 없다는 결과가 나온다. a가 p로 나누어지지 않는다면, $a^{p-1} - 1$은 p로 나눌 수 있어야 하기 때문이다. 때로는 이 진술을 '페르마의 소정리'라고 부르기도 한다.
예를 들어 13으로 나누어지지 않는 모든 수의 12제곱은 13으로 나눌 때, 나머지 1이 생길 수밖에 없다. 또는 17로 나누어지지 않는 모든 수의 16제곱은 17로 나눌 때, 나머지 1이 생길 수밖에 없다.
여기서 갑자기 조지 스마일리의 암호화방법이 떠오른다. 페르마의 소정리는 13으로 나누어지지 않는 모든 수 a에 대해서, 특히 $a = 7$일 때, 제곱수 a^{12}을 13으로 나누면 나머지 1이 생긴다는 말이기 때문이다. 페르마의 소정리는 또 - a가 17로 나누어지지 않을 때 - a^{12}의 16제곱, 즉 $(a^{12})^{16} = a^{12\times16} = a^{192}$의 값을 17로

나누면 1이 남아야 한다는 말이기도 하다. 13으로 나눌 때도 나머지는 1이 된다. 그러므로 제곱수 a^{192}을 계수 13 × 17 = 221로 나눌 때, 나머지는 분명히 1이다. 이것을 공식으로 쓰면 $a^{192} \equiv 1$이 된다.
(13 - 1) × (17 - 1) = 12 × 16에서 얻은 값인 192라는 수는 토비 에스터하스가 비밀자료실에서 꺼낸 비밀계수 35와 똑같이 비밀에 해당한다. 192를 '비밀계수'라고 부른다.
서커스의 전문요원들은 지수 11에 대한 비밀계수 192로 비밀지수 35를 산출해낸다. 이 35라는 수가 비밀지수인 이유는 35 × 11 = 1 + 2 × 192가 여기에 해당하기 때문이다. 184는 스마일리가 철의 장막 너머로 서커스에 전문으로 보낸 수이다. 이것은 $a = 7$일 때, a^{11}을 221로 나눈 나머지에 해당한다. 일반적으로 a^{11}을 221로 나눈 나머지를 암호화된 수 c라고 부른다. 이 경우에 $c = 184$이다. 그리고 토비 에스터하스는 c^{35}을 221로 나눈 나머지, 즉 $(a^{11})^{35}$을 221로 나눈 나머지를 산출한다. 이런 방법으로 그는 암호화된 메시지 c의 암호를 해제해서 본래의 메시지인 a를 추적해간다. 왜 이렇게 할까?
$(a^{11})^{35}$에서는 a라는 수가 총 35 × 11번 제곱되기 때문이다. 35 × 11 = 1 + 2 × 192이기 때문에 이것은 a라는 수가 총 2 × 192번 제곱되고 한 번 더 제곱된다는 뜻이다. a를 192번 제곱하고 221로 나누면 나머지는 1이 된다. 같은 과정을 2 × 192번에 적용해도 나머지는 1이다. 1 × 1 = 1이기 때문이다. 그리고 이 나머지 1을 다시 a와 곱하면 최종적으로 나머지 $a \times 1$이 남는다. 바꿔 말하면, c^{35}을 계수 221로 나눈 나머지는 $a \times 1$, 즉 a라는 말이다. 그러므로 토비 에스터하스는 184^{35}을 계산하고 조지 스마일리가 7번 요원을 원한다는 것을 알아낸 것이다.

16 사실 이로부터 3년 전에 영국의 수학자인 클리퍼드 크리스토퍼 콕스(Clifford Christopher Cocks)에게도 이와 똑같은 아이디어가 있었다. 하지만 이 사실은 미국에 전혀 알려지지 않았다. 영국 정보부에서 소련뿐만 아니라 미국에 대해서도 비밀을 유지했기 때문이다.

17 이것을 알게 된 것은 이미 가우스가 추정한 이른바 소수정리(Primzahlsatz) 때문이다. 거대한 수 x에 이르기까지의 소수의 수는 대략 x를 그 자연대수로 나눈 값과 같다는 것이다. 이 자연대수는 대략 x에 2.3을 곱한 자릿수에 해당한다.

18 중요한 것은 스마일리가 구두창에서 꺼낸 쪽지를 암호화된 전문을 보낸 다음 소

각한다는 것이다. 그가 예를 들어 두 번째 전문 003003003을 이전과 똑같은 수열로 암호화해서 보내는 엄청난 잘못을 저질렀다고 가정해보자. 이 보고서는 그가 다음 두 줄

14159265358979323846264338327950288…
003003003

을 더해서

14459565658979323846264338327950288…

을 산출하고 보고서의 길이를

144595656

으로 잘라서 암호화될 것이다. 이때 스마일리는 카를라가 그가 암호화해서 보낸 2개의 메시지를 탈취해서 부하들에게 다음과 같이 아래위로 써보도록 지시할 수도 있다는 것을 염두에 둬야 한다.

148599650
144595656

이들이 앞에서 언급한 10의 법칙에 따라 뺄셈을 하면 분명하게

004004004

라는 기준을 얻을 것이다. 이 기준은 암호화된 메시지를 성공적으로 공략하기 위한 공격 포인트가 될 것이다. 그러므로 쪽지를 여러 번 사용하는 암호화는 안전하지 못하다. 이런 이유로 쪽지는 한 번만 사용하는 것이며 OTP의 '1회용'이란 이름도 그래서 생긴 것이다.

19 숫자가 끝없이 이어지는 형태는 나눗셈을 배우는 초등학생들도 안다. 42÷6 = 7처럼 딱 떨어지는 경우는 아주 드물고 대개는 나머지가 생긴다. 가령 42를 15로 나누면 몫은 2가 된다. 15는 42에 두 번 들어가기 때문이지만 12라는 나머지가 생긴다. 15의 두 배는 42가 아니라 30이고 30과 42 사이에는 이만큼의 차가 있기 때문이다. 이것을 쓰면

$$42 \div 15 = 2 + 12 \div 15$$

가 된다. 하지만 나머지 12를 15로 나눌 수는 없다. 15는 12에 들어가지 못하기

때문이다. 자릿값 체계를 가르쳐준 아담 리스는 0이라는 수를 이용해 나눗셈을 계속한다. 그는 나머지 12에 0을 추가해서, 즉 12에 10을 곱해서 여기서 나온 나눗셈 120÷15로 마무리한다. 이것을 2줄로 줄이면

$$42 \div 15 = 2 + 12 \div 15$$
$$120 \div 15 = 8$$

이 되고 그는 이 결과를 10진수 2.8로 적는다. 초등학생들은 이렇게 2줄로 쓰는 법을 배운다. 먼저 42 나누기 15를

$$42 \div 15 = 2$$
$$12$$

이라고 쓴다.

즉 아이들은 나머지 12를 피제수(분자) 42 밑에 가지런히 쓴다. 그런 다음 이 나머지에 0을 붙이고 앞에서 얻은 몫 2 다음에 소수점을 찍은 다음

$$42 \div 15 = 2.$$
$$120$$

이라고 쓰고 다음 단계로 120을 15로 나눈 몫 8을 구하고 소수점 다음에 적는다. 그리고 나머지 0은 120밑에 쓴다.

$$42 \div 15 = 2.8$$
$$120$$
$$0$$

42를 13으로 나눌 때도 처음에는 아주 비슷해 보인다.

$$42 \div 13 = 3.2$$
$$30$$
$$4$$

하지만 이것은 여전히 나머지가 생긴다. 이런 경우에 아담 리스는 그 나머지에 다시 0을 붙이고 계속 하라고 알려준다.

$$42 \div 13 = 3.23$$
$$30$$
$$40$$
$$1$$

그래도 나머지가 생긴다. 이 과정을 계속할 필요가 있다.

$$
\begin{array}{l}
42 \div 13 = 3.230769 \\
\;30 \\
\;\;40 \\
\;\;\;10 \\
\;\;\;100 \\
\;\;\;\;\;90 \\
\;\;\;\;120 \\
\;\;\;\;\;\;3
\end{array}
$$

이 과정의 마지막 단계를 예측할 수는 없지만 처음에 나온 나머지 3이 다시 나오고 지금까지 적은 과정이 끝없이 반복된다. 이 결과로서 '무한 10진수'가 나온다. 즉

$$42 \div 13 = 3.2307692307692307692307692307692307692307692307 69\cdots,$$

에서 수열 230769가 이른바 순환마디로 나오는 것이다.

나눗셈이 딱 떨어지지 않을 때, 늘 주기적으로 끝없이 이어지는 10진수가 나오는 것은 분명하다. 언젠가는 앞에서 나온 나머지가 반복해서 나타나기 때문이다. 나머지의 형태는 수없이 많다. 말하자면 분자만큼이나 많다고 할 수 있다.

20 내용을 아는 사람들이 볼 때, 10이라는 수는 이른바 분모의 '원시근(Primitivwurzel)'이 될 수밖에 없을 것이다. 바꿔 말하면, 분모를 m으로 표시하고 10의 제곱 순서대로 m으로 나누면 먼저 10^{m-1}을 m으로 나눌 때, 나머지 1이 나올 것이다. 10은 가령 분모 7 또는 113의 원시근이지만 분모 3(이미 $10 \div 3$도 나머지는 1이다) 또는 분모 13(이것은 $13 \times 76\,923 = 999\,999$, 즉 나눗셈 $10^6 \div 13$에서 나머지가 1이다)의 원시근은 아니다.

21 분모보다 훨씬 작은 수가 이렇게 끝없이 긴 우연처럼 보이는 수열을 보인다면 운이 좋을 것이다. 200자리 언저리 수만 되어도 더할 나위 없이 좋을 것이다. 물론 이것은 10^{200}개의 9로 이루어진 수, 즉 자릿수가 10^{200}개인 수보다는 비교할 수 없이 작은 것이다. 그래도 10은 대강 자릿수가 200이나 되는 이 수의 원시근일 수밖에 없을 것이다.

22 눈구멍은 그 밑에 달린 긴 자로 열린다. 자를 위로 밀어 올리면 다시 5개의 눈구멍이 나타나면서 여기에 숫자가 적힌 것이 보인다. 각각 위아래 구멍에 보이는 숫자를 합하면 언제나 9가 되도록 되어 있다. 가령 위에 보이는 수 31 415를 읽고 이 수를 자로 가리면 밑에서는 68 584라는 수가 나타난다. 이 수를 31 415의 '덧셈의 역원(Gegenzahl)'이라고 부른다.

23 숫자가 붙어 있는 실린더는 틈을 통해 볼 수 있는데, 파스칼은 이것의 각각 위아래 줄에 0부터 9까지 10개의 숫자를 붙여놓았다. 윗줄에는 순서대로 0, 1, 2, 3, 4, 5, 6, 7, 8, 9가 있고 이것은 해당 바퀴를 시계방향으로 돌리면 하나씩 숫자가 올라간다. 아랫줄에는 반대순서로 9, 8, 7, 6, 5, 4, 3, 2, 1, 0이 붙어 있다. 아랫줄의 숫자는 앞에서 말한 가림 자를 위로 밀어 올릴 때만 보인다. 위에서 31 415라는 수가 나타나면 밑에서는 31 415의 덧셈의 역원인 68 584가 보인다. 이런 설계는 파스칼린으로 덧셈뿐만 아니라 뺄셈 기능도 한다는 데 의미가 있다. 사실 뺄셈은 바퀴를 시계반대 방향으로 돌려서 할 수 있어야 하지만 이렇게 돌리면 변환용 지레장치가 망가질 것이다. 그러므로 파스칼은 특별히 장착한 손잡이로 시계반대 방향으로 돌리지 못하게 막아놓았다. 그는 가령 61 − 45 같은 뺄셈은 다음과 같이 정교한 발상을 바탕으로 덧셈으로 돌아가도록 장치를 해놓았다.
61의 덧셈의 역원, 즉 99 938을 99 999 - 61로 계산한다. 여기에 45를 더하면 다음과 같은 형태가 된다.

$$99\,999 - 61 + 45 = 99\,999 - (61 - 45)$$

이것은 얻고자 하는 61 - 45 값의 덧셈의 역원이다. 실제로 99 938 + 45는 99 983이라는 값이 나오고 이것의 덧셈의 역원은 00016이어야 할 것이다. 따라서 파스칼은 61 - 45를 계산할 때, 다음과 같은 방식을 따른다. 먼저 파스칼린의 아래 눈구멍에 00061이라는 수를 입력한다. 윗구멍에는 이 수의 덧셈의 역원인 99 938이 나타날 것이다. 하지만 이 수는 거들떠보지도 않고 열려 있는 아래 눈구멍에서 45의 덧셈처럼 보이는 작업을 하고 본다. 그러면 그 결과로 00016이 나타나는 것이다.

24 논리적 진술 "p가 아니다"에 해당하는 회로는 $\neg p$로 줄여서 표기하며 반전(NOT)회로라고 부른다. 논리적 진술 "p도 아니고 q도 아니다"에 해당하는 회로는 $p \downarrow q$로 줄여 표기하고 부정논리합 연산(NOR)회로라고 부른다. NOR는 'not or'를 합성한 문자이다.

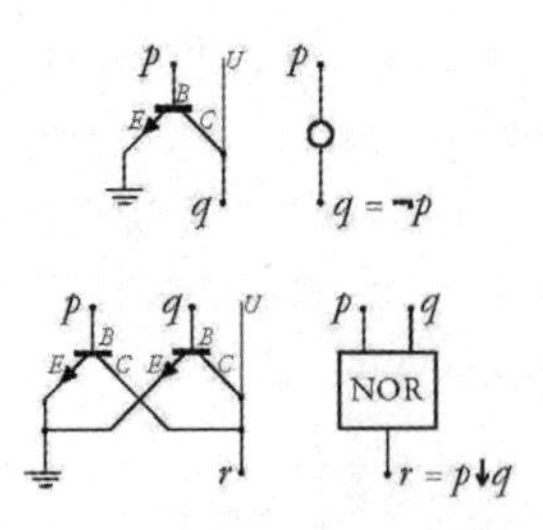

NOR회로와 NOT회로는 상호전환되면서 논리합 회로(OR - Gatter)를 만들어낸다. 이것은 논리적 진술 "p 또는 q, 또는 둘 다"에 해당하며 $p \lor q$로 줄여서 표기한다. $p = 0$이고 $q = 0$일 때만 똑같이 $p \lor q = 0$이다. 그 밖의 모든 경우에는 $p \lor q = 1$이다. 여기서는 적어도 p 또는 q중의 하나가 참이기 때문이다. 정확하게 이것은 'or'를 배제하지 않는 진술에 해당한다.

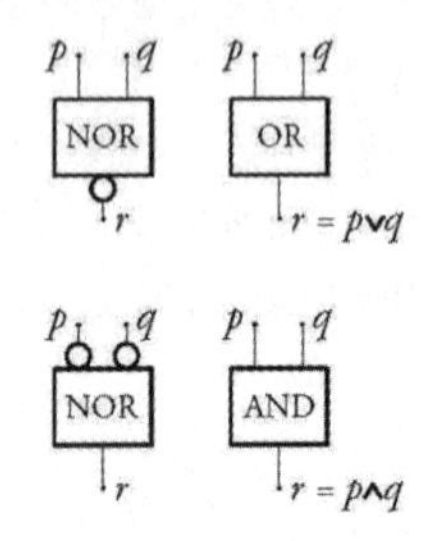

두 개의 병렬 NOT회로와 하나의 NOR회로는 상호전환 되면서 논리곱(AND)회로를 만들어낸다. 이것은 논리적 진술 "p와 q"에 해당하고 $p \land q$로 줄여서 표기한다. $p = 1$이고 $q = 1$일 때만, 똑같이 $p \land q = 1$이 된다. 그 밖의 모든 경우에는 $p \land q = 0$이다. 여기서는 적어도 p와 q 중 하나는 거짓이기 때문이다. 그러면 정확하게 'p와 q'는 거짓이다.

25 3개의 공급선을 p, q, r로 줄여서 쓰고 7개의 AND회로에 병렬로 연결한다고 생각해보자.

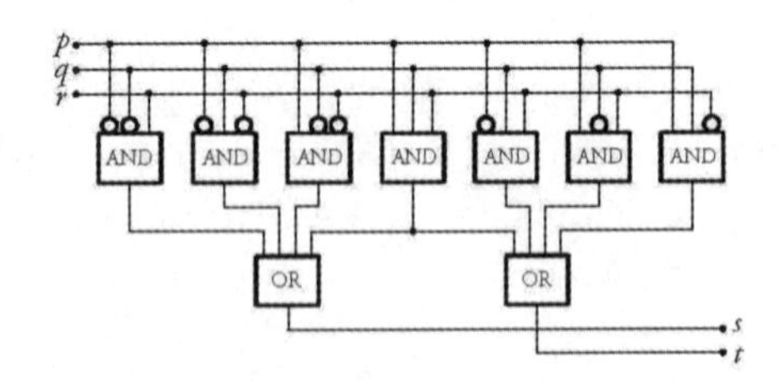

하지만 7개의 AND회로 중에 왼쪽 3개 앞에서는 교대로 3개의 공급선 중 각 2개 앞에서 AND회로가 NOT회로로 들어간다. 그리고 7개 AND회로의 오른쪽 3개 앞에서는 교대로 3개의 공급선 중 각 하나 앞에서 AND회로가 NOT회로로 들어간다. 오직 7개 AND회로 중 가운데 있는 것만은 공급선 p, q, r이 직접 흘러들어간다. 중간에 있는 AND회로의 공급선은 각각 OR회로로 이어지는 2개의 선으로 갈라진다. 이 2개의 OR회로의 왼쪽으로는 또 왼쪽에 있는 3개의 AND회로가 이어지고 2개의 OR회로의 오른쪽으로는 또 오른쪽에 있는 3개의 AND회로의 공급선이 이어진다. 왼쪽에 있는 OR회로의 공급선은 s로 표시하고 오른쪽에 있는 OR회로의 공급선은 t로 표시한다. 이 변환장치를 전가산기(Volladdierer)라고 부른다. 공급선 p, q, r이 0과 1 중 어떤 값을 갖더라도 s와 t의 값은 라이프니츠의 2진법 체계의 의미에서 $s + 2t$이기 때문이다. $s + 10t$는 $p + q + r$의 합과 일치한다. s는 이 합의 한 자리 수를 상징하고 t는 라이프니츠의 2진법 체계에서 10자리에 해당하는 2자리로 넘어가는 것을 의미한다.

26 자신이 설계한 프로그램의 최종 명제를 제시할 때까지 힐베르트가 계속 설명한 내용은 다음과 같다.

"사실 우리는 자연과학의 수학적 핵심을 끄집어내어 완전히 정체를 밝혀내기 전에는 그 이론을 제대로 다스리지 못합니다. 수학이 없이 오늘날의 천문학과 물리학이 있을 수는 없습니다. 자연과학의 이론적인 부분은 바로 수학에서 완성되는 것입니다. 수학이 자연과학의 수많은 분야에 적용되기 때문에 널리 애용되는 것이며 이 덕분에 수학의 위상이 올라가는 것입니다. 그럼에도 불구하고 모든 수학자들은 수학이 가치 척도로 적용되는 것을 거부했습니다.

가우스는 초기 수학자들의 인기학문이 된 정수론이 수학의 무궁무진한 깊이를 생각하지 못하게 만든 마력적인 매혹에 대해서 말합니다. 그 인기는 수학의 다른 모든 분야를 훨씬 능가합니다. 크로네커(Kronecker)는 정수론자들을 한번 먹은 음식에서 벗어나지 못하는 로토파고스족(Lotophagen, 그리스 신화의 전설적인 민족으로 로터스만 먹고 모든 것을 잊는다는 의미에서 안일을 일삼는 무리라는 뜻 - 옮긴이)에 비유합니다. 위대한 수학자 푸앵카레는 언젠가 '과학을 위한 과학'을 어리석다고 말한 톨스토이를 맹렬하게 반박합니다. 예컨대 산업의 성과는 실무자들만 존재하고 무관심한 바보들이 이 성과를 촉진하지 않는다면 세상의 빛을 보지 못할 것입니다. 쾨니히스베르크의 유명한 수학자 야코비(Jacobi)는, 모든 과학의 유일한 목표는 인간정신의 명예를 드높이는 것이라고 말했습니다."

27 슈뢰딩거는 처음에 알베르트 아인슈타인의 특수상대성이론을 고려하여 프시(ψ)에 대한 방정식을 세웠다. 하지만 몇 가지 풀이가 너무 희한해보였기 때문에 그는 상대성이론을 배제하고 이 방정식을 변형시켰다. '슈뢰딩거 방정식'이라는 이름으로 알려진 이 단순화된 공식에서 양자론 이론가들은 원자와 분자의 특징을 아주 정확하게 묘사할 수 있었다. 이 공식의 맥락에서는 특수상대성이론이 실제로 아무런 역할을 하지 못하기 때문이다. 슈뢰딩거의 동료인 폴 디랙(Paul Dirac)은 슈뢰딩거의 처음 아이디어를 다시 받아들이고 특수상대성이론을 연관시켜 프시에 대한 방정식을 만들어냈다. 슈뢰딩거가 너무 희한하다고 생각한 풀이에 대해서 디랙은 물리학적으로 중요한 해석을 하게 되었다. 이런 배경으로 디랙의 방정식에서는 모든 소립자에 대해서 대립적인 전하(電荷)의 특징을 띤 반입자가 있을 수밖에 없다는 결과가 나왔다. 훗날 실험에서는 디랙의 이론적 예언이 정확하게 입증되었다. 하지만 아인슈타인의 일반상대성이론을 고려한 프시 - 방정식은 여전히 받아들여지지 않고 있다.

28 익살맞은 이야기에 따르면 한 회의론자가 힐베르트의 기하학이 '점'과 '직선', '평면'이 무슨 의미인지 분명치 않다는 이유로 힐베르트를 고발했다고 한다. 공리계에서는 이런 개념들이 중요하지 않은 단어들처럼 나와 뚜렷한 의미를 상실했다는 것이다. 힐베르트는 동료에게 "형식수학에서 개념의 본질을 중시하지 않는 것은 지극히 당연한 거야"라고 대답했다고 한다. 자신의 공리계에서는 언제라도 '점과 직선, 평면' 대신 '책상과 의자, 맥주 잔'이라고 말할 수 있다는 것이다.

29 π의 전개식에 나오는 수많은 0이 유한한가, 무한한가라는 물음이 그렇게 하찮은 것은 아니다. 다음과 같은 집합의 구성을 상상해보자. π의 전개식에서 최초로 0이 나올 때, 1이라는 수를 집합에 추가한다. π의 전개식에서 2번째 0이 나오면 즉시 $1/2$을 집합에 추가한다. π의 전개식에서 3번째 0이 나오면 즉시 $1/3$을 집합에 추가한다. 전체적으로 π의 전개식에서 n번째 0이 나올 때마다 $1/n$이라는 분수를 집합에 추가하는 것이다. 이렇게 하면 π의 전개식에 나오는 수많은 0이 유한한가, 무한한가라는 물음은 이 집합을 구성하는 원소들이 유한한가, 무한한가라는 물음과 대등한 가치를 지닌다.
하지만 이 물음은 무한 10진수의 계산에 대한 공리계와 충돌하게 된다. 앞에서 언급한 집합은 순전히 양의 분수로 이루어져 있기 때문에 기본 공리에 따르면 이른바 하한(Infimum)을 가질 수밖에 없기 때문이다. 이런 의미에서 무한 10진수 x는 다음과 같은 2가지 특징을 지닌 것을 의미하게 된다. 첫째, 그 집합의 모든 분수는 적어도 x만큼 크다. 둘째, x보다 큰 모든 y에 대해서는 y보다 작은 집합의 분수가 있다.

그렇다면 이 x라는 하한은 얼마나 큰 것일까?

π의 10진수 전개식에 나오는 수많은 0이 유한하다고 할 때만, $x = {}^1/_m$로 모든 양의 분수가 된다. 여기서 m은 π의 10진수 전개식에 나오는 0의 수를 말한다.

이와 반대로 π의 10진수 전개식에 나오는 수많은 0이 무한하다고 할 때, $x = 0$이다.

그리고 이그노라비무스가 없다고 한다면, 힐베르트는 x가 양수인지, 음수인지 결정할 수 있어야 한다. 이렇게 겉으로는 하찮아 보이는 물음일지라도 사고의 기초를 뒤흔드는 복잡한 문제로 이어지기 마련이다.

30 헤르만 바일은 자신의 논문《수학 토대의 새로운 위기》에서 힐베르트의 이런 견해를 가장 확실하게 드러낸다.

31 이 말은 아니타 엘러스(Anita Ehlers)의 흥미로운 저서『사랑스런 헤르츠! 일화 속의 물리학자와 수학자』에 나온다.

32 앙리 카르탕(Henri Cartan)과 앙드레 바일(André Weil) 등 30년대 초에 함께 공부하며 스트라스부르 대학에서 활동한 프랑스의 두 젊은 수학자는 파리의 생-미셸 대로에 있는 카풀라드 카페에 규칙적으로 출입하는 것이 계기가 되어 1934년 12월 10일, 다른 젊은 동료들과의 모임을 조직했다. 이 모임에서는 대학에서 사용하는 낡은 교재를 현대적인 것으로 대체하자는 결정이 나왔다. 이 중에 몇몇 친구가 강의를 들어본 적이 있는 다비트 힐베르트와 에미 뇌터의 방식에 맞추기로 했다고 한다.

이들 모두에게 중요한 것은 새로 만들 교재가 수학 전반을 근본적으로 표현해야 한다는 것이었다. 이들이 볼 때, 수학은 힐베르트가 자신의 프로그램에서 떠올린 것처럼, 거창한 게임, 일종의 거대한 체스 게임 같은 것이었다.

카풀라드 카페에 모인 젊은 수학자들은 모두 수학적 게임에 밝은 능력자들이었다. 이들은 프랑스의 명문교 중 하나인 에콜 노르말 쉬페리외르에서 공부하면서 많은 것을 배웠다. 언젠가 동창생인 라울 위송(Raoul Husson)이 수염 난 노교수로 변장을 하고 세미나실에 나타나 강의를 했는데, 여기서 그는 엉터리 주장을 늘어놓았다. 그리고 변장한 라울 위송은 세미나실에 모인 학생들에게 자신의 주장에서 잘못을 찾아내라는 과제를 주었다. 학생들은 모두 이런 모습을 아주 재미있어 했고 특히 가짜 교수가 '부르바키 정리(Theorem von Bourbaki)'라고 부른 마지막 주장에 가장 큰 관심을 보였다. 라울 위송은 잘못된 정리 하나하나마다 중요해 보이는 가상의 수학자 이름을 붙였는데, 사실 부르바키라는 그 이름은 프랑스 육군의 장군 이름이었다. '부르바키 정리'는 1870년부터 1871년까지 보불전쟁에서 싸운 샤를 소테르 부르바키(Charles Sauter Bourbaki) 장군 이름에서 따온 것이었다.

이제 교수가 되어 카풀라드 카페에 모인 젊은 수학자들은 당시 학생 시절의 장난을 회상하며 '부르바키'라는 가명을 사용하기로 했다. 가상으로 만들어낸 수학자 니콜라 부르바키(Nicolas Bourbaki)를 그들이 만들려는 교재의 저자로 내세우기로 한 것이다. 이후 그들은 니콜라 부르바키가 낭카고(Nancago) 학회의 회원이라고 주장했다. 하지만 부르바키라는 수학자가 없는 것처럼 낭카고라는 지역도 없었다. 이것은 부르바키라는 이름 뒤에 숨으려는 모임의 회원 몇몇이 공부한 적이 있는 두 대학도시 낭시와 시카고를 합쳐서 만든 가상의 지명이기 때문이다.

처음에 부르바키는 - 이 모임의 장난에 장단을 맞춰 실제로 이런 사람이 존재한다는 전제에서 - 자신의 교재를 3년 내에 마칠 수 있을 것으로 생각했다. 하지만 이 사업은 처음에 생각했던 것보다 비용이 훨씬 많이 들어간다는 것이 드러났다. 1939년이 되어서야 이 기념비적인 작품의 일부로서 『수학 원론(Éléments de Mathématique)』이라는 제목이 붙은 책 몇 권이 나왔다. 그리고 수십 년이 지나서 『수학 원론』은 속편으로 보강되었지만 결코 완성을 보지는 못했다. 이 계획은 차츰 시들해졌는데 모임의 구성원 중 누구도 이 사업을 계속 추진할 수 없었기 때문이다.

1955년부터 1983년까지 부르바키 모임의 일원이었던 피에르 카르티에(Pierre Cartier)는 "부르바키는 머리와 꼬리가 분리된 공룡이다"라는 냉소적인 주장을 했다. 이후 다음과 같이 악의적인 장난 같은 애도가 엿보이는 부고가 - 누가 작성했는지는 아무도 모른다 - 발표되었다. "니콜라 부르바키가 1968년 11월 11일 낭카고에서 평화롭게 세상을 떠났습니다. 그리고 1968년 11월 23일 오후 3시에 '확률변수 공동묘지(Friedhof der Zufallsvariablen)'에서 그의 장례식이 열릴 것입니다."

니콜라 부르바키의 『수학 원론』이라는 도서 프로젝트는 그리스 최초의 수학교과서로서 그리스의 수학자 에우클레이데스가 사용한 '원론'이라는 말을 연상시킨다. 덧붙여 말하면, 일부 과학역사가 중에는 에우클레이데스라는 인물이 실제로는 존재하지 않았다고 주장하는 사람도 있다. 이 이름 뒤에는 고대 알렉산드리아의 수학자 집단이 숨어 있다는 것이다.

33 제1차 세계대전 직후, 바일이 힐베르트의 견해와 대립되는 논문을 작성하는 데 관심을 갖기 전에, 20세기 수학이 전혀 다른 방향으로 나갈 수도 있었던 유일한 기회가 사라지는 일이 있었다. 무한에 대한 서로 다른 입장에도 불구하고 힐베르트는 다른 수학 관련 저술들 때문에 네덜란드의 동료인 브라우어르를 중요한 사상가이자 뛰어난 연구자로서 높이 평가했기 때문이다. 두 사람이 한 치의 양보도 없이 집요하게 자신의 입장을 옹호하기 전에, 서로 만나서 흉금을 털어놓고 대화를 했더라면 아마 바일뿐만 아니라 과거 그의 스승이던 힐베르트도 브라우어르의 생각에 대해서 납득했을 것이다. 그 기회는 브라우어르가 1918년 여름방학 기간에 엥가딘에 머물던 바일을 방문한 직후, 무한에 대한 그의 견해에 깊은 인상을 받았을 때 찾아왔다. 그런데 바로 그 며칠 전에 힐베르트는 스위스로 여행을 가고 없었다. 브라우어르는 직접 만나지 못해 몹시 유감스럽다는 내용의 엽서를 힐베르트에게 보낸 바 있었다.

34 브라우어르와 힐베르트의 싸움이 전공영역을 벗어나 개인적인 감정으로 번졌을 때, 두 사람은 따로 알베르트 아인슈타인에게 심판으로 개입해달라는 제안을 했다. 이때 수학의 토대를 둘러싼 대립을 피곤하게 생각한 아인슈타인은 이 제안을 거절하면서 두 사람 사이의 반목을 '개구리와 쥐의 전쟁'(호메로스의 서사시를 본뜬 그리스 시대의 작품 - 옮긴이)이라고 불렀다.

35 여기서 괴델의 방법을 설명한다면 이 책의 주제를 벗어나게 될 것이다. 헤르만 바일은 자신의 저서 『수학과 자연과학의 철학』 증보판에서 이에 대해 언급했다. 괴델의 핵심적인 발상은, 필요하다면 형식 체계에 대한 진술을 암호화한다는 데 있다는 것을 지적하는 것으로 충분하다는 것이다. 즉 체계 자체에 통합되는 산술적 진술로 전환되도록 암호화한다는 것이다. 암호화는 소수를 이용해 주목할 만한 성과를 낼 수 있다. 소수는 오늘날 '괴델화(Gödelisierung)'라고 부르는, 괴델이 고안한 '암호화' 작업에서 두드러진 역할을 한다.

36 괴델이 발표한 박사학위 논문의 주제는 논리적 연산의 완전성에 대한 것이었다. 아직 수에 대한 산술이 포함되지 않는 순수 논리학은 완벽하고 모순의 여지가 없는 체계라는 것이다. 이런 발언으로 괴델은 힐베르트 프로그램의 발전에 기여

했다. 따라서 그의 불완정성 정리는 그만큼 더 놀라운 것이었다.

37 일례로 주석 10에서 확인한 굿스타인 정리를 들 수 있다. 1982년 영국의 두 수학자 로렌스 커비(Laurence Kirby)와 제프리 브루스 패리스(Jeffrey Bruce Paris)는 모순의 여지가 없는 수학이 굿스타인 정리에서 맞는 것도 있지만 동시에 모순의 여지가 없는 수학이 굿스타인 정리에서 잘못인 경우도 있다는 것을 증명했다.

38 1918년 헤르만 바일은 12명의 수학자가 증인으로 지켜보는 가운데 자신의 동료인 죄르지 포여(György Pólya)와 비슷한 내기를 했다. 바일은 앞으로 20년 안에 수학자의 절대다수가 푸앵카레와 브라우어르, 그리고 자신이 구상한 틀에서 수학을 다룰 것이며 맹목적인 공리의 규칙게임은 무의미한 것으로 생각할 것이라는 데 걸었다. 무의미하다는 것은 -바일과 포여는 내기에서 이렇게 표현했다- 헤겔의 자연철학 수준으로 의미를 상실한다는 것이었다.
20년 후, 두 맞수가 다른 수학자들이 지켜보는 가운데 누가 내기에서 이겼는지 확인하기 위해 다시 만났을 때, 헤르만 바일을 포함해 누가 보더라도 포여가 이긴 것은 분명했다. 실제로 모든 수학자는 마치 무한에 대하여 그들 자신이 전지전능한 것처럼 수학을 대했다. 그리고 이때 모순에 부닥치면, 그들은 겉으로만 안전해 보이는 공리계라는 규칙게임의 피난처로 도피했다. 존 폰 노이만은 1947년, R. B. 헤이우드(Heywood)(편)의 총서 『마음의 작품(The Works of Mind)』에 실린 글 「수학자(Mathematician)」에서 이런 상황을 다음과 같이 기술하고 있다.
"수학자들 중에서, 까다로운 새 가치 척도를 -브라우어르와 바일의 엄격하게 직관주의적인(Intuitionistisch) 의미에서- 받아들이고 자신의 연구에 적용하는 사람은 아주 적다. 대신 대다수는 바일과 브라우어르가 분명히 옳을 수도 있다는 것을 인정했다. 하지만 이들은 잘못을 범한 것이다. 혹시 누가 언젠가는 직관주의적인 비판에 대한 답을 찾아내어 그들의 연구를 귀납적으로 정당화시켜줄지도 모른다는 기대 속에서 과거의 '단순한' 방법으로 그들 자신의 수학을 계속 밀고나간다는 것이다."
존 폰 노이만은 이 글에서 계속 다음과 같이 쓰고 있다. "현재 수학의 '토대'를 둘러싼 싸움은 여전히 끝난 것이 아니지만 극소수를 제외하고는 고전적인 체계를 무시할 가능성은 아주 낮아 보인다."
이어 존 폰 노이만은 개인적인 이야기로 말을 돌리며 솔직하게 털어놓는다. "이

일은 내 생전에 일어났다. 또 나는 이 사건이 일어나는 동안 절대적인 수학의 진리에 대한 내 견해가 쉽게 바뀐 것이, 더욱이 수백 번씩 변한 것이 얼마나 치욕적인 것인지 안다."

바일은 싫든 좋든, 자신이 포여와 20년 전에 한 내기에서 졌다는 것을 인정하지 않을 수 없었다. 포여는 너그러운 태도로 바일이 자신의 패배를 글을 통해 공표한다는 약속을 지키라고 고집하지 않았다. 바일의 내기에 대하여 승패를 결정하는 데 참여한 사람 중에 단 한 명만이 포여 편을 들지 않았다. 바로 쿠르트 괴델이었다.

보통 사람들을 위한 특별한 수학책

한권으로 읽는 숫자의 문화사

1판 1쇄 발행 2016년 7월 10일
1판 3쇄 발행 2018년 4월 1일

지은이 루돌프 타슈너
옮긴이 박병화

펴낸이 이영희
펴낸곳 도서출판 이랑
주소 서울시 마포구 독막로 10(합정동 373-4 성지빌딩), 608호
전화 02-326-5535
팩스 02-326-5536
이메일 yirang55@naver.com
블로그 http://blog.naver.com/yirang55
등록 2009년 8월 4일 제313-2010-354호

- 이 책에 수록된 본문 내용 및 사진들은 저작권법에 의해 보호받는 저작물이므로
  무단전재와 무단복제를 금합니다.
- 잘못된 책은 구입하신 곳에서 바꾸어 드립니다.
- 책값은 뒤표지에 있습니다.

ISBN 978-89-98746-18-6 03400

「이 도서의 국립중앙도서관 출판예정도서목록(CIP)은 서지정보유통지원시스템 홈페이지(http://seoji.nl.go.kr)와
국가자료공동목록시스템(http://www.nl.go.kr/kolisnet)에서 이용하실 수 있습니다.
(CIP제어번호: CIP2016014199)」